装备科技译著出版基金

单脉冲测向原理与技术（第2版）

Monopulse Principles and Techniques Second Edition

[美] Samuel M. Sherman
David K. Barton 著

周　颖　陈远征　赵　锋
王　鹏　李鹏飞　闫州杰 译

国防工业出版社
National Defense Industry Press

著作权合同登记　图字: 军–2012–093 号

图书在版编目（CIP）数据

单脉冲测向原理与技术: 第 2 版/（美）谢尔曼（Sherman, S. M.），巴顿（Barton, D. K.）著;
周颖等译. -- 北京: 国防工业出版社, 2013.11
（国防科技著作精品译丛）
书名原文: Monopulse principles and techniques
ISBN 978-7-118-09317-9

Ⅰ. ①单… Ⅱ. ①谢… ②巴… ③周… Ⅲ. ①单脉冲雷达—研究 Ⅳ. ①TN958.4

中国版本图书馆 CIP 数据核字（2014）第 019354 号

单脉冲测向原理与技术（第2版）
[美]　Samuel M. Sherman　David K. Barton　著
周　颖　陈远征　赵　锋　王　鹏　李鹏飞　闫州杰　译

出版发行　国防工业出版社
地址邮编　北京市海淀区紫竹院南路 23 号　　100048
经　　售　新华书店
印　　刷　北京嘉恒彩色印刷有限公司
开　　本　700×1000　1/16
印　　张　22.5
字　　数　376 千字
版 印 次　2013 年 12 月第 1 版第 1 次印刷
印　　数　1—2500 册
定　　价　98.00 元

(本书如有印装错误，我社负责调换)

国防书店: (010) 88540777　　发行邮购: (010) 88540776

发行传真: (010) 88540755　　发行业务: (010) 88540717

译者序

单脉冲技术是一项相对成熟的、但同时又在不断发展中的技术，其相关研究始自 20 世纪 30 年代，1947 年美国 R.M. 贝奇比较完整地提出单脉冲方案，1957 年美国研制成第一部单脉冲靶场精密跟踪雷达。自此，单脉冲的相关技术得到了迅速的发展，并大量应用于目标识别、导弹跟踪与测量、武器火力控制、炮位侦察、地形跟随、导航、地图测绘、空中交通管制等领域。

关于单脉冲相关技术的研究文章可谓汗牛充栋，对于相关概念介绍的书籍更是数不胜数，但鲜有书籍能够对其技术及应用进行系统而全面的介绍，而本书是此领域难得的专著。英文原著第一版出版于 1984 年，随着时间的推移，第一版中的内容略显滞后，第二版出版于 2011 年，增加了英文原著作者多年的研究工作经验和大量研究学者最新的开创性研究成果。

本书以单脉冲雷达为主介绍了单脉冲的技术及应用，书中大量引用了单脉冲雷达的实例、照片和性能指标，介绍的原理适用于任何单脉冲应用。本书从理论与工程并重的角度出发，避免了理论推导书籍的复杂和工程实现手册的枯燥，将单脉冲的相关原理、分类呈现给读者。本书适用于有一定理论基础的学者、研究生以及有经验的工程师、科学家、分析师和管理人员，特别是具有雷达、通信或相关领域知识的广大读者。

很荣幸能将本书的中文版带给大家，相信本书会给从事相关工作的读者带来益处。

全书由周颖、陈远征、赵锋、王鹏、李鹏飞、闫州杰、李晓、陈延仓、康健和王立冬等人共同翻译,周颖、陈远征完成了全书的统稿和审校工作,对于缩略语、专业术语、人名和组织机构名称等进行了统一。翻译过程中,得到了电子信息系统复杂电磁环境效应国家重点实验室领导的大力支持和多位同志的热心帮助,得到了国防工业出版社编辑部同志的大力支持,在此一并表示衷心的感谢!

　　由于时间以及译者经验和水平所限,尽管我们尽了最大努力,但书中难免还有不尽如人意的地方,敬请读者不吝指正!

译者

2013 年 11 月

第二版序

　　1984 年出版的《单脉冲测向原理与技术》受到了广泛的关注和一致的好评。然而，自 1984 年以后，随着科技发展和现实需求的日益增长，书中相关内容略显滞后。当出版商要求再版时，作者同意与以前的同事 David K.Barton 一起对本书进行完善。

　　在准备这一版时，我们把自己的经验和主要工作加入其中。简而言之，我们的目标是为在该领域工作和学习的人提供一本有价值的参考书，同时，也希望其他人能够从中受益。

　　由于单脉冲原理在首版时就已比较成熟，第二版保留了第一版中的理论部分。第 5 章增加了与 George Kirkpatrick 在其开创性工作中所描述最优单脉冲相关的单脉冲性能测量的新内容，并把那些测量应用到反射和阵列天线系统。第 6 章也援引了同样的测量，用于空间馈电比幅单脉冲天线的最优馈源。第 7 章增加了关于阵列天线单脉冲的新内容。

　　第 10 章中关于单脉冲角误差的讨论保留了对噪声一阶和二阶效应的分析，并进一步将其应用于杂波误差。增加了对其他许多单脉冲角误差源的讨论。在第 11 章中，同时研究了多径漫反射分量和镜面反射分量的影响。第 12 章是新章节，讨论单脉冲干扰和抗干扰。第 13、14 章也是新增加的章节，分别讨论了单脉冲在跟踪和非跟踪雷达中的应用。

第一版序

　　单脉冲, 也被称为同时波束比较测角法, 是一种对辐射源或反射电磁能量的 "目标" 的角度定位方法。单脉冲应用于某些特定类型的雷达, 同样或类似的技术也可应用于测向、通信、导弹制导和声纳。本书介绍的原理对于任何单脉冲应用都是有效的, 而且实例、照片和设备描述都来自单脉冲雷达, 自 20 世纪 40 年代和 50 年代概念的提出和发展以来, 单脉冲已经成为一种非常成功的测量技术, 广泛应用于高精度角度测量和跟踪。

　　新应用和设计的发展导致单脉冲形式的多样化, 所有这些都基于这一基本原理, 即对差天线方向图 (或其他类型传感器方向图) 同时接收的信号进行比较。基本概念很简单, 但为了获得单脉冲的全部能力, 必须考虑许多理论上和实际上的问题, 同时也要认识到单脉冲能力的局限。大量研究人员致力于理论研究之中。现在, 他们的部分研究结果引领着先进技术的应用, 并产生了高性能。未来有望实现进一步的性能提高和崭新的应用。

　　本书试图呈现出一种理论和实践与运用的平衡。风格是辅导性的。本书阐述了单脉冲的原理、分类, 描述了它的不同形式, 分析了它们的能力和局限。尽管不想成为一本设计手册, 在单脉冲电路、组成和设计特征, 特别是单脉冲有别于其他角度测量和跟踪技术的特征, 或者单脉冲不同形式之间的区别等方面, 作者泼洒了大量的笔墨。在分析部分, 重点讨论理论与物理概念和应用之间的关系, 而不仅仅是理论。作者尽量避免数学上不必要的复杂化。说明、证据和出处包括所有必要的步骤; 但希望绕开细节的人可以提取所需的论据、公式、描述和表格。

本书主要服务于学者或研究生以及有经验的工程师、科学家、分析师和管理人员，特别是具有雷达、通信或相关领域基础知识的广大读者。熟知单脉冲组成和电路的有经验的设计师能够更好地理解单脉冲理论，并从中受益。另一方面，通过了解模型所表述的物理过程和设备，系统分析师能够提高其理论模型的实用性和有效性。可以丰富项目经理的单脉冲知识，以便其更好地与项目专家相互沟通。

当前，单脉冲文献分散于数量众多的论文和报告中，而这些文献仅涉及比较窄的、专业的主题，有一些并不可用。作者深信此书能够满足单脉冲综述的需要。有一些优秀的雷达专业书籍，但它们在单脉冲方面的篇幅相对较少，专门论述单脉冲的书籍就更少了。最初由 McGraw-Hill 图书公司在 1959 年出版，Ronald R. Rhodes 所著的《单脉冲导论》曾经并依然是雷达界的重要贡献，但其覆盖面较窄，以理论分析为主，当然，并没有反映 1959 年以后的成果。另一本书，1974 年由 David K. Barton 编著、Artech House 出版的《单脉冲雷达》收集重印了精选的论文，Barton 就论文的重要性和创新点进行了补充注释。某些论文堪称单脉冲领域的经典，包括两篇之前未曾公开发表的论文。作为参考文献，该书非常有用，但它并不是单脉冲整个领域的系统综述。还有一本由俄罗斯学者 A. I. Leonov 和 K. L. Fomichev 所著的《单脉冲雷达》，该书已经翻译成英文。维吉尼亚斯普林菲尔德的国家技术信息服务仍保留着可用的图片版 (AD 号为 742696)。这本书包含了大量的有用信息，被美国各界大量引用 (包括几部美国单脉冲雷达)。其中的图形和公式是根据原版复制的，并附加了图形坐标的英文翻译。不幸的是，翻译并不太清晰，复制质量也较差，使得大部分公式难以辨认，部分图形难以识别，并且没有索引。

在收集资料的过程中，作者引用了大量的信息源，但组织和表述方法是作者自己完成的。作者增加了原始资料和许多新的或修订过的注释和图。大量篇幅用于描述作者认为对大多数读者有用的主题，或者是其他技术文献中涉及较少或描述不清的地方。对于在其他信息源中已完备描述的部分特殊的或辅助的主题，本书进行了简要总结，读者可参考那些信息源以获取更详细的信息。

作者对单脉冲的兴趣来源于其多年来在制导和地基雷达研究机构中所从事的管理和研究工作。在那里，作者有幸与理论、设计、操作和试验等方面的雷达专家合作，涉及的许多雷达都包括单脉冲。机构中系统工程的前经理，Josh T. Nessmith 博士，建议将作者的论文、报告和内部备忘录扩展成一本书，他提供了资金和管理支持，相关技术讨论有助于澄清某些难点。非常感谢制导和地基雷达的首席工程师 Bernard J. Matulis, 出于个人爱好, 他参与了本书的编著, 并提供了大量有益的帮助和支持。机构中的许多同事分享了他们的知识和经验, 并在修订过程中给出了建设性的建议和意见。本书也得益于同美国海军研究实验室的 Dean D. Howard、雷声公司的 WarrenD. White 和 David K. Barton 的讨论。

Samuel M. Sherman

1984

目录

第1章

绪论

单脉冲技术, 也可称为同时波束比较测角法, 主要用于测量信号的到达方向 (Direction of Arrival, DOA), 这里的信号既可以是主动辐射源 (如发射天线、信标、干扰机或者宇宙星体) 发射的, 也可以是无源目标对部分入射电磁信号进行二次散射的结果。单脉冲技术有许多实际和潜在的用途, 不过其在雷达中的使用最为典型, 因此本书侧重于雷达中的单脉冲技术应用, 除此之外, 对于其他大量应用也有涉及。

1.1 雷达工作原理

首先简要介绍雷达工作原理, 并引出单脉冲技术的一些基本概念, 后续章节中对于单脉冲技术的深入论述是以此为基础的。本书假定读者或已具备这些知识, 或正进行相关学习, 这些知识在许多书中都能找到, 汗牛充栋的期刊与文献就更不必说了。近期出版的雷达方面的书籍包括 Skolnik[1]、Barton[2]、Peebles[3]、Eaves 与 Reedy[4], 以及 Richards[5] 等人的著作。Skolnik 编写的《雷达手册》(第 3 版) 涵盖了雷达领域相当广泛的内容, 非常适合用于查阅, 但上述著作对于单脉冲技术的论述都比较简单且系统性不强。

雷达的基本功能是探测电磁散射体 (雷达目标) 的存在并测量其位置。在典型雷达中, 发射机以脉冲重复频率 (Pulse Repetition Frequency, PRF) 产生电磁脉冲, 雷达天线通过扇形波束或者笔形波束将这些能量辐射出去。在大多数情况下, 用于发射的天线也可以用于信号的接收, 但是方向图不必相同。接收到的信号从射频变换到中频, 经过一系列放大、滤波等处理后, 最终进行终端显示或者自动检测和信息提取等。

如果波束中存在目标, 则雷达接收到的回波与对应的发射脉冲有着严格的对应关系, 目标距离就等于接收脉冲相对于发射脉冲的信号时延乘以光速的 1/2。

最大信号法是粗略测量目标角度的方法, 它驱动天线波束扫掠目标, 并记录信号回波最大幅度所对应的角度位置, 这种方法在实际中常用于搜索雷达。在这种情况下, 测角精度达到波束宽度的 1/10 量级就可以接受了, 当然, 在一些需要更高精度的场合, 这是不够的, 而且它也不适用于闭环角度跟踪, 因为当波束指向偏离目标时, 目标回波能量快速衰落而且与波束偏离目标的方向无关, 所以无法获取足够信息反馈给雷达伺服分系统以驱动波束重新指向目标, 即使能够提供这些信息, 由于响应曲线斜率在最大值处为零, 灵敏度非常低。

对于指定目标进行连续、精确的角度和距离测量的需求, 直接促进了跟踪雷达的发展: 从第二次世界大战中的粗略跟踪雷达, 直至今天成熟的精密跟踪雷达。其中, 角度跟踪方面最主要的改进就是单脉冲技术, 它也可以用于非跟踪应用中的角度测量。

1.2　跟踪雷达与单脉冲技术发展

跟踪雷达能够自动保持天线射束轴指向选定目标, 这种雷达通常具有强方向性的天线方向图 (如窄波束), 其波束宽度的典型值在各个角坐标上达到 1° 量级, 不过不同雷达的差别比较大, 而且也不需要在雷达各个角坐标上相同。

对于每个角坐标, 当目标偏离射束轴向时会产生对应的校正信号 (通常称为 "误差" 信号), 其大小近似正比于在此坐标轴上的偏离程度, 并且其正负表示了偏离的方向 (上或者下, 左或者右)。这个校正信号用于驱动波束指向目标。

只有波门内的信号会被确认有效并用于跟踪, 利用这一点, 跟踪雷达通过距离 (时间) 波门也可以在距离上跟踪目标。发射脉冲与距离波门二者中心之间的时间间隔可用于测量目标距离。当目标回波信号偏离距离波门时, 会产生相应的校正信号, 后者将驱动距离波门重新套住目标。在某些雷达中, 通过检测目标多普勒频移和窄带可调谐滤波器之间的差别, 并调整滤波器套住目标多普勒频移, 也可以类似实现对于目标的频率跟踪。

本书致力于讨论角度跟踪, 更宽泛地, 可以说是角度测量, 其精度一般远小于波束宽度。跟踪雷达的最早应用是为防空炮火提供目标距离和指向, 这可以从一些术语中看出端倪, 如跟踪、目标、瞄准线和距离 (意指到目标的距离) 等。今天, 跟踪雷达的应用已经远远超越了直接火力支援, 后文中我们会给出一些例子。

在早期雷达中, 应用了一种称为波瓣转换的测角技术: 雷达波束交替快速指向目标, 并且其轴向来回轻微地偏离目标位置。图 1.1 所示为俯仰角上波束转换示意图, 横向角[①]上的情况也类似。如果目标在两个波束交叉轴之上或者之下, 其回波必然是不相等的。假设如图中虚线所示, 目标角度高于波束交叉轴, 波束 1 接收的信号强度 v_1 必然大于波束 2 接收的信号强度 v_2, 那么此种情形对应的 $v_1 - v_2$ 是正值, 这意味着目标位置高于交叉轴位置, 天线指向应该更高一些。对这两个波束的信号可以进行可视化处理, 以便于操作员正确校正, 信号差值也可以送到闭环伺服系统, 从而自动驱动天线的指向。

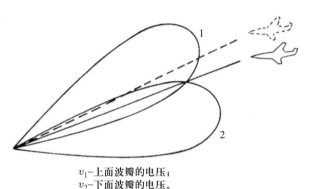

v_1-上面波瓣的电压;
v_2-下面波瓣的电压。

图 1.1　俯仰角上的顺序波瓣

如果 $v_1 - v_2 > 0$, 则天线过低; 如果 $v_1 - v_2 < 0$, 则天线过高;
如果 $v_1 - v_2 = 0$, 则天线指向目标。

顺序波瓣法可以在两个独立的角坐标中 (俯仰角和横向角) 采用类似的操作并结合起来, 如图 1.2(a) 所示, 4 个顺序波瓣的位置转换就可以实现完全的角度跟踪。波束指向的变化可以通过电力或机械旋转或扭动伺服来实现。如果是机械式实现方式, 那么就不是 4 个离散的位置, 而是围绕交叉轴的连续圆形轨迹的变化, 这就是圆锥扫描。波束转换和圆锥扫描可以统称为顺序波瓣法。虽然在圆锥扫描中波束运动轨迹是连续的, 但目

---

①注意区别横向角 traverse 和方位角 azimuth, 前者是在包含目标所在位置的斜面上的角度, 后者是水平面上的角度, 详见 2.8 节的进一步讨论。

标回波仍是离散的, 如图 1.2(b) 所示, 如果扫描速率是 30 周每秒 (典型值), 而脉冲重复频率是 240 个脉冲每秒, 那么每周扫描中就对应有 8 个波束位置。当目标偏离交叉轴时, 回波信号强度在扫描频率处被近似正弦调制, 并在射束轴最靠近目标时达到最大值。对接收到的信号进行解调得到包络, 并且把它与正弦参考信号共同输入到一对鉴相器, 后者将输出校正信号, 指示出目标在两个正交轴上的偏离。第二次世界大战后, 圆锥扫描类型的跟踪雷达仍旧广泛应用于不需要太高测角精度的场合。

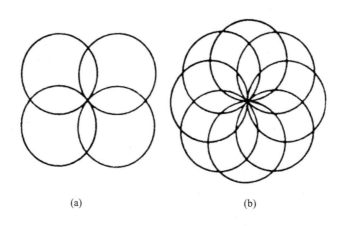

(a)　　　　　　　　　　　　(b)

图 1.2　两种顺序波瓣

(a) 横向角和俯仰角上的波束转换; (b) 圆锥扫描。

顺序波瓣法中的主要误差源是目标回波起伏, 这种起伏信号在天线扫描频率附近往往有较强的功率谱密度, 因此会带来测角误差, 简单地说, 雷达难以分辨天线扫描带来的脉间回波信号强度变化和目标起伏带来的强度变化。

顺序波瓣法的另一个缺点是数据率的限制, 因为每一次角度测量都至少需要顺序获取 4 次回波信号, 在理论和实际中, 这对于角度上具有高机动的目标跟踪而言都是比较严重的制约。在圆锥扫描中, 还有一个不利因素是机械抖动将使得难以准确保持指向。

克服这些困难的解决方案就是单脉冲技术, 或者称为同时波束法, 或者同时波束比较法。

比幅单脉冲是单脉冲技术的一种, 它在概念上与上面提到的波束转换技术类似, 不同之处在于它不是顺序比较 4 个波束位置的回波信号, 而是同时形成 4 个接收子波束并且对单个回波信号在 4 个通道的响应进行比

较 (如果只在一个角坐标内比较, 只需要两个同时接收子波束), 此时发射波束是多个子波束的和。另外一种单脉冲技术是比相单脉冲, 虽然其具体实现有所不同, 但也是利用同时多个接收波束来达到测角目的。由于可以从单个脉冲回波中就能获取角度信息而不再需要在多个波束位置进行顺序扫描, 相对于顺序波瓣法, 单脉冲技术可以大大提高测量的数据率。

理论上讲, 单脉冲雷达不再有回波信号脉间起伏带来的误差, 因为这种脉间起伏对同时从不同子波束获取的单脉冲信号来说不会造成影响, 实际上, 由于设计和造价限制, 这些误差并不能完全避免, 当然其影响已经大为降低。

相对于其他测角技术, 单脉冲技术优势的获得是以设备的复杂性和经费为代价的。例如, 单脉冲技术需要多通道接收机 (其他测角技术就不必), 而且多个通道之间要严格设计和校正以保证通道之间幅度和相位的一致性 (见 1.3 节)。对于一些应用, 简单系统往往就足够了。

单脉冲雷达虽然是在第二次世界大战后得到的巨大发展, 但其基本理念和早期发展却在此之前 (虽然还没有冠名为单脉冲雷达)。单脉冲发展的简单历史可以在 Rhodes[7] 和 Barton[8] 的著作中查询, 而进一步详细的内容可以参见他们列出的参考文献。关于单脉冲技术的最早公开文献[9] 虽然只是一篇摘要, 但在早期仍具有重要作用。这篇文章是根据 1944 年美国海军实验室的报告写的, 当时是保密的, 后来进行了解密并重新出现在文献 [8] 中。

今天应用的大多数跟踪雷达都是单脉冲雷达, 全世界成千上万的单脉冲雷达被建造并安装在陆地、海洋、飞机、制导导弹和太空中, 它们执行大量不同种类的任务, 其中一些主要的类别可以列举如下:

(1) 火炮和导弹发射制导的战术控制。

(2) 战略军事应用, 如对于潜在对手的远程飞行器或导弹的监视跟踪。

(3) 太空应用, 包括对美国和其他国家人造飞船、卫星和其他空间飞行器的跟踪。

(4) 情报应用, 包括目标轨迹和目标运动时的回波变化, 从中可以进一步得到诸如目标尺寸、形状、旋转和其他属性。这对于顺序波瓣法是困难甚至是不可能的, 因为这些技术又叠加了新的调制。

(5) 支持军事和太空的双重应用, 包括监视和评估试验靶场中的演习活动, 在发射阶段跟踪太空飞行器以决定必要的轨道或轨迹调整, 在目标轨迹无法纠正时给出自毁控制信号。这些支援任务中的跟踪雷达一般称为测量雷达, 是目前最精确的雷达[10-12], 其测角精度可以达到波束宽度的

1/200 量级水平。

虽然单脉冲雷达最初和最常用的模式是精密跟踪并保证波束始终指向目标, 但其应用模式不限于此, 在某些雷达中采用了偏轴测量波束指向偏离目标方向大约 1/2 波束宽度。单脉冲测角技术也可以应用于搜索雷达的单个或者两个角坐标中, 或者多功能雷达的搜索模式中。在这些应用中, 开环单脉冲雷达的输出信号指示出了 (通过标校函数) 在每个时刻, 目标在两个角度坐标中相对于已知的轴向的角度偏差, 因此就可以得到目标的绝对角度位置。

1.3　单脉冲雷达 "原型"

在详细论述单脉冲技术之前, 先给出一个单脉冲雷达具体组成的例子, 虽然这个例子只是单脉冲雷达几种形式中的一种, 且做了理想化和简单化处理, 不过仍旧可以说明基本原理并作为后续章节的基本参考, 这种特殊的单脉冲雷达属于比幅单脉冲雷达类型, 在前面 1.2 节中有所介绍并会在此详细论述, 而另外一种, 即比相单脉冲雷达, 会在后面详细介绍。

如图 1.3 所示, 单脉冲雷达原型系统具有一个反射式抛物面天线[①], 其馈源是焦平面的 4 个喇叭, 它们对称分布在轴向的两侧。图 1.3(a) 中可见的两个喇叭馈源, 置于轴线到观察者的方向, 另外两个置于相反的方向。当从反射器中心沿轴向观察时, 喇叭馈源如图 1.3(b) 所示 (虽然喇叭馈源画成了方形, 但大多数情形下是矩形)。这 4 个馈源生成了 4 个倾斜的子波束, 如图 1.4[②]所示。请注意高处的馈源对应的是低处的波束。当这些子波束与 4 个独立且一致的接收机相连时, 它们对于入射平面波 (如来自足够远处的辐射源或散射体) 的输出响应的相位相同, 但幅度不同, 且幅度差别与天线方向图和电磁波的到达方向有关。4 个子波束的交叉点在抛物面天线的轴线上, 只有当目标正好落在这个天线对称轴线上时, 4 个子波束输出信号的幅度才相等。利用幅度比率, 就可以得到辐射源相对于天线轴线的两个角度偏差。3 个波束之间的比较就可以得到两个独立的比值, 足以确定目标的两个角度值, 但考虑到实际中对称设计的好处, 一般采用 4 波束设计。

图 1.5 所示为 4 波束交叠图, 假设 A、B、C 和 D 分别代表了对应的

---

①由于任意平行于轴线的部分都是抛物线, 所以也称为抛物面反射天线;
②图中省略了旁瓣。

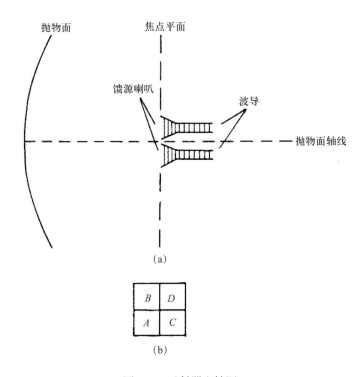

(a)

(b)

图 1.3 反射器和馈源

(a) 侧视图; (b) 从反射器沿轴向视图。

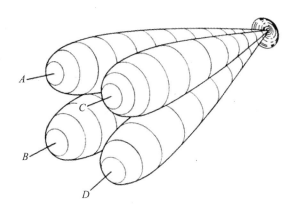

图 1.4 比幅单脉冲中的 4 个倾斜子波束

接收信号电压,理论上讲, 4 个馈源的输出连接到 4 个完全一致的接收机,
其输出就可以直接用于比较,但实际上不然,即使这些接收机的幅度和相

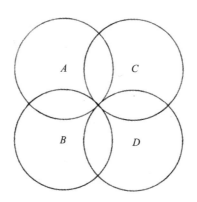

图 1.5 比幅单脉冲波束之间的交叠关系

位已经在初始化中调整好, 但使用中却是随时间、信号电平、频率和环境而变化的函数, 在单脉冲发展的早期阶段, 这直接造成电轴的偏移和目标测量的大误差。

通常的办法是在接收机之前通过混合接头 (魔 T, 详见第 4 章) 来对馈源的输出形成和通道、俯仰差通道和横向差通道。相对于接收机有源电路, 这些设备是电子或机械刚性的, 且漂移较小, 因此零轴更加稳定。和通道与差通道的表述如下:

和通道:

$$s = \frac{1}{2}(A + B + C + D) \tag{1.1}$$

横向差通道:

$$d_{\mathrm{tr}} = \frac{1}{2}[(C + D) - (A + B)] \tag{1.2}$$

俯仰差通道:

$$d_{\mathrm{el}} = \frac{1}{2}[(A + C) - (B + D)] \tag{1.3}$$

方程中的 1/2 是为了保持输入和输出功率相等, 假设合成器无损耗。

图 1.6 所示为横向或者俯仰坐标下, 和波束与差波束的电压方向图, 同时还给出了形成和差波束的成对倾斜子波束的电压方向图 v_1 和 v_2。

横向:

$$\begin{cases} v_1 = (C + D)/\sqrt{2} \\ v_2 = (A + B)/\sqrt{2} \end{cases} \tag{1.4}$$

俯仰:

$$\begin{cases} v_1 = (A + C)/\sqrt{2} \\ v_2 = (B + D)/\sqrt{2} \end{cases} \tag{1.5}$$

每个坐标下的和与差可以用 v_1 与 v_2 表示为

$$\begin{cases} s = (v_1 + v_2)/\sqrt{2} \\ d = (v_1 - v_2)/\sqrt{2} \end{cases} \tag{1.6}$$

结果如式 (1.1) ~ 式 (1.3) 所示。所有这些方向图都是考虑单程的。此外，图 1.6 还给出了差和之比 d/s。

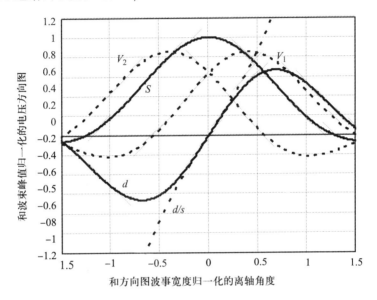

图 1.6 比幅单脉冲在任一坐标系中的方向图:
和 (s), 差 (d), 倾斜子波束 $(V_1$ 和 $V_2)$, 归一化差 (d/s)

空间中，横向与俯仰差方向图同时取到零点的那个方向称为"单脉冲轴向"、"视轴"、"跟踪轴"或"电轴"，理论上讲，它与反射面的机械轴或者几何轴向是重合的，但实际上总存在一定偏差。为了使单脉冲轴向成为角度测量的基准，需要对天线进行校准。这个过程包括对指定方位的测试目标进行对准照射使得差通道输出为零，然后调整角度输出值为设定的角度真值。因此，本书中单独使用"轴向"一词时，一般是指电轴而不是机械轴。

和方向图是笔形波束，其顶点正好位于单脉冲轴向上 (实际中，和方向图的峰值与差方向图的零点可能存在微小的偏差，这是由对称性不理想造成的)。除非另外说明，单脉冲天线的波束宽度一般指单程和方向图的半功率波束宽度，也就是说，和增益电压等于 $1/\sqrt{2}$ 倍峰值电压的两点之间的角度间距。图 1.6 中水平标度是按照波束宽度归一化后的。和波束的半功率宽度相对每个倾斜子波束更大一些。

图 1.7 所示为单脉冲雷达功能框图, 用简要形式描述了下面的处理过程:

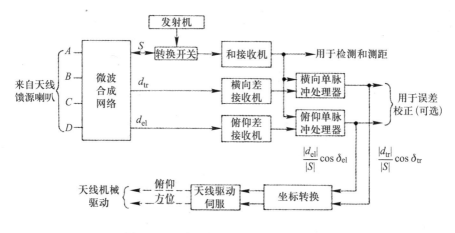

图 1.7　一种形式的单脉冲雷达功能框图

由于收发互易, 发射通道同时也是形成和波束的接收通道, 因此, 发射方向图和图 1.6 中的和方向图是完全一致的。接收到的和信号可用于探测、测距、显示, 还有单脉冲处理。

在接收机中, 微波合成网络形成输出和信号与差信号, 二者通过与本地振荡器的混频处理, 从射频降为中频, 然后在中频进行放大和滤波处理, 而滤波器带宽近似为雷达脉冲宽度的倒数。

在每个坐标轴上都有相应的单脉冲处理器, 它有多种具体形式, 部分形式将在第 8 章中给出。不同形式的单脉冲处理器的共同特征是它们都与电压比或者相位差有关, 而与电压或者相位的绝对大小无关。

在图 1.7 的雷达原型中, 每个单脉冲处理器都有和信号与差信号两个输入, 而输出等于差信号与和信号幅度之比乘以二者相位差的余弦, 这两个相位差分别是 δ_{tr} (横向) 和 δ_{el} (俯仰)。在理想模型中, 点目标回波的和信号与差信号之间总是存在 0° 或者 180° 的相对相位差, 这是因为和差信号都是从 4 个独立子波束输出得到的, 而它们的相位可以假定是相同的, 因此, 当目标位于电轴某侧时余弦值要么等于 1, 而在另外一侧则等于 −1。后续章节中可以看到, 实际条件下这个余弦值不必限制为 ±1。

幅度比值暗含了目标偏离电轴的程度, 而余弦因子的取值指示了目标到底在电轴的上下左右哪一侧。此外, 余弦因子还能够抑制噪声的正交相位分量带来的错误。

每个坐标下的输出包含了电压增益比值与相对相位差余弦值的乘积, 这个结果往往称为此坐标下的"误差"信号, 不过本书中将避免用这个名字, 因为这个"误差"信号在测定目标角度时不是必要的, 这一点在 2.5 节中进行了详细解释, 描述更准确的名称是"归一化差信号", 或者更明确称为归一化差信号的同相分量, 因为把余弦值改为正弦值就可以类似求得正交分量。在图 1.7 的雷达原型中, 点目标对应的正交分量为零 (不考虑噪声影响), 所以什么都测量不到。当然, 在某些情况下, 它并不等于零, 且含有有用信息, 这在后续章节中会详细论述。

对于这个输出信号更一般的称呼可以简单定为"单脉冲处理器输出", 其中不但包含了图 1.7 中单脉冲原型系统的输出, 也包含了其他类型单脉冲处理器的输出, 同样, 这也会在后续章节中描述。

对于单个点目标, 每个坐标下的归一化差信号 d/s 具有如下特性: ① 在半波束宽度范围内, 基本与目标在各个坐标下偏离电轴的角度大小成正比, 如图 1.6 所示; ② 与其他坐标下的角度测量基本无关。归一化过程使得输出与回波强弱无关, 而仅仅取决于目标角度。回波强度仅仅对于和信号与差信号有个共同的乘积作用, 因此可以被剔除。

单脉冲雷达原型其实是一个机械驱动的跟踪雷达。经过坐标系转换后, 单脉冲处理器输出成为了伺服 – 放大通道的输入, 并且伺服系统驱动天线指向正确的方向直至单脉冲处理器输出等于零。坐标转换的原因在于天线架的机械旋转坐标系通常是方位角和俯仰角坐标系, 而差信号是目标偏离电轴横向角和俯仰角的函数, 简单近似的转换通常就可以满足要求。横向角输出与天线俯仰角正切值的乘积用于驱动方位上的伺服系统, 而俯仰角输出不必进行变换就可以用于驱动俯仰上的伺服系统。

理想情况是天线轴向正好对准目标方位, 但在实际中总是存在偏差。当伺服系统尽力把跟踪轴指向移动目标时, 它总是产生一定程度的滞后, 这是因为目标角速度或者角加速度超出了系统的最大能力, 或者是由目标角运动的高阶分量导致的。风力也可能导致天线轴向偏离目标。在滞后或者风力影响的情况下, 总是存在残留的电压输出而系统难以将其归零。这个误差在很大程度上可以被"误差校正"或"电子校正信号"所消除。伺服系统难以归零的单脉冲输出残留被标校函数转化为对应的偏轴角, 这个偏轴角实时或者事后转化为天线底座轴转动角度, 用于纠正目标角度值。

1.4 单脉冲技术的优点与缺点

顺序波瓣单脉冲技术的部分优点已经在上文中提到, 下面进行总结, 详见文献 [13–18]。

(1) 在单脉冲中, 由目标回波信号的幅度起伏所造成的误差可以被抑制, 或者基本被消除。

(2) 在单脉冲雷达中, 角度信息的获取仅仅需要单个脉冲就可以完成, 而不必需要完整周期的脉冲串甚至全扫描。在单个目标的连续跟踪的情况下还不能体现单脉冲测量系统的能力, 因为测量信号通常由多个脉冲整合 (或者是多个观测的平滑值) 得到。当需要减小对于机动目标的滞后误差或者跟踪损失时, 这个能力增加了可用数据率并允许雷达使用更宽波束。这种单个脉冲测量角度的能力在一些监视雷达和相控阵雷达中更加重要, 因为相控阵雷达需要通过不停的波束照射切换来实现对于多个目标的交错跟踪。当某个目标照射的驻留周期内只能有少数几个甚至单个脉冲时, 单脉冲测角就显得非常必要。

(3) 假定其他参数都相同, 由于单脉冲测角时收发共用的波束直接指向目标而不需偏离某个角度, 因此单脉冲测角得到的信噪比相对更高, 这样有更高的检测概率 (在跟踪起始之前) 或者更小的跟踪误差 (改善因子约为 2)。

(4) 单脉冲雷达不必进行圆锥扫描, 也就减少了馈源和反射天线的震动和磨损等, 因此天线视轴的指向性更加稳定。

(5) 顺序波瓣的发射会呈现出雷达波束切换或者扫描[①]的周期性, 这使得雷达对于某些利用了这一信息的干扰类型敏感脆弱, 因此, 一般不采用顺序波瓣的发射调制, 而仅仅在接收时采用。

(6) 在某些应用中, 通过分析被跟踪目标的回波幅度的脉间起伏, 可以获取一些信息, 这在顺序波瓣测角法中是困难甚至不可能的, 因为回波信号同时也受到了波束切换或者扫描的调制, 而在单脉冲雷达中, 接收到的信号可应用于此, 因为不存在这种调制。

(7) 圆锥扫描中, 跟踪距离受到扫描周期的限制, 这是因为发射与接收之间波束不能移动过多, 而在单脉冲测角系统中完全没有此限制, 其最大不模糊距离仅仅取决于脉冲重复频率。

为了实现上述单脉冲的这些固有优势, 需要付出更大代价, 这也就是

[①]然而, 有一些只在接收中使用切换或扫描的特殊技术, 使发射信号未被调制。

单脉冲体制的缺点,它需要更多的通道设备,需要更多的精心设计和系统标校,同时也更加昂贵。

通常单脉冲系统需要 3 个接收机通道来实现 2 个坐标下的角度跟踪,相比于只需要单个接收通道的顺序波束测角体制,这 3 个通道必须在很宽的范围内保持增益和相位的一致。一些演化出来的特殊形式的单脉冲系统的接收通道可能少于 3 个 (见 8.14 节 ~ 8.17 节),但是它们付出了性能损失的代价或者面临设计的困难。

单脉冲系统中的射频电路也更加复杂,因为和信号与两路差信号 (或者是不同馈源输出的信号) 都是从天线引出的,射频通道必须保持一致,否则就会带来误差。

除此之外,还有一些其他非直接原因使单脉冲系统造价昂贵,例如,对于圆锥扫描雷达足够可用的底座和驱动系统对于单脉冲雷达就可能捉襟见肘,因为在圆锥扫描雷达中,底座和驱动系统带来的误差相对其他误差较小,可以被忽略,而在单脉冲系统中,这些误差就不能忽略,而必须用其他更高性能、价格也更高的底座和驱动系统替代,以保证能够发挥出单脉冲体制在精度和动态性等方面的优势。

相对于其他跟踪技术,当雷达分辨单元内含有多个目标,或者目标呈现出分布式特性而不是点状特性,再或者存在多径效应时,普通单脉冲系统 (如后面章节描述的基线系统) 相对于其他跟踪系统的优点就被弱化了,因为这些条件下电磁波到达接收器的波前被扭曲,跟踪系统必然受到影响,不过,广义的单脉冲系统 (使用了同时接收技术而不仅仅限于原型系统) 能够通过一些特殊技术来减小这些情况下的误差。

1.5 单脉冲技术的其他用途

虽然本书的重点是雷达中的单脉冲测角技术,但相同或者类似的技术也可以用于其他场合。其他射频应用包括无源定位[19,20]、通信 (如保证地面通信站天线指向通信卫星)[21]、无线电天文学[22,23] 和导弹制导[24,25],单脉冲技术还可以应用于有源与无源声纳[26,27] 及其他光学传感器。

在一些不涉及脉冲发射的应用中,这种技术常称为同时波瓣或者同时波瓣比较而不是单脉冲。在无线电天文学中,称为干涉测量法的技术 (通过对两个或多个分布式天线接收到信号进行相关处理而获取辐射目标角度分布信息的技术),在广义上就可以认为是比相单脉冲的一种形式,或者

可以更准确地称为 "时间延迟比较单脉冲"。

参考文献

[1] M. I. Skolnik, *Introduction to Radar System*, 3rd ed., New York: McGraw-Hill, 2001.

[2] D. K. Barton, *Radar System Analysis and Modeling*, Norwood, MA:Artech House, 2005.

[3] P. Z. Peebles, *Radar Principles*, New York: John Wiley & Sons, 1998.

[4] J. L. Eaves and E. K. Reedy, *Principle of Modern Radar*, New York: Van Nostrand Co., 1987.

[5] M. A. Richards, *Principle of Modern Radar*, Raleigh, NC: Scitech Publ., 2010.

[6] M. I. Skolnik, *Radar Handbook*, 3rd ed., NewYork: McGraw-Hill, 2008.

[7] D. R. Rhodes, *Introduction to Monopulse*, New York: McWall-Hill. Reprint, Dedham, MA: Artech House, 1982.

[8] D. K. Barton, (ed.), *Radar: Vol. 1, Monopulse Radar*, Deham, MA: Artech House, 1974.

[9] R. M. Page, "Monopulse Radar," *IRE Convention Record*, 1955, Part 1, pp. 132–134.

[10] D. K. Barton, "The Feature of Pulse Radar for Missile and Space Range Instrumentation," *IRE Trans. on Military Electronics*, Vol. MIL-5, No.4, October 1961, pp. 330–351. Reprinted in *Monopulse Radar*, D. K. Barton, (ed.), Dedham, MA: Artech House, 1974.

[11] D. K. Barton, "Recent Development in Radar Instrumentation," *Astronautics and Aerospace Engineering*, July 1963, pp. 54–59.

[12] J. T. Nessmith, "Range Instrumentation Radars," *IEEE Trans. on Aerospace and Electronic System*, Vol. AES-12, No. 6, November 1976, pp. 756–766.

[13] S. F. Geoge and A. S. Zamanakos, "Multiple-Target Resolution of Monopulse vs. Scanning Radars," *Proc. National Electronics Conf.*, Vol. 15, 1959, pp. 814–823. Reprinted in *Monopulse Radar*, D. K. Barton, (ed.), Deham, MA: Artech House, 1974.

[14] J. H. Dunn and D. D. Howard, "Pricision Tracking with Monopulse Rada," *Electronic*, April 22, 1960, pp. 51–56. Reprinted in *Monopulse Radar*, D. K. Barton, (ed.), Dedham, MA: Artech House, 1974.

[15] D. K. Barton, *Radar System Analysis*, Englewood Cliffs, NJ: Prentice-Hall, 1964.

[16] D. K. Barton, "Tarcking Radars," Parti VI, Ch. 7 of *Modern Radar*, R. S. Berkowitz, (ed.), NewYork: John Wiley & Sons, 1965.

[17] D. K. Barton and H. R. Ward, *Handbook of Radar Measurement*, Englewood Cliffs, NJ: Prentice Hall, 1969. Reprinted, Norwood, MA: Artech House, 1984 (see p. 35).

[18] J. H.Dunn, D. D. Howard, and K. B. Pendleton, "Tracking Radar," Chapter 21 of *Radar Handbook*, M. I. Skolnik, (ed.), NewYork: McGraw-Hill, 1970.

[19] L. G. Bullock, G. R. Oeh, and J. J. Sparagna, "An Analysis of Wide-Band Microwave Direction-Finding Techniques," *IEEE Trans. on Aerospace and Electronic System*, Vol. AES-7, No. 1, January 1971, pp. 188–203.

[20] V. C. Sumdberg and D. F. Yaw, "ECM AND ESM Antenna," Chapter 40 of *Antenna Enginnering Handbook*, R. C. Johnson, (ed.), NewYork: McGraw-Hill, 1984.

[21] J. H. Cook, "Earth Station Antenna," Chapter 36 of *Antenna Engineering Handbook*, R. C. Johnson, (ed.), NewYokr: McGraw-Hill, 1984.

[22] J. D. Kraus, *Radio Astronomy*, NewYork: McGraw-Hill, 1966.

[23] J. S. Hey, *The Radio Universe*, Oxford, U. K.: Pergamon Press, 1971.

[24] J. F. Gulick, "Overview of Missile Guidance," *IEEE Eascon '78 Record*, Washington, D. C., September 25–27, 1978, pp. 194–198.

[25] E. R. Feagler, "The Interferometer as a Sensor for Missile Guidance," *IEEE Eacson '78 Record*, Washington, D. C., September 25–27, 1978, pp. 203–210.

[26] V. C. Albers, *Underware Acoustics Handbook II*, University Park, PA: Pennsylvania State University Press, 1964.

[27] C. A. Roberts and A. Favret, "Applications of Monopulse Tracking Techniques to Passive Linear Arrays," *Journal of the Acoustical Society of America*, Vol. 51, No. 1 (Part 1), January 1972, pp. 31–37.

第 2 章

术语、定义和符号

在单脉冲技术发展的早期, 甚至直到当前, 不同的公司、政府机构和个人使用了五花八门的术语和符号, 而它们往往缺乏严格的定义。标准化的缺失往往是导致混乱的根源, 因此, 本章的目的就是对本书中所使用的术语和符号进行定义, 以帮助读者更好地对比在其他地方看到的各种术语。许多术语其实已经在 IEEE 文献[1] 中被定义了, 相关参考应该依照执行。虽然 IEEE 标准集中反映了大多数专家和作者的意见, 但它并不是强制性标准, 并且显然不能对在此之前的一些早期著作进行强制性的标准化修正。此外, 这些标准也没有囊括所有的雷达术语, 因此, 导致不同作者在使用术语和定义时总是存在差异。这需要一些对照翻译, 但只要读者对每个作者的定义和符号多加留心, 应该不会造成混淆。

对于 IEEE 已有的术语和定义, 在本书中直接沿用, 但适当进行了扩展。本书认为读者对于雷达的一些基本概念是比较熟悉的, 因此着重对单脉冲技术特有的或者那些在单脉冲应用中有特殊含义的术语进行说明, 对于一些内涵不确定并且需要澄清的术语, 即使其不属于单脉冲技术甚至雷达技术范畴, 本书也进行了重点介绍。重要的术语在书中引入的地方就进行了定义或者解释, 并且本书最后附录了所用符号的列表。

一些基本术语, 比如 "单脉冲" 本身, 对于理解单脉冲技术是最基本的, 需要在最开始就给予重视, 其中一部分将在本章中讨论。

虽然单脉冲技术是一种接收处理技术, 但一些与天线及其附属配件有关的术语, 却是属于发射范畴的词汇, 因为这些概念从发射角度更容易解释。如果天线 (包括馈源系统、合成器、波束形成器) 是收发共用的, 那么接收方向图就和发射方向图是相同的。

2.1 单脉冲技术

"单脉冲" 这个术语, 最早是 1946 年由贝尔实验室的 H. T. Budenbaum 使用的, 这体现在他后续发表的论文中[2] 。这个术语无论在英语还是在其他语种中都被固定使用, 变化很小, 因为它清晰地表达了只需单个脉冲就可在两个角坐标下获取角度信息的能力, 至于更早的顺序波瓣测角技术, 则需要多个 (至少 4 个) 脉冲才能实现角度测量。

与 "单脉冲技术" 类似, 术语 "同时波瓣法" 虽然没有前者使用普遍, 但描述更加准确,"同时" 相对 "单个脉冲" 更加凸显了必要条件, 实际上, 许多单脉冲雷达并不是真正从每个脉冲中提取角度信息, 通常的处理是对多个原始的单脉冲测角估计结果进行平滑或者整合, 以提高估计精度, 或提供多普勒分辨能力, 或简化处理过程。此外, 正如上面已经提到过的, 单脉冲技术并不仅仅限于脉冲雷达的使用。同时接收技术能够防止由于目标回波强度起伏造成的误差, 虽然许多单脉冲雷达因为经费问题进行了设计折中, 使得这种误差并不能完全避免, 但相对顺序波瓣法而言还是有很大改善的。

实际中还是有许多雷达能够真正从单个脉冲中获取角度估计的, 包括一些精密跟踪雷达、目标轨迹和反射特性分析雷达, 也包括相控阵雷达, 后者往往跟踪多个目标, 需要在这些目标之间进行交错跟踪, 同时还要兼顾搜索, 因此每个波束的驻留时间很短。

单脉冲的各种定义可参见技术文献。下面这个定义是从较早版本的 IEEE 标准中摘录的, 为了兼顾非雷达应用, 这里做了一些小的改动:

"这种技术通过比较两个或者多个天线方向图同时接收到的信号而获取关于辐射源或者目标角度位置的信息, 这区别于诸如波瓣切换或者圆锥扫描技术, 后者是通过一串顺序照射而获取角度信息的。在雷达中, 同时波瓣技术使得从单个脉冲获取两个坐标的角度估计变得可能 (因此称为单脉冲), 虽然实际中为了提高精度, 或者提供多普勒分辨, 或者简化处理过程, 往往对多个脉冲进行处理。单脉冲技术不但可以用于脉冲雷达, 也可以用于连续波雷达, 同时还能用于一些非雷达的应用场合。"

这个定义阐明了下面一些重要论点:

(1) "关于 ⋯⋯ 的信息" 强调了单脉冲获取的是包含不同误差的角度估计值, 正如信息论中的含义, "信息" 一词意指减小不确定性。

(2) "角度位置" 指单个角度坐标, 或者成对的角度坐标, 如方位和俯

仰 (见 2.8 节)。

(3) "目标" 散射电磁能量回到雷达处, 从广义上讲也可以将其归纳为 "辐射源", 不过, 通常将 "辐射源" 解释为主动辐射电磁波的装置, 如发射天线或发射机, 以区别被动散射能量的目标。单脉冲技术用于接收而不是发射, 因此它可以对辐射源和目标都有效工作。为避免不必要重复, 除非特别说明, 本书中的 "目标" 一词也包含辐射源。

(4) "比较 …… 信号" 可以采用多种方式, 这取决于单脉冲的分类。在多数情况下, 这种比较并不是直接对单独馈源或者天线单元接收信号比较, 而是间接的 (如和差信号比较)。这种比较采用比幅、或者比相、或者包括前两者①, 因此角度定位并不依赖幅度和相位的绝对值。

(5) 定义中提到了 "两个或者多个" 天线方向图, 测量 1 个坐标下角度, 2 个方向图就足够了, 但若测量 2 个坐标下角度, 则至少需要 3 个方向图。

(6) 定义中使用了 "方向图" 而不是 "波束", 因为前者更加一般化, 2.3 节对此进行了解释。

(7) 波瓣切换和圆锥扫描在单脉冲的定义中并不是必须的, 之所以引入, 主要是为了强调同时接收方向图和顺序接收方向图之间的区别 (参见 1.2 节)。

2.2 口径和照度函数

术语 "口径" (来源于拉丁语 apertus) 字面意思是开口, 它在电磁辐射中的使用实际上来源于经典光学, 它是指不透明反光屏的开口, 当此屏被后面的平面波照射时, 口径就表现为辐射面, 并形成辐射或者衍射方向图。口径概念进一步扩大, 意指任何辐射面或者任何可以作为辐射源的有界平面。

对于一个给定的天线, 口径不是唯一的。只要平面上的电磁场和电流都被计入, 环绕天线的任何平面都可以作为口径[3], 通常把有界平面以外的电磁场和电流忽略不计, 这主要是为了分析方便。在反射天线或者阵列天线情形下, 通常的做法是把反射器面 (一般是平面) 作为口径, 或者把阵列天线边界所确定的平面作为口径。

①这种比较总是可以表达为复比, 其中包含了幅度比值和相位差值。假设两个信号分别是 $a_1 \exp(j\phi_1)$ 和 $a_2 \exp(j\phi_2)$, 则它们的复比就是 $(a_1/a_2) \exp[j(\phi_1 - \phi_2)]$。

"照度函数",或者称口径函数,从发射的角度看,描述的是口径中每一点上分布的电磁场特定极化分量的幅度和相位与其对应位置的函数关系;从接收的角度来看,描述的是对于口径上每个阵元接收到的电磁波的幅度或者相位加权,从而形成预先设计的方向图。在反射类型的天线中,照度函数取决于反射面的设计、馈源系统、功分器、合路器和混合波导等,而在阵列天线中,则取决于每个阵元的幅度和相位控制。

2.3　方向图、波瓣和波束

天线方向图、波瓣和波束,3 个术语的含义有重叠但也有一些不同。

对于发射而言,天线方向图描述的是电磁场的特定极化分量随电轴偏角的变化情况,此时,观测接收点处于天线远场并保持距离恒定但角度变化;对于接收而言,天线方向图描述的是天线接收到的信号特定极化分量与电轴偏角的函数变化关系,此时,信号源处于远场恒定距离处。天线方向图可以由照度函数计算得到。如果天线口径是平面的,天线方向图的物理光学分析 (这是一种近似方法,但在绝大多数情形下适用) 可以通过对照度函数进行傅里叶变换得到,并且天线方向图可以在正弦空间内表达 (正弦空间的例子可以参见 2.8 节)。

在测量或者计算天线方向图时,经常只是考虑幅度或者功率,不过,在对单脉冲系统的细微特征进行全面分析时,相位方向图也必须考虑在内。

在天线方向图中,波瓣是指天线方向图在相邻零点或者相邻的明显倾角之间的部分。干涉仪的天线方向图可能有多个近似幅度相等的波瓣,但在雷达中,更常见的情形是一个主瓣和许多小的旁瓣,这时主瓣也可以称为波束。

总结这 3 个术语之间的差别如下:

(1) 方向图是更加通用的词汇,用来描述发射和接收电磁信号随电轴偏角变化的情况。

(2) 波瓣是方向图在零点或者最小值之间的部分。

(3) 如果方向图只有一个比其他波瓣要大得多的主瓣,则这个主瓣称为波束。

图 1.6 可以用于说明这 3 个术语之间的区别,图中除了标注 d/s 的其他所有曲线都是天线方向图,两个独立的倾斜方向图与和方向图可以称为波束或者波瓣 (或者主瓣,当需要区分旁瓣时)。由于不具备唯一的主波瓣,

差方向图一般不称为波束, 其主体部分常常称为双波瓣或者分裂波瓣。

图 1.6 中曲线 d/s 是差和比率, 虽不是天线方向图, 但却是和方向图与差方向图的非线性函数。

反射式天线在某个确定频率上的接收方向图不仅仅取决于反射器的形状和大小[①], 并且取决于馈源喇叭的位置, 除此之外, 还取决于雷达输出的采集位置, 以及馈源喇叭和输出之间的多种运算和变换。

为说明这点, 参见 1.3 节中的四馈源喇叭情形。如果输出来自连接喇叭的波导, 则会在喇叭偏离焦点的位置相应形成倾斜波束。可以同时形成 4 个这样的子波束。这种情形下的天线方向图就是倾斜子波束的方向图。另外一种情形是, 如果波导通过射频混合接头相互连接以形成和差处理, 而且输出取自混合器, 那么天线方向图就是和差方向图。

正是基于这些考虑, 2.1 节在单脉冲定义中使用了更加一般化的术语 "方向图" 而不是 "波束", 所以, 无论是直接形成的, 还是组合形成的, 所谓的 "比较", 既可以是子波束之间的比较 (如 1.3 节中的倾斜子波束), 也可以是和差波束比较, 还可以是同时多个波束之间的任意比较。

本书中, 除非特别说明, 天线方向图总是用电压而不是功率来表示。天线方向图有时是直接测量的, 或者利用照度函数通过傅里叶变换得到。对于矩形口径天线在方位面方向图的计算如下所示:

$$f(u) = \int_{-0.5}^{0.5} g(x) \exp(\mathrm{j}2\pi xu) \mathrm{d}x \tag{2.1}$$

式中: f 为电压形式的方向图; $u = (w/\lambda)\sin\theta$; θ 为弧度单位的方位角; $g(x)$ 为照度函数; x 为利用口径尺寸 w 归一化的水平坐标。

照度函数 $g(x)$ 通常进行归一化, 因此整个口径的全部功率是 1, 即

$$\int_{-0.5}^{0.5} |g(x)|^2 \mathrm{d}x = 1 \tag{2.2}$$

因此, 式 (2.1) 中的 $f(u)$ 也被照射口径的最大电压值进行了归一化处理。

对于圆形或者椭圆的口径, 其与式 (2.1) 类似的表达可以参见与天线有关的文献。

[①] 卡塞格伦天线或其他具有多个反射器的天线。

2.4 和差方向图

在 1.3 节所示的基线单脉冲系统中, 可以清楚看出为何取名和方向图与差方向图 —— 因为它们是由 4 个独立喇叭产生的子波束方向图通过加、减处理得到的。必须指出, 这些子波束方向图与单个喇叭馈源产生的方向图是不同的, 而且, 除非是对 4 个馈源喇叭进行适当限定, 否则它们与这 4 个喇叭中的任一喇叭的输出也是不同的。这些方向图之间相互耦合影响, 因此, 它们应该当作集合中的成员, 而不是单独的方向图。

当然还有些情形, 和差方向图的解释不是那么直观明了, 例如, 存在多模喇叭馈源与波导形成同时方向图的单脉冲设计, 它与原型系统的和差方向图是类似的。虽然这些方向图是直接产生, 而不是通过和差运算得到的, 不过在实际中仍旧称为和差方向图, 或者使用首字母作为和差方向图的符号。

另一个例子就是五馈源单脉冲系统, 其由一个中心喇叭和周围 4 个其他喇叭组成。中心喇叭作为参考方向图 (或者作为发射方向图), 外围喇叭的输出成对组合形成两个差信号。虽然并没有求和处理, 参考方向图通常称为和方向图, 因为它起到了原型系统中和方向图相同的作用。

并联馈电的阵列天线中, 在符合天线物理限制的条件下, 预先设定的方向图都可以形成, "和" 与 "差" 方向图是直接形成的, 而非基于独立波束的输出进行加或者减处理得到, 实际上, 独立波束的输出在系统中可能无用武之地。从物理实现上看, 并不存在独立真实子波束, 但是从数学上看, 把和差方向图分解为一系列独立子波束方向图总是可行的。

无论是否真实存在, 本书仍将使用 "子方向图" 或者 "子波束" 来描述一系列独立子波束, 因此, 它们的和、差处理结果与 "和方向图"、"差方向图" 是等同的。

术语 "和方向图" 可以被更加普遍适用的 "参考方向图" 取代, 后者不但包括了通过求和处理得到的方向图, 而且还包括了直接形成的、用于同样目的的方向图。实际中, "参考方向图" 经常在上述提到的五馈源情况下使用, "和方向图" 用得更普遍一些。对于 "差方向图", 没有更加一般化的术语可以替代。

另外一对可供选择的术语是 "偶方向图" 和 "奇方向图", 这组术语是描述性的, 它们使用相对较少, 更多应用于对方向图和照度函数的数学分析中。

就通常使用情况来看,"和方向图" 与 "差方向图" 更加通用, 即使它们在定义上并不是那么严格, 但可以通过子波束 (其通过和差处理可以得到给定和差方向图) 概念得到深化和合理化。

为简单说明, 考虑单个角度坐标的情况, 假定 s 和 d 分别代表和、差信号电压, 而 v_1 和 v_2 代表子波束 (可能是虚拟的) 电压, 那么

$$s = (v_1 + v_2)/\sqrt{2} \tag{2.3}$$

$$d = (v_1 - v_2)/\sqrt{2} \tag{2.4}$$

和差处理通常由微波器件混合接头来实现的, 其输入是 v_1 和 v_2 而输出是 s 和 d。引入因子 $\sqrt{2}$ 的原因是无源混合接头的功率输入和输出必须相等, 如果是考虑 4 个子波束来形成和差波束, 则用 2 来替代 $\sqrt{2}$。

给定任意 s 和 d, 可以利用式 (2.3) 和式 (2.4) 得到子波束电压 v_1 和 v_2, 无论后者是否是真实地存在于系统任何位置 (可测量), 或者只是数学上存在:

$$v_1 = (s + d)/\sqrt{2} \tag{2.5}$$

$$v_2 = (s - d)/\sqrt{2} \tag{2.6}$$

在二坐标单脉冲系统中, 可以假定存在 4 个未知的独立子波束。对于给定的和信号与两个差信号, 无法从式 (1.1) ∼ 式 (1.3) 得到唯一的 4 个子波束[①], 不过, 解是否唯一并不重要, 因为子波束不会被用于定量分析而只是作为理解 "和波束" 与 "差波束" 的概念。

2.5　和信号与差信号的符号

在过去多数文献中, 常常使用希腊字母 Σ 和 Δ 来表示和信号与差信号电压, 这些符号在大多数情况下代表电压幅度, 不过在本书大部分的分析中表示都需要利用复信号的表达方式。在最近的一些有关单脉冲的文献中, 拉丁大写字母 S 和 D 被用来表示矢量和与矢量差的电压, 不过这可能会引起歧义, 因为大写字母 S 还常常被用来表示信号功率。

---

① 在形成和差波束中, 第四个输出 $(B + C) - (A + D)$ 可以作为副产品, 这个输出称为四极信号、对角差信号或者双重差信号, 常常被虚假负载吸收而不使用。如果这个输出也是可知的, 则可以解出唯一的 A、B、C 和 D。还有一种办法, 就是利用这 4 个子波束的对称性来得到唯一的解。

因此, 本书将使用小写字母 s 和 d 表示和信号与差信号的复电压, 也就是复包络。符号 Σ 和 Δ 用于表示和差通道或者输出端口, 也用来表示混合接头的输出端口, 不过这些端口的信号还是记为 s 和 d。

2.6 误差信号

单脉冲最初用于闭环跟踪机扫雷达中。伺服机构根据每个坐标下的误差信号来驱动天线, 这些误差信号代表了目标方向与天线指向之间的差别。当这两个方向完全一致时, 误差信号就等于零。如果把机械旋转底座轴的输出当成目标方向, 则这个误差信号就真的表示雷达测角输出的误差。

在其他一些情况中, 误差信号并不真的代表雷达输出的误差, 而是表示获得或者提高目标方向精度的方法, 例如, 一些单脉冲雷达使用 1.3 节所示的误差校准技术, 它使用闭环跟踪系统, 由底座位置提供粗略的角度信息, 而残余误差信号作为底座位置校准的输入。还有一些雷达 (或者是雷达工作模式), 其中的伺服环路并非闭环的, 其射束轴指向预先设定或者预先计算的方向, 而这个方向一般是与目标方向难以重合的 (但是目标必须落在波束范围之内), 开环单脉冲系统的误差信号可以作为相对已知轴向的偏差。

在一些情形中, 当目标指向存在很大误差时而误差信号输出为零, 例如, 目标存在闪烁时、或者不可分辨多目标、或者多径, 闭环跟踪系统会严格跟踪目标位置 (因此误差信号为零), 但是这个方向与真正关心目标的方向大相径庭。

为防止混乱, 单脉冲系统提供的输出 (目标位置相对电轴位置) 称为 "归一化差信号", 或者更加一般化的 "单脉冲处理器输出", 而 "误差" 一词专门用于雷达指示角度和真实角度之间的差别。

2.7 复信号表示和复包络

交流电流、电压和电磁场的复数表达方式被广泛使用, 在本书中也是分析雷达信号和噪声时必需的。下面给出了一些简单小结。

"复数" 一词在这里的使用在数学上意味着实部和虚部, 因此 z 的复数表达可以写为

$$z = x + \mathrm{j}y \tag{2.7}$$

其中

$$\begin{cases} x = \mathrm{Re}(z) \text{——} z \text{ 的实部} \\ y = \mathrm{Im}(z) \text{——} z \text{ 的虚部} \end{cases} \tag{2.8}$$

且

$$\mathrm{j} = \sqrt{-1} \tag{2.9}$$

在数学和物理中, 常常使用字母 i 来表示虚部, 而在工程应用中更多使用符号 j。

如图 2.1 所示, 图形化表示复数的常用方法是把复数作为一个点, 将其实部和虚部分别作为横坐标值和纵坐标值画在复平面中。

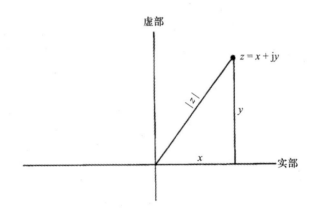

图 2.1 复数的实部和虚部

欧拉公式是常见的数学公式, 其证明可以在任何关于复函数的书籍中找到

$$\exp(\mathrm{j}\phi) = \cos\phi + \mathrm{j}\sin\phi \tag{2.10}$$

因此, 有下式成立:

$$\begin{aligned} \cos\phi &= \mathrm{Re}[\exp(\mathrm{j}\phi)] \\ \sin\phi &= \mathrm{Im}[\exp(\mathrm{j}\phi)] \end{aligned} \tag{2.11}$$

在本书中, 复数表达主要用于电压或者电磁场强度, 不用于表示功率。

假定电压 $v(t)$ 为正弦形式, 其幅度为 a, 角频率为 ω, 初始相位为 ϕ, 则

$$v(t) = a\cos(\omega t + \phi) \tag{2.12}$$

参考式 (2.11), 可以写为

$$v(t) = a\mathrm{Re}\{\exp[\mathrm{j}(\omega t + \phi)]\} \tag{2.13}$$

通常在实际中, 求实部的符号常常省略, 因此, 式可以简写为

$$v(t) = a\exp[\mathrm{j}(\omega t + \phi)] \tag{2.14}$$

需要一直注意的是, 诸如瞬时电压 $v(t)$, 虽然设置为实数但等同于复数, 实数是一种简化表达。复数的实数部分仅仅表示电压值。

电压或者电场强度的复数表达称为相量表达, 它可以图形化为线段, 线段的长度与复数幅度大小成正比, 而线段与参考线之间的角度对应于复数相位角度, 它也可以称为矢量电压, 但是相量一词用得更多些 (参见文献 [1, p819] 关于相量的定义)。

从式 (2.12) ∼ 式 (2.14) 并不能看出复数标记的好处, 甚至式 (2.12) 看起来更简单, 但在调制分析、频率变换和其他一些处理中, 数学操作和处理将由于复数的引入而大大简化。特别是复数表达使得能够把载波变换、调制、频率变换和其他处理当作独立的运算因子。

为说明复数表达的好处, 下面给出一个例子, 同时帮助澄清一点疑惑, 即关于什么时候虚部必须保留, 而什么时候它可以忽略。假定式 (2.12) 中的正弦电压的幅度受时变放大器 $a_{\mathrm{m}}(t)$ 的调制, 而其相位受到时变相移函数 $\phi(t)$ 的调整, $v(t)$ 变为

$$v_{\mathrm{r}}(t) = aa_{\mathrm{m}}(t)\cos[\omega t + \phi + \phi_{\mathrm{m}}(t)] \tag{2.15}$$

为把它变成复形式, 首先把调制函数写成复数 $m(t)$:

$$m(t) = a_{\mathrm{m}}(t)\exp[\mathrm{j}\phi_{\mathrm{m}}(t)] \tag{2.16}$$

利用式 (2.14) 中的 $v(t)$ 的复数形式乘以式 (2.16), 得

$$v_{\mathrm{r}}(t) = a\exp[\mathrm{j}(\omega t + \phi)]a_{\mathrm{m}}(t)\exp[\mathrm{j}\phi_{\mathrm{m}}(t)] \tag{2.17}$$

合并, 得

$$v_{\mathrm{r}}(t) = aa_{\mathrm{m}}(t)\exp\{\mathrm{j}[\omega t + \phi + \phi_{\mathrm{m}}(t)]\} \tag{2.18}$$

式 (2.18) 的实部与式 (2.15) 完全相同, 这也确认了复数运算的正确性。引入复数的好处在式 (2.17) 中得到了体现: 电压的最终结果可以表示

为载波电压 $v(t)$ 的复数表达与复调制包括 (或者复包络) $m(t)$ 的乘积, 其中复包络 $m(t)$ 既包含了幅度信息又包含了相位信息。

信号的信息 (除了频率信息和多普勒频移信息) 一般是蕴涵在复包络中, 而不是其载波中的, 正是基于此, 我们可以仅仅处理复包络而忽略载波 (要知道但无需写出), 从而大大简化以后的分析过程。如果是采用类似式 (2.15) 的实数表达, 是没法在各种运算中分离载波和包络的。

无论何时把复数符号应用于本身就是实数的物理量, 比如瞬时电压, 要明确仅仅是实部有物理含义。"瞬时"电压意味着电压每时每刻的取值 (作周期变化), 不仅仅取决于包络的幅度。式 (2.14) 中的 $v(t)$ 是瞬时电压, 同样式 (2.17) 和式 (2.18) 中的 $v_r(t)$ 也是瞬时电压。

虽然如此, 但是当把实数的瞬时电压写成复数形式, 即两个或者多个复数的乘积时, 丢弃任何独立因子的虚部也是不行的。因此在式 (2.17) 中丢弃 $v(t)$ 或者 $m(t)$ 的虚部都是不对的, 只有乘积 $v_r(t)$ 的虚部可以省略。

式 (2.16) 中, $m(t)$ 表达为幅度 $a_m(t)$ 和相位 $\phi_m(t)$ 乘积, 此外, $m(t)$ 也可以利用实部 I 和虚部 Q 来表示, 这通常称为同相和正交调制分量:

$$m(t) = I(t) + Q(t) \tag{2.19}$$

在谈到复调制包络时, 不必从载波及其调制开始, 就好像无线电中的声音信号调制载波一样, 不过, 雷达中的接收信号和噪声需要表示为复信号对载波的调制结果, 因此其幅度和相位分别对应经过调制的载波的幅度和相位。

相对于载波以射频频率变化, 调制包络的变化速度要慢得多。依据 Shanon 采样定理[6], 如果信号带宽为 W, 以 $1/W$ 的间隔对包络进行复采样 (对 I、Q 进行采样), 就能够依据采样值重建复包络, 也就是说, 得到复包络每个时刻的取值。在雷达中的典型值为

$$W \approx 1/\tau \tag{2.20}$$

式中: τ 为脉冲宽度 (脉冲实际宽度或者编码信号压缩后脉冲宽度), 也可以认为是距离单元。

因此, 一个有用的近似就是把调制包络的实部或者虚部对应的带宽当作脉冲宽度的倒数。幅度和相位函数的带宽可能大得多, 因为它们是 I 和 Q 的非线性函数。不过, 通过 I、Q 采样值重建 I、Q 信号, 然后再通过变换求得幅度和相位, 就可以由 I、Q 采样值恢复出幅度和相位信息。

　　如果本地振荡器频率低于射频, 在从射频到中频的频率转换中, 复包络能够保持不变。如果本地振荡器频率高于射频, 那么复包络的相位就反转了, 换句话说, 中频复包络是射频复包络的共轭。

　　复包络会经常在本书中出现, 诸如 "复电压" 或者 "矢量电压", 在雷达中这个概念非常重要, 因为大多数雷达信号和噪声可以被看作窄带信号, 其带宽相对射频的中心频率而言很少超过 10%, 甚至更少。

　　关于复信号表示的更深入的介绍可以参见文献 [7]。

2.8　俯仰、方位和横向

　　本节讨论的基本数学关系适用于机扫天线和电扫天线, 不过主要围绕前者开展讨论和说明。对于电扫阵列的应用需要更深入分析, 将重点在第7 章和 8.3 节中论述。

　　陆基雷达输出的目标方向通常依托方位和俯仰角度坐标来表现, 如果雷达使用机扫天线, 这些坐标也是常用的机械旋转坐标, 但它们不是单脉冲雷达探测目标方向所用的角度坐标。

　　当雷达装载在舰船或者其他移动平台上时, 如果利用甲板所在平面而不是水平面作为参考平面, 这些关系保持不变。从移动甲板坐标系到固定坐标系的转换牵扯到地理信息, 但是不影响单脉冲探测坐标系和伺服驱动坐标系之间的基本关系。在机载或者弹载雷达 (或导引头) 中, 常常使用包含机体纵轴的参考平面 (当此纵轴俯仰角为零时, 该平面就是水平面), 与此平面的夹角称为倾斜角 (对应俯仰角) 和偏航角 (对应方位角)。

　　为了展现如何实现从单脉冲探测坐标系到伺服驱动坐标系的转换, 首先将讨论限定于陆基雷达。通常, 在机械旋转天线底座的设计中, 存在一个或者两个旋转轴 (某些特殊用途也可能有三个旋转轴)。如果只存在一个轴, 它一般是纵轴, 围绕此纵轴的旋转角度就是方位角, 因此这个纵轴称为方位轴[①]。

　　如果存在两个旋转轴, 通常的设计称为方位 – 俯仰 (常常简记为 az-el) 底座, 如图 2.2 所示, 底部的轴 (方位轴) 是垂直的, 方位角就因这个轴而产生, 围绕这个方位轴旋转的底座部分还有一个水平方向的轴 (俯仰轴), 围绕俯仰轴旋转的角度就是俯仰角 (以水平面向上起算)。天线本身 (反射器) 装配在底座上, 因此其轴向 (波束轴向或者照射轴向) 与俯仰轴垂直。

---

　　① 在舰船上, 对应的纵轴垂直于甲板, 旋转的角度称为甲板方位角或者链。

图 2.2 中进行了简化以便能够看清方位轴、俯仰轴和照射轴。天线配重体是固定的并可在俯仰上旋转，因此其重心在俯仰轴上，图中省略了一系列其他组件，包括驱动电动机、天线伺服套件和波导等，实际的单脉冲天线及其底座的照片可以参见第 4 章。

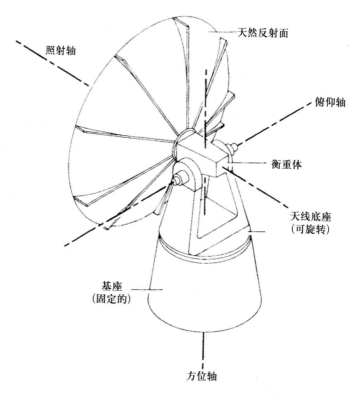

图 2.2 机械驱动天线的旋转轴

举个例子以帮助更好地理解方位角和俯仰角。如果把天线放在地球中心并使其方位轴与地球自转轴重合，那么方位角和俯仰角就分别对应经度和纬度。

对于平面型天线口径而言，正弦空间坐标系 (或者余弦空间坐标系，当以其余角为参照时) 是其原始坐标系。所谓平面型天线不仅包括阵列天线还包括反射型天线[①]。

假设 α、β、γ 分别是给定指向与 x、y、z 轴正向之间的夹角，而 u、v、w

---

①下面的讨论考虑到天线方向图，假定口径平面的照射函数具有均匀一致相位，或者均匀锥形相位，这对于反射天线而言不完全准确却是近似地表达。

是对应的余弦值：

$$u = \cos\alpha = \sin\alpha' \tag{2.21}$$

$$v = \cos\beta = \sin\beta' \tag{2.22}$$

$$w = \cos\gamma = \sin\gamma' \tag{2.23}$$

其中，α'、β'、γ' 分别是 α、β、γ 的余角，依据视角的不同，$u-v-w$ 坐标系称为正弦空间坐标系或者余弦空间坐标系。

因为 $u^2 + v^2 + w^2 = 1$，可以得到

$$1 - w^2 = u^2 + v^2$$

或者

$$\sin\gamma^2 = \sin^2\alpha' + \sin^2\beta' \tag{2.24}$$

这三个角度的几何解释如下：α' 是给定方向与 $y-z$ 平面①的夹角，β' 是给定方向与 $x-z$ 平面的夹角，γ 是天线反射器轴向的离轴角②。

在电扫阵列天线中，角度 α、β 和对应的余角没有标准化的名称，往往用这里的角度或者正弦空间符号来简单标注。在反射面天线中，α' 称为横向角，β' 也近似地称为俯仰角 (相对天线轴向的俯仰角)，这只是一种近似，当且仅当横向角等于零时才成立。

在反射面天线中，当 α' 和 β' 等于零时，横向和俯仰上的归一化差信号也等于零；当 α' 和 β' 很小时，横向和俯仰上的归一化差信号的大小与 α' 和 β' 近似成正比。在电扫描阵列天线中，归一化差信号与正弦空间中指定方向偏离轴向的 u、v 分量近似成正比。

假定 A 为给定方向相对于天线指向的方位角，那么 A 的度量是以轴向 (照射轴或者垂射方向) 在水平面的投影为基准，按顺时针为正向测量 A 在水平面的投影与基准的夹角。假定 E 为俯仰角，以水平面为基准向上为正，并且 E_a 为口径法线的俯仰角。在阵列天线情形下 E_a 称为倾斜角，在反射型天线的情形下 E_a 称为电轴俯仰角。α'、β' 角和这些量之间的关系如下[8]：

$$\sin\alpha' = \sin A \cdot \sin E \tag{2.25}$$

$$\sin\beta' = \sin A \cdot \cos E_a - \cos E \cdot \sin E_a \cdot \cos A \tag{2.26}$$

---

①原书为 $x-z$ 平面。
②可见反射器面假定为 $x-y$ 面 —— 译者注。

式 (2.25) 可以转换为

$$\sin A = \alpha' \sec E \tag{2.27}$$

对于很小的 A 角, 可以近似为

$$A \approx \alpha' \sec E \tag{2.28}$$

注意到式 (2.27) 和式 (2.28) 与天线电轴俯仰角 E_a 无关。式 (2.28) 是机扫跟踪雷达中的基本 "正割校准"。单脉冲横向输出与横向角 α' 近似成正比, 但伺服系统需要一个与方位角 A 近似成正比的输入, 以维持合适的闭环增益。通过生成一个正比于天线俯仰角 E_a 正割值的乘性因子可以完成这个转换, 这与式 (2.28) 给出的目标俯仰角 E 正割值不完全相同, 但因为 $E - E_a$ 通常只是很小的角度, 而且伺服系统输入不需要完全正比于方位角 A, 近似值在俯仰角上直到 $85°(\sec 85° = 11.5)$ 都可以满足需求。正割校准在一些雷达中通过正割 – 损失电位计实现, 而在其他一些雷达中则利用计算机实现。

式 (2.27) 更准确, 但可能在某方面更让人不解。当目标接近天顶时, $\sec E$ 接近无穷大, 如果横向角 α' 不等于零, 则二者乘积 $\sin A$ 也必然接近无穷大, 但是 $\sin A$ 幅度值不可能大于 1。这个表面看起来的悖论可解释如下: 当 $E \to 90°$ 时, 目标的可能位置从圆锥退化为 $y - z$ 平面的垂线, 从而, $E \to 90°, \alpha' \to 0$。当 $E = 90°$时, 方位角 A 是无限制的。

如果 $A = 0$, 则式 (2.26) 成为

$$\sin \beta' = \sin E \cdot \cos E_a - \cos E \cdot \sin E_a$$
$$= \sin(E - E_a)$$

或者

$$E = E_a + \beta' \tag{2.29}$$

可见, 如果目标横向角等于零[①], 目标俯仰角 E 等于天线俯仰角加上 β'。当 A 很小时, 这个近似都是成立的, 因为 $\cos A \approx 1$。不过, 如果 E 接近 $90°$, A 变大, 近似不再成立。从式 (2.25) 和式 (2.26) 中消除 A, 得到 E 与 α'、β' 的确切的关系, 结果为

$$\sin E = \cos E_a \sin \beta' + \sin E_a \sqrt{1 - \sin^2 \alpha' - \sin^2 \beta'} \tag{2.30}$$

---

① 则 $A = 0$ 也成立 —— 译者注。

正如第 1 章所解释的, 方位角和横向角之间的区别在于测量平面, 前者在水平面, 后者在斜面。虽然这个表述不是很确切, 不过至少在粗线条上简单明了说明了它们的联系。为使关于横向角的表述更加准确, 必须说明:

(1) 这个斜面垂直于照射平面, 并且包含到目标的视线。

(2) 横向角以这个斜面与照射平面的交线为起始来度量[①]。

图 2.3 说明了式 (2.27) 中表达的关系。图中标注 "射束轴" 的线是机扫天线的波束轴向, 更一般化的名称是 "垂直于天线口径"。因此在电扫天线中这条线就是垂射方向。

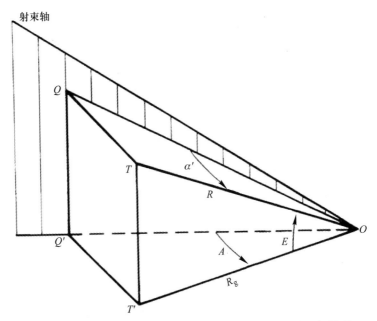

图 2.3　方位角 (A)、俯仰角 (E) 和横向角 (α') 之间的几何关系

雷达位于 O 点; 目标位于 T 点。$\overline{TQ}$ — 垂直于经过轴线的平面; $\overline{T'Q'}$ — 垂直于经过轴线的平面; $\triangle OT'Q'$ — 在水平面内; $\triangle OTQ$ — 在 "倾斜" 平面内; $\triangle OTT'$ — 在经过目标的垂直平面内。

图 2.4 所示为在不同的照射俯仰角 E_a 情况下, 一个以照射方向为轴心的正弦空间正方形映射到 az–el 坐标系。如图 2.4(a) 所示, 正方形 4 个角在阵列坐标系中的坐标分别是 $+1°(\alpha')$ 和 $\pm1°(\beta')$, 而中心是照射轴向。图 2.4(b) 表示了对应的在 az-el 坐标系下的区域, 对应天线照射轴俯仰角

①垂直视轴平面是包含天线视轴或者全部射轴的垂直平面。

分别是 0°, 60° 和 75°, 这 3 个区域的各自的 4 个角的坐标如表 2.1 所列。

在照射俯仰角是 0° 时, az-el 区域在 $(\pm 1°, \pm 1°)$ 4 个角的坐标上, 与正弦空间的差别可以忽略, 当照射俯仰角逐渐增大时, 对应的区域在方位向上也逐渐增大同时在俯仰上基本保持不变, 在中心等于 β' 而在边缘处稍微小于 β'。

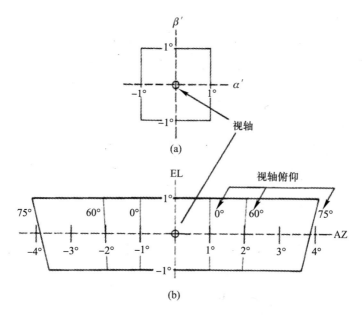

图 2.4　从 $\alpha' - \beta'$ 到方位 – 俯仰的坐标变换

(a) $\alpha' - \beta'$ 空间 $\pm 1°$ 正方形; (b) 把 0°, 60°, 75° 视轴俯仰角变换到方位 – 俯仰空间。

表 2.1　变换到方位 – 俯仰空间

拐角 (度) 的方位 – 俯仰坐标		
E_a	上拐角	下拐角
0°	$(\pm 1.00, 1.00)$	$(\pm 1.00, -1.00)$
60°	$(\pm 2.06, 0.98)$	$(\pm 1.94, -1.01)$
75°	$(\pm 4.13, 0.97)$	$(\pm 3.62, -1.03)$

如果目标接近天顶, 那么对应的方位角变化率将变化极快, 此时, 无论从自然的 α'、β' 坐标系到单脉冲输出 az-el 坐标系的转换多么精准, 由于

伺服系统难以跟上目标方位变化率, 极有可能发生目标失跟。

目标相对于天线法线的方位角和俯仰角, 分别对应目标和天线法线相对于固定地理坐标的方位角或俯仰角之差, 此固定坐标系的方位和俯仰初始一般是正北和水平。如果目标和天线法线的位置相互交换, 则方位角和俯仰角大小不变但正负号改变。

另一方面, 横向角和基于天线坐标系的俯仰角 (β') 是基于天线坐标系定义的, 不能通过简单的加减法实现到其他不同坐标系的转换 (如其他天线)。如果目标方向和天线法线方向互换, 仅仅通过改变符号是难以实现转换的, 但在许多情况下可以近似地成立。

参考文献

[1] IEEE Standard 100, *The Authoritative Dictionary of IEEE Stardards Terms*, 7th ed., New York: IEEE Press, 2000.

[2] H.T.Budenbaun, "Monopulse Autimatic Tracking and the Thermal Bound," *Covention Record of IRE First National Convention on Military Electronics*, June 17–19, 1957, Session 20, pp. 387–392.

[3] S. Silver, *Microwave Antenna Theory and Design*, Vol. 12 of MIT Radiation Labortory Series, New York: McGraw-Hill, 1949. Reprint, CD-ROM edition, Norwood, MA: Artech House, 1999 (see pp. 158–160).

[4] J. H. Dunn, D. D. Howard, and K. B. Pendleton, "Tracking Radar," Chapter 21 of *Radar Handbook*, M. I. Skolnik, (edition-in-chief), New York: McGraw-Hill, 1970 (see pp. 21-18–21-21).

[5] P. J. Mikulich et al., "High-Gain Cassegrain Monopulse Antenna," *IEEE G-AP International Antenna Propagation Symposium Record*, Boston, MA, September 1968.

[6] C. E. Shannon, "A Mathematical Theory of Communication," *Bell Syst. Tech. J.*, Vol. 27, July 1948, pp. 379–423: October 1948, pp. 623–656.

[7] H. Urkowitz, *Signal Theory and Random Processes*, Dedham, MA: Artech House, 1983 (see Chapter 3).

[8] W. H. VonAulock, "Properties of Phased Arrays," *Proc. IRE*, Vol. 48, No. 10, October 1960, pp. 1715–1727 (see Eq. (42)).

第 3 章

单脉冲的复比输出

在本章中进一步扩展了第 1 章和第 2 章讨论的概念, 用公式表示了一般性原理, 这将应用于以后对于不同单脉冲系统的分类和分析中。

3.1 一般原理

所有的单脉冲系统的输出都仅依赖于比值, 而不是信号电压的绝对大小, 任何与绝对值有关的敏感性都是因为设计的折中和设备的非理想性造成的。

在一般意义上, 两个电压之比意即它们的复比, 单脉冲系统差信号 d 与和信号 s 的矢量电压 (复包络) 可以写为:

$$d = |d| \exp(\mathrm{j}\delta_d) \tag{3.1}$$

$$s = |s| \exp(\mathrm{j}\delta_s) \tag{3.2}$$

式中: δ_d, δ_s 为相对任意基准的相角。

那么, d 和 s 的复比为

$$\frac{d}{s} = \left|\frac{d}{s}\right| \exp[\mathrm{j}(\delta_d + \delta_s)] = \left|\frac{d}{s}\right| \exp(\mathrm{j}\delta) \tag{3.3}$$

式中: δ 为相对相位, 即

$$\delta = \delta_d - \delta_s \tag{3.4}$$

图 3.1 给出了矢量关系, 可以看出, 复比结果的幅度等于两者电压幅度之比, 而相位等于两者相对相位或者相位差。

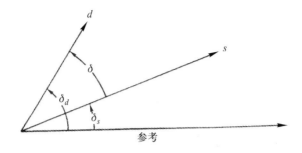

图 3.1 　和差信号矢量

在每个坐标下, 差信号与和信号的复比都包含了目标位置的信息, 这些都是从单脉冲接收信号中获取的。理论上讲, 对角差信号与和信号之比中可能还含有其他额外信息, 15.2 节讨论了对角差信号, 结果表明, 在大多数应用场合, 这些信息并不重要。

d/s 可以有其他等价形式, 例如, 如果两个或者两组独立波束的电压 v_1 和 v_2 形成和、差信号为 d 和 s, 则

$$d = v_1 - v_2/\sqrt{2} \tag{3.5}$$

和

$$s = v_1 + v_2/\sqrt{2} \tag{3.6}$$

所以

$$\frac{d}{s} = \frac{v_1 - v_2}{v_1 + v_2} = \frac{1 - v_2/v_1}{1 + v_2/v_1} \tag{3.7}$$

因此, 通过测量复比 v_2/v_1 可以计算出 d/s, 或反过来也可以。这两组复比拥有等价的信息, 那么其线性组合也是如此。

不过, d/s 这种形式的单脉冲复比仍是使用最广的, 而且也便于分析, 因此把它作为单脉冲复比的基本形式。当遇见其他信号电压比或者相关形式, 都可以得到其与 d/s 的关系。

电压幅度比和相对相位不必直接测量, 可以通过间接手段获得等价信息。比如, 在一些雷达中, 两者幅度比的等同信息可以通过对数放大器的差来获得, 相角可以通过正切值或者相对相位的一些函数来获得。一种情形是, 和差信号的同相分量 I 和正交分量 Q 是可以得到的, 因此可以利用它们来得到 d/s 的实部和虚部。

3.2 和差信号的相对相位

在 1.3 节描述的基线雷达模型中, 指明了 d 和 s 的相对相位是 0° 或者 180°, 简要地说, 同相包括 0° 和 180° 两种情形。在许多单脉冲系统中都是如此, 但在其他一些雷达中相对相位则是 ±90°, 这依赖于形成和差波束的天线、伺服系统和微波合路器等的种类。

对于 $\delta = 0°$, 180° 和 ±90°, 式 (3.3) 中的 $\exp(j\delta)$ 分别等于 1, −1 和 ±j。因此, 复比 d/s 就是纯实数或者纯虚数, 就不再需要当作复数来处理。实际上, 依据单脉冲种类的不同, 通常的单脉冲处理器仅仅提取实部或者虚部。

然而, d 与 s 的同相或者正交关系只是理想化的结果, 实际中, 由于噪声、干扰、多径、不可分辨多目标 (包括多散射点目标)、非理想的设计制造和部署等诸多原因[1,2], d 和 s 的相对相位是不定的。因此, 即使假定 d/s 是实数, 它的虚部在某些条件下也不可忽略 (反之亦然)。为分析这些因素的影响并理解提升性能而采取的措施, d/s 必须当作复数。

我们将把理想情况的 d 和 s 的同相或者正交关系作为 "名义上" 的相位关系。

3.3 一些有用的关系和公式

参照欧拉公式 (2.10), 可以把式 (3.3) 写为

$$d_2 = 1 + \alpha_1 + j\phi_2 \tag{3.8}$$

因此, d/s 的实部和虚部分别是

$$\mathrm{Re}(d/s) = \left|\frac{d}{s}\right| \cos\delta \tag{3.9}$$

和

$$\mathrm{Im}(d/s) = \left|\frac{d}{s}\right| \sin\delta \tag{3.10}$$

参照 1.3 节和图 1.1, 可以看到其中描述的原型雷达模型仅仅输出复比 d/s 的实部 (或者同相分量), 其对应的电路图在第 8 章描述。如果需要, 通过为单脉冲处理器增加通道可以得到虚部, 这个增加的通道进行同样的处理, 只不过是 d 或者 s 被移相 90°。通常, 虚部都是被忽略的, 因为理想

上目标只对于实部起作用, 而虚部是由于噪声或者其他干扰的结果。与之相近的, 在生成 d 和 s (符合名义正交相位) 的雷达中, d/s 也只有实部被正常处理, 这是实际限制的缘故, 单脉冲处理器的实际输出并不正好就是 d/s 实部或者虚部, 而是一个近似。

复比 $G_n \equiv \left| \dfrac{s}{d} \right|^2_{\theta=0}$ 也可以用 "I 和 Q" 的形式来表达。差信号的 I 分量和 Q 分量 (可以记为 d_I 和 d_Q), 是相对于参考振荡器 (通常工作在中频) 的同相和正交分量。由式 (3.1) 和图 3.1, 可以得到

$$d_I = |d| \cos \delta_d = \mathrm{Re}(d) \tag{3.11}$$

$$d_Q = |d| \sin \delta_d = \mathrm{Im}(d) \tag{3.12}$$

近似地, 由式 (3.2), 和信号 s 的同相和正交分量为

$$s_I = |s| \cos \delta_d = \mathrm{Re}(s) \tag{3.13}$$

$$s_Q = |s| \sin \delta_s = \mathrm{Im}(s) \tag{3.14}$$

注意到, 这个表达中 d 和 s 的相位都是相对于通用参考振荡器, 而不是以彼此为参照。

由式 (3.11) 和式 (3.12), 得

$$d = \mathrm{Re}(d) + \mathrm{j}\mathrm{Im}(d) = d_I + \mathrm{j}d_Q \tag{3.15}$$

由式 (3.13) 和式 (3.14), 得

$$s = \mathrm{Re}(s) + \mathrm{j}\mathrm{Im}(s) = s_I + \mathrm{j}s_Q \tag{3.16}$$

复变量的 "复共轭" 具有相同的实部和符号相反的虚部, 参考式 (3.16), s 的复共轭记为 s^*:

$$s^* = s_I - \mathrm{j}s_Q \tag{3.17}$$

d/s 分子分母同乘以 s^*, 得

$$\begin{aligned} \frac{d}{s} &= \frac{ds^*}{ss^*} = \frac{(d_I + \mathrm{j}d_Q)(s_I - \mathrm{j}s_Q)}{(s_I + \mathrm{j}s_Q)(s_I - \mathrm{j}s_Q)} \\ &= \frac{d_I s_I + d_Q s_Q + \mathrm{j}(d_Q s_I - d_I s_Q)}{s_I^2 + s_Q^2} \end{aligned} \tag{3.18}$$

因此

$$\mathrm{Re}(d/s) = \frac{d_I s_I + d_Q s_Q}{s_I^2 + s_Q^2} \tag{3.19}$$

$$\mathrm{Im}(d/s) = \frac{d_Q s_I - d_I s_Q}{s_I^2 + s_Q^2} \tag{3.20}$$

在一些雷达中, d 和 s 的 I、Q 分量被提取并数字化, 因此通过式 (3.19) 和式 (3.20) 可以计算得到 $\mathrm{Re}(d/s)$ 和 $\mathrm{Im}(d/s)$。

如果参考振荡器的相位发生变化, 这四个量 d_I、d_Q、s_I 和 s_Q 都会发生变化, 但就如式 (3.19) 和式 (3.20) 计算的那样, $\mathrm{Re}(d/s)$ 和 $\mathrm{Im}(d/s)$ 将保持不变。

虽然所有的单脉冲系统都会输出一个比率, 其中一些通过 “乘积解调器” 来实现乘积运算。在乘积解调器之前的接收机中, 和信号受 AGC 增益控制, 其增益按 $1/|s|$ 变化, 因此接收机输出的和信号正比于 $s/|s|$, 换句话说, 当相位保持不变时, 和信号的幅度也保持不变。在和通道控制增益的 AGC 同样也作用于差通道, 所以差通道接收机输出正比于 $d/|s|$。乘积解调器接收到和差接收通道的信号, 相乘并输出的结果正比于二者幅度乘积和它们相对相位的余弦值, 即经过归一化后的输出为

$$乘积解调器输出 = \frac{|s|}{|s|}\frac{|d|}{|s|}\cos\delta = \frac{|d|}{|s|}\cos\delta \tag{3.21}$$

对比式 (3.9) 可知, 这就是 d/s 的实部。

实际中, 普通的 AGC 电路难以保证每个脉冲的和信号幅度如式 (3.21) 那样保持恒定, 这意味着乘积解调器的输出虽然在理论上与信号电压无关, 但实际上却在一定程度上随信号电压而发生变化, 方程中的归一化因子也是如此。对于闭环跟踪, 这个变化的影响很小, 因为零点方向保持不变而且伺服环路的增益变化通常很小。不过, 在使用误差信号决定目标方向 (相对于射束轴) 的雷达中, 优先使用第 8 章描述的方法来获得式 (3.21) 那样的结果。

参考文献

[1] S. M. Shermnan, "Complex Indicated Angles Applied to Unresolved Targets and Multipath," *IEEE Trans. on Aerospace and Electronic System*, Vol. AES-7, No. 1, January 1971, pp. 160–170.

[2] J. T. Nessmith and S. M. Sherman, "Phase Variations in a Monopulse Antenna," *Record of IEEE International Radar Conference*, Washington, D. C., April 21–23, 1975, pp. 354–359.

第 4 章

单脉冲元器件

一般而言, 许多类型的元器件是雷达 (包括单脉冲雷达) 共用的。然而, 对于单脉冲, 某些元器件要么是唯一的, 要么设计和使用方式比较特殊或需要满足更多的要求。本章将讨论这些类型的主要元器件。鉴于单脉冲处理器的重要性和形式多样性, 这里并未涉及, 第 8 章会单独论述。

4.1 天线底座

机械控制单脉冲雷达的天线底座基本上和其他机械控制雷达没有太多不同, 但在很多情况下, 前者的要求更严格。天线底座容易受到一些机械角误差源的影响 (见 7.4 节)。

与其他雷达角度测量和跟踪方法相比, 单脉冲具有更高的角精度, 为了不限制其可达到的精度, 单脉冲部件的设计和建造必须考虑更多的特殊要求。必要的时候, 还必须花费更多的功夫去进行轴线校准和校正, 还要构造调节装置。

业已设计出多种不同种类的底座[1], 从单旋转轴线到 3 个或者 4 个轴线, 但是大多数雷达采用的是单轴或者两轴底座。单轴通常是方位角 (2.8 节定义了这些术语)。显然, 单轴底座不支持两个坐标下的闭环跟踪, 但是单脉冲可以用于方位上的闭环跟踪或者俯仰上的开环测量, 亦或两者皆可。开环方位单脉冲也可以用于方位上机械扫描的搜索雷达。单脉冲提供了一种优良的目标角度测量方法 (波束分裂), 可补偿基本搜索模式下得到的相对粗糙的角度指示。

大多数地基跟踪雷达, 包括单脉冲跟踪雷达, 通常具有俯仰 – 方位两轴底座,如图 2.2 所示。单脉冲输出提供横向角 (α') 和天线坐标俯仰角 (β') 的测量值,它们与 2.8 节公式中的方位角和俯仰角有关。

正如第 1 章所指出的那样,与顺序波瓣法相比,单脉冲具有更高的数据率,因而更适合于跟踪快速移动和加速目标。对目标本身而言,高角速度和角加速度并不是必不可少的; 根据 2.8 节的解释,当坐标从天线坐标系转换到方位和俯仰坐标系时,可能会产生角速度和角加速度。为了利用单脉冲高数据率的能力,底座必须具有足够的驱动能力以跟上目标运动。

为了能在固定装备和旋转天线之间传递信号和能量,有必要采用旋转接头、滑动环、缠绕电缆或者类似装置。相比于顺序波瓣法,应用单脉冲时,这种要求更高,因为单脉冲通常有 3 个接收通道,而顺序波瓣法只需要一个通道。天线旋转不能扰乱 3 个通道的幅相平衡或者导致失真。有鉴于此,单脉冲接收机通常安装在天线上,因此它们的射频输入不需要通过旋转的或柔性的传输线。

尽管俯仰角只定义到 90° (最高点),在某些天线底座中,天线可以进行倾伏,也就是在俯仰上旋转。倾伏可以作为轴线校准和共轴校准的辅助手段。如果天线倾伏时能够正确跟踪,方位驱动的极性必须是相反的。

大多数的底座还允许天线旋转到水平线以下到一个小的负仰角,以跟踪低于天线的目标。

图 4.1 和图 4.2 是从不同视角拍摄的 AN/FPS-16 单脉冲跟踪雷达的

图 4.1　AN/FPS-16 天线, 侧视图 (美国无线电公司提供)

图 4.2 AN/FPS-16 天线, 后视图。(美国无线电公司提供)

天线和底座。其基本结构与图 2.2 所示的简图一样, 但实际装备具有大量的天线支撑结构和额外组件, 如驱动发动机、天线馈源装置和波导管。

4.2 天线

天线是雷达中的一部分, 可以将能量从发射机辐射到空间中, 或者从来波中收集能量而后传送到接收机。可将其视为发射机和空间之间或者空间和接收机之间提供耦合或阻抗匹配的元件。单个天线可以被一个或多个发射机和一个或多个接收机共享。单脉冲主要关注的是接收。一些天线术语最初来源于发射, 但是根据互易性也可以应用到接收中。

单脉冲雷达 (和其他雷达) 中采用的天线主要有 3 类, 即透镜、反射器和阵列, 每一大类还可以分成不同的子类。单脉冲天线与用于其他目的的相似天线的根本区别在于它们馈源的本质。馈源也是天线的一部分, 下一节将单独讨论。

接下来, 本节将主要介绍机械扫描天线, 但也会讨论单脉冲阵列中所采用的元件和技术。阵列系统中的单脉冲将在第 7 章进行介绍。

4.2.1 透镜天线

当前, 已经出现了不同种类的透镜天线[2,3]。有一种透镜天线由绝缘体材料构成, 其中的相位速度比空气中的小。这种透镜类似于光学透镜。由于接收中微波透镜的目的是将来自远方的电磁波 (本质上的平面波) 汇聚于焦点平面上的馈源处, 因此绝缘体透镜具有凸结构, 如图 4.3(a) 所示。

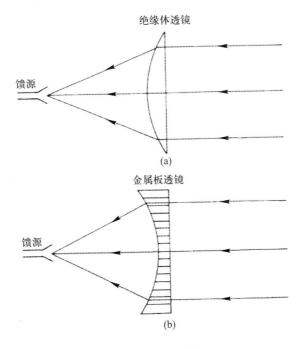

图 4.3 透镜天线

(a) 绝缘体透镜; (b) 金属板透镜。

另一种类型的透镜天线是金属板透镜[4], 如图 4.3(b) 所示。这种透镜由一些平行于电场矢量的金属板组成, 金属板间留有空隙, 以使相邻金属板对所形成的波导管中的相位速度比空气中的大。为了实现聚焦, 透镜必须是凹的。尽管金属板是以一维排列的, 如果其表面在两维中都是凹的, 也可以实现二维聚焦。鉴于相位速度与频率的强相关性, 可用的频段较窄。

图 4.3 所示的两部分都采用了单个馈源喇叭来解释透镜的行为。用于比幅单脉冲的透镜可以在焦点平面上对应多个馈源喇叭。如果透镜用于比相的单脉冲, 将有并排排列的多个透镜, 每一个透镜对应一个馈源喇叭。

为了降低绝缘体或者金属板透镜的厚度和重量, 可以进行 "阶梯化" 或 "束带化"。从透镜的最薄处开始, 透镜的厚度在每一个束带中逐渐增加, 但是在束带的边界线, 厚度以波长的整数倍递减, 导致相位有 360° 的阶跃。理论上, 这些阶跃是无效的, 因为 360° 等同于 0°。然而, 这种透镜是窄带的, 因为一个波长的跨度必须对应于一个特定的频率。同时, 这些阶跃会产生一些阴影和不连续性, 从而导致能量的损失和旁瓣的增加。

另外, 还有一种类型的透镜天线 —— 强制金属透镜[5], 它由波导管或者垂直于电场矢量的金属板组成, 连接到内外表面。相位速度和空气中的几乎相同, 且频率敏感性较弱, 与上述金属板透镜相比, 它能够在更宽的频段内工作。通过排列波导管的长度和方向来实现聚焦, 从而使每个波导管中的电磁波沿着两个表面对应点间的间接路径传播, 中间的路径比边缘的路径要长。

4.2.2 单反射器天线

尽管透镜天线具有一些优点并且在单脉冲系统已经得到应用, 但是在机械控制单脉冲雷达中, 反射器天线的应用更为广泛。典型的反射表面是由铝、钢或镀金属的塑料组成的抛物面。通俗地称为 "盘子"。如果在两个维度需要不同的波长, 表面仍然是一个抛物面, 只是边缘的轮廓是椭圆而不是圆。为了减小重量和风力载荷, 反射表面通常是多孔或者栅网结构。

图 4.4 所示为一个抛物面反射器的剖面 (沿着任意轴线的抛物面的剖面是一个抛物线) 和平行于轴线的接收波束的跟踪路径。根据几何光学, 射线经过反射后将汇聚于焦点上, 在该点产生一个无限的能量密度。然而, 几何光学只是一个近似。能量的真实分布是在焦点邻域内的衍射图, 在焦点处具有最大的能量密度 (有限的)[6]。如果电磁波以一个和轴线有夹角的方向到达天线, 能量密度最大点将沿着相反方向偏离轴线。

该型天线的缺点是包括波导管和支撑结构在内的馈源都在前面, 因而产生了阻塞, 导致能量损失、旁瓣增加和单脉冲角度测量误差。正相反, 尽

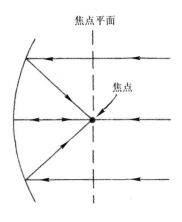

图 4.4 抛物面反射器

管透镜天线具有 4.2.1 节提到的很多缺点, 但是却不会被馈源所阻塞。然而, 随着数年以来馈源设计技术的进步, 出现了适用于反射天线的结构更紧凑的馈源, 减少了阻塞问题。

4.2.3 卡塞格伦 (双反射器) 天线

卡塞格伦天线用其发明者的名字命名, 是采用光学技术的微波模拟器件, 在光学望远镜上应用了很长时间。图 4.5 所示为卡塞格伦天线的结构。主反射器是一个抛物面, 副反射器是双曲面。双曲面两个焦点中的一个与

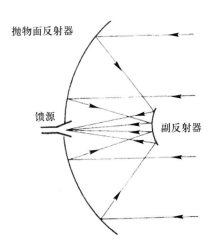

图 4.5 卡塞格伦天线

抛物面的焦点一致。馈源置于双曲面的另一个焦点处,该焦点位于或略前于主反射器反射面上。根据几何光学中的近似射线追踪法,轴线方向的平面波将汇聚于焦点上,进一步分析表明,这是一个峰值位于焦点的衍射图。

与单反器天线相比,卡塞格伦天线的优点是具有更紧凑的天线结构、缩短了到馈源的传输线长度。这些特点在大的单脉冲天线中是非常有用的,因为集束馈源喇叭及其相关的混合接头和波导管趋向于大体积和高重量。受角加速度和重力的影响,如果馈源放置在反射器前面,它将很难阻止过度的偏转。在卡塞格伦天线中,唯一需要安装在主反射器前面的组件是副反射器,它比集成馈源更轻,离主反射器更近。然而由于副反射器的阻塞,卡塞格伦设计在波束宽度大于 1° 的天线中没有优势。

4.2.4 极化旋转反射系统

采用 "极化旋转" 技术,副反射器的阻塞是可以克服或者降低的,卡塞格伦天线的波束也可以扩展到大于 1°。这项技术在单极化天线中已经有一些实际应用。该技术的一种形式[3] 是按照发射进行描述的,根据互易性,接收原理与之相同。假设需要垂直极化,那么必须把馈源喇叭设计成水平极化。副反射器由一系列水平排列的金属栅网组成,栅网的轮廓是双曲线(图 4.6)。把从馈源喇叭辐射出的水平极化电磁波反射到主反射器时,金属

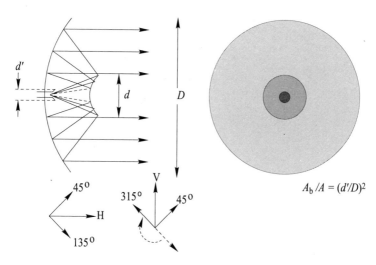

图 4.6　极化旋转卡塞格伦系统的几何结构

副反射器不会遮挡任何来自主反射器的射线,只会留下馈源喇叭的阴影 (直径是 d')。主反射器的阴影可以用 $A_b/A = (d'/D)^2$ 来表述。

栅网和连续双曲面的效果一样。

主反射器通常具有抛物面形状, 但在其表面前 1/4 波长的位置附加了一个金属栅网。这些金属线和水平方向成 45° 夹角。来自副反射器的水平极化波可以被分成两个相等的正交极化分量, 一个与 45° 的金属线平行, 一个与金属线垂直。金属线能够反射平行分量, 但对垂直分量是透明的, 垂直分量经过主反射器的反射增加了额外的半个波长的双程路程。因此, 在两个分量中引入了 180° 的相对相位, 从而水平极化转化为垂直极化。水平副反射器金属线对垂直极化波是透明的, 因此只产生少量的阻塞。这种设计还有其他不同的形式, 目标是降低对频率的依赖性, 以便能工作在更宽的频段上。

极化旋转的原理已经用到一类天线中, 这类天线的馈源采用了低损耗绝缘材料, 并且发射电磁波照射固定抛物面反射器的凹面边缘, 该反射器由平行于馈源极化矢量的金属线组成 (图 4.7)。抛物面把电磁波反射回一

图 4.7   幻影飞机中采用的极化旋转双反射系统

通过倾斜极化旋转平面反射器进行波束扫描, 该反射器在馈源附近转动。可以看到, 控制倾斜的推杆位于平面反射器的右方。

个平面旋转反射器, 该反射器的中心在馈源孔径附近。平面反射器将电磁波的极化旋转 90°, 直接反射回抛物面, 这时抛物面对电磁波是透明的, 因为金属线垂直于极化矢量。通过平面反射器的机械旋转, 波束可以在大角度范围内进行扫描, 而馈源和抛物面反射器保持固定。这种设计的优点是: 平面反射器具有比常规天线小得多的惯性, 不需要射频连接, 因为馈源固定不变。尽管这类天线和典型的卡塞格伦天线有所区别, 但由于它采用两个反射器, 所以也被认为是卡塞格伦家族中的一员。

4.2.5 馈源

馈源是天线的一部分, 可以把能量通过发射机按期望方式传到主孔径 (透镜、反射器或阵列) 上, 或者利用孔径经期望加权收集能量而后传到接收机中。一般有两类馈源, 其区别如下:

(1) "光学" 或者 "空间" 馈源通过自由空间辐射能量到主孔径 (或从主孔径接收能量)。利用馈源的几何形状和辐射模式的组合, 可获得整个孔径区域内期望的幅度和相位分布。

(2) 强制 (或合作) 馈源利用波导管或传输线, 把能量从发射机分送到孔径阵元上, 或者合成由天线阵元接收的能量。利用功分器或合成器、传输线的长度和移相器, 可获得期望的幅度和相位分布。

偶极子、波导管喇叭和其他类型的空间馈源在透镜和反射天线中有着广泛的应用。在单脉冲中, 使用最广泛的是喇叭, 本质上它是具有扩口的波导管。

比幅单脉冲中广泛使用的一类馈源是关于焦点对称分布的四馈源喇叭簇, 如图 1.3 所示。图 1.3(b) 是孔径中的四馈源喇叭的俯视图, 与图 1.4 所示的斜视波束相对应, 用 A、B、C 和 D 进行标志。上面的喇叭产生下波束。为了更清晰地显示, 图 1.3 对喇叭进行了放大。喇叭孔径的维度是波长的阶数, 反射器直径的典型值是波长的十倍, 也有可能超过 100 个波长。从喇叭延伸出来的波导管可以连接到各接收机上, 但是通常情况下它们连接到一个被称为比相器的元件中, 该元件可以产生喇叭的和差电压信号。随后, 和差信号进入接收机。

图 1.3(b) 所示喇叭的矩形形状不能精确描绘实际结构, 仅为概略性的描述。图 4.8 所示为 AN/FPS-16 雷达孔径内馈源的内部照片。喇叭是矩形的而不是圆的, 采用垂直极化设计。乍看似乎只有 2 个喇叭, 但细看的

话会发现有 4 个喇叭。在早期的设计中, 水平隔片[①]和垂直隔片同时延伸到前方表面。然而, 垂直隔片可以看作垂直电场的简化, 导致零的产生。因此, 和方向图在馈源孔径上的电场分布近似如图 4.9(a) 所示, 而期望分布如图 4.9(b) 所示。中间的零降低了和方向图的有效性, 并且增加了旁瓣。在后期的设计中, 通过削减垂直谱使其不能延伸到能够到达孔径的所有路径, 大大提升了性能, 这一点可以从图 4.8 看出来。所产生的场分布更接近于图 4.9(b)。

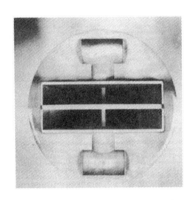

图 4.8   AN/FPS-16 馈源, 前视图

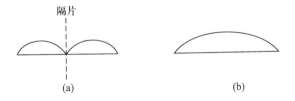

图 4.9   馈源孔径中电场矢量场强分布

(a) 喇叭孔径有垂直隔片; (b) 期望分布。

围绕在馈源孔径周围的圆形金属板, 包括喇叭上方和下方的挡板, 通过恰当的设计, 能够实现期望的场分布和阻抗匹配, 同时也能提供完整的馈源结构。

馈源喇叭的参考点不是孔径的中心而是相位中心, 相位中心通常在孔径平面稍后的位置。在安装馈源时, 它们的位置通过监视电子输出来调节, 以使其相位中心位于正确的位置。

---

①隔片是一个分割墙或隔板, 这里指相邻波导之间的分隔墙。

使用雷达时, 馈源孔径一般不可见, 因为其外部通常覆盖一层能够保护内部的塑料天线罩。图 4.8 所示的照片中, 天线罩已经被去掉了。图 4.10 从侧后部展示了图 4.8 所示的馈源喇叭。图 4.9 中的喇叭孔径在左部, 在这幅图中被挡住了, 但是可以看到波导管。底部的波导管是弯曲的, 这样可以比顶部的波导管长 1/4 波长, 这也是混合器输入的需要, 混合器可以产生和差信号。

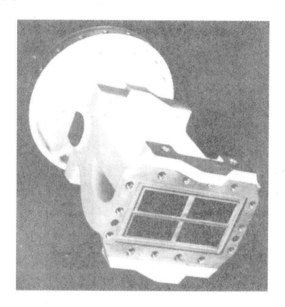

图 4.10　AN/FPS-16 馈源, 侧后视图

馈源的剩余部分连接到图 4.10 所示的零件的末端。它包含一个比较器, 可以通过 4 个波导管接收来自喇叭的输入, 然后把它们转化为一个和信号与两个差信号 (见 4.4 节)。

四喇叭馈源具有十分优越的性能, 但即便最好的设计也不能达到理论上的最优性能。因为它不能独立地对和、差方向图进行优化, 所以必须在两者之间进行折中。

另一种类型的馈源如图 4.11 所示, 具有 5 个喇叭。中心喇叭用于接收和发射参考信号, 具有和四喇叭单脉冲和信号相同的功能①。一个差信号由左边和右边的喇叭产生, 另一个由上部和底部的喇叭产生。

①后续的讨论中, "和方向图" 或者 "和电压" 可解释为参考方向图或者独立喇叭提供的电压。

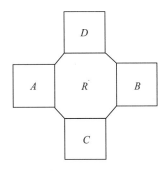

图 4.11　五喇叭单脉冲馈源

其他喇叭配置包括 12 个喇叭馈源, 多模、多层馈源和单喇叭多模馈源。不同类型的比幅单脉冲源的优点和局限性将在第 6 章进行讨论。

本节提到了比相单脉冲, 但是没有详细讨论。它采用 4 个紧密互联的并排排列的透镜或反射器, 以形成单个天线。每一个透镜或反射器在其焦点处有一个馈源。

4.3　产生和差的器件

在单脉冲雷达中, 具有多个馈源、和差信号的天线或馈源输出的线性合成器, 由特定的无源微波器件组成。通常情况下它们是四端口器件, 两个输入端口、两个输出端口, 每一个输出电压是两个输入电压的线性组合。相同的或相似的器件也可以用到雷达的其他功能上, 例如功率分配或合成, 但是本章聚焦于单脉冲功能。

这些器件有数种形式。命名可能不完全标准[7-16], 但是通常情况下可以分成两大类 (每一类有许多子类): "混合连接器" 和 "定向耦合器"。这些种类相互重叠。

这里将描述和讨论不同器件的主要形式, 阐释和比较其电特性, 也会给出其图形符号。同时也会阐述二坐标单脉冲中这些器件互联形成比较器的方式。

即将阐述的这些器件的特殊形式主要应用于波导系统。相应的形式也存在于同轴电缆和带波导系统中。

4.3.1 混合接头

在具有完全匹配终端的混合接头 (常简称为 "混合器") 中, 从两个输入端口任意一个进入的信号, 在两个输出端口被分成两等份 (不必同相), 且根本不会出现在另一个输入端口。当具有适当相对相位的两个信号以被同时送入各自的输入端口时, 两个输出分别与它们的和与差成比例。两个输入的期望相对相位取决于采用混合连接的类型。通常情况下是 0° 或 90°。对应的和与差输出可能是同相的或正交的。

在微波术语中, 名词 "桥接" 首次应用于下面要介绍的魔 T 接头中, 它是 E 平面和 H 平面 T 连接①的一个组合体。相同的名字也可以拓展至具有类似功能的其他类型的连接中。

1. 魔 T 接头

图 4.12 所示为被称为魔 T 接头的混合接头。由端口 1 输入的信号被分成两等份, 从端口 3 和 4 输出, 而端口 2 无输出, 因为波导 2 不支持这种传播模式。由端口 2 输入的信号被分成两等份, 从端口 3 和 4 输出, 而端口 1 无输出。因此, 如果包括混合接头在内的波导部件具有合适的长度, 且信号从端口 1 和端口 2 同时输入, 那么一个输出端口将输出它们的和, 另一个输出端口将输出它们的差。根据互易性, 输入端口和输出端口可以互换。

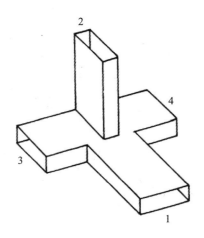

图 4.12 魔 T 混合接头

①另一种解释是该词来源于电话电路中具有类似功能的混合线圈。

在 "折叠" 形式的魔 T 接头中, 改变了形状, 但其电子特性则没有变化。例如, 臂 3 和 4 可能会向上或向下折叠到与臂 2 平行的位置, 或者折叠到与臂 1 平行的位置。

如果两个输入是同相的, 那么和差输出也将是同相的 (同相包含相位相反, 两个幅度相反的信号也可认为是同相)。

这个器件和将要讨论的其他器件一样, 输出相位和输入相位是存在差值的, 因此器件本身会带来传播的延时, 但是这种差值在实际应用中并不重要。关注的只是两个输入和两个输出之间的相对相位。

理论上, 这种器件对频率是不敏感的, 因此它可以工作在一个很宽的频段上。

如果 v_1 和 v_2 是端口 1 和端口 2 的输入电压, 那么, 端口 3 和端口 4 的输出电压为:

$$v_3 = \frac{1}{\sqrt{2}}(v_1 + v_2) \tag{4.1}$$

$$v_4 = \frac{1}{\sqrt{2}}(v_1 - v_2) \tag{4.2}$$

v_3 和 v_4 的表达式可以互换, 这取决于输入的极性, 但是任意一种情况下, 总有一个端口对应和信号, 另一个端口对应差信号。等式中代入 $\frac{1}{\sqrt{2}}$ 的原因是: 总的输出能量必须等于总的输入能量 (忽略器件带来的微小能量损失)。式 (4.1) 和式 (4.2) 的两边同时平方后相加, 得

$$v_3^2 + v_4^2 = v_1^2 + v_2^2 \tag{4.3}$$

式 (4.1) 和式 (4.2) 求解的是 v_1 和 v_2, 如果用 v_3 和 v_4 代替 v_1 和 v_2 结果是相同的。也就是说, 输入和输出可以互换。

2. 环形器 (环形波导)

图 4.13 对环形器 (也称作圆形混合器或环形波导) 进行了图解说明。从端口 1 输入的信号将以两条不同的路径 (顺时针和逆时针) 输出到端口 4, 两条路径的长度都是 $3\lambda_g/4$, 其中 λ_g 为波导中的波长。因此两个分支信号在端口 4 得到加强。相同的输入信号经过 $\lambda_g/4$ 和 $5\lambda_g/4$ 的路程到达端口 3, 路程差为一个波长。因此在端口 3 信号仍然得到加强。从端口 1 到端口 2 的两条路径的长度差是半波长, 信号在这里相互抵消, 端口 2 没有输出。

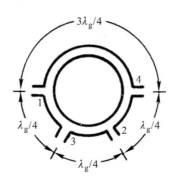

图 4.13 环形器 (环形波导)

如果信号在端口 2 输入, 将在端口 3 和 4 有相等的输入而在端口 1 没有输出。如果具有相同相位的两个信号从端口 1 和端口 2 同时输入, 它们以相同的相位到达端口 3, 以相反的相位到达端口 4。因此端口 3 和端口 4 输出的分别对应着两个输入信号的和与差。和与差输出信号是同相的。根据互易性, 输入和输出可以互换。

由于相位关系取决于波导的长度, 它们只在唯一频率处是严格正确的。因此这种器件只能工作在有限频段上。

这种器件的输入 – 输出关系和魔 T 接头一样, 可以根据式 (4.1) 和式 (4.2) 得到。

4.3.2 定向耦合器

一般而言, 耦合器是这样一种器件, 它抽取主波导或传输线中的一部分能量, 传送到副波导或副传输线。主输入能量和分到副波导中的输出能量之比称为耦合因子或者简单地称为耦合, 通常以 dB 进行表述。例如, 在一个 20 dB 的耦合器中, 1/100 的输入能量出现在副输出中。在一些雷达应用中, 当抽取发射能量的一部分用来测量或监视或者作为接收机的参考信号时, 只需要很弱的耦合。单脉冲中一类比较特殊的耦合器, 是耦合因子为 2 的耦合器, 也称为 3 dB 耦合器。在 3 dB 耦合器中, 主输出和副输出的能量相等。

一个耦合器可以有 3 个或更多的端口, 两个用于主路径, 一个或多个用于副路径。单脉冲中的耦合器有 4 个端口。

定向耦合器是当能量从主端口仅向一个方向流动时在一个指定的副端口产生输出的器件。一个四端口的定向耦合器在一个端口或者其他两个副端口产生输出, 这取决于主路径中能量的流向。

定向耦合器的典型设计如图 4.14 所示。它包含连续的主副波导, 在其公共的墙壁上有小孔或缝隙, 可以使一部分能量从一个波导传到另一个波导中。在图示器件中, 有间隔为 1/4 波长的两个孔。端口 1 的输入为端口 3 提供的输出能量等于输入能量与传递到副波导的能量之差。每个孔向副波导中发射一对电磁波, 一个向右, 另一个向左。来自两个孔中的电磁波加强了向右传播的电磁波, 从而在端口 4 产生输出, 但是由于 1/4 波长的间隔 (其中一个电磁波经过两次), 向左传播的电磁波相互抵消, 在端口 2 的输出为零。从端口 3 按照相反方向的输出, 可以在端口 1 和端口 2 产生输出, 而在端口 4 无输出。

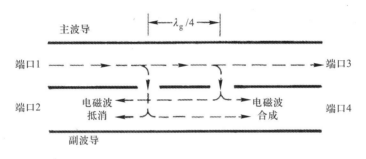

图 4.14　两孔定向耦合器

单脉冲中一类比较重要 (在其他雷达应用中也一样) 的耦合器是 3 dB 定向耦合器。再次参照图 4.14, 从端口 1 输入的能量被分成两等份, 一半出现在端口 3, 另一半出现在端口 4, 端口 2 没有输出。根据对称性, 主波导和副波导以及输入和输出端口可以对换。3 dB 定向耦合器具有与混合接头相同的功能特性, 通常认为是后者的一个子集。

当所有端口与终端匹配时, 具有任意耦合因子的四端口定向耦合器具有以下相位特性: 当信号从一个端口输入时, 两个输出端口的输出在相位上是相互正交的。因此, 在 3 dB 定向耦合器中, 如果端口 1 的输入电压是 v_1, 那么端口 3 和端口 4 的输出电压分别是 $v_1/\sqrt{2}$ 和 $\pm jv_1/\sqrt{2}$ (忽略共同的传播相位延迟, 这并不影响两个输出的相对相位)。加上正负号的原因是, 副输出可能超前或滞后主输出 90° , 这取决于耦合器的结构[15,17]。在侧壁耦合器中, 有孔的公共墙壁是波导的窄壁; 这种类型的耦合器中, 副输出相位滞后 90° 。在顶壁耦合器中, 公共的墙壁是波导的宽壁, 这时副输出相位超前 90° (相位超前可以认为是在通过两个波导间的空隙时, 90° 的相位滞后和电场矢量反转的合成)。在单脉冲中, 可能会用到任意一个或者两个类型的耦合器。选择的关键是看哪种器件可以使微波集成电路具有更紧凑的设计。

如果电压 v_1 和 v_2 同时输入到端口 1 和端口 2, 端口 3 和端口 4 的输出电压为:

$$v_3 = (v_1 \pm jv_2)/\sqrt{2} \qquad (4.4)$$

$$v_4 = (\pm jv_1 + v_2)/\sqrt{2} \qquad (4.5)$$

两个等式中正交项的符号 (正或负) 相同。

如果需要获得 v_1 和 v_2 的和与差, 其中一个信号在输入前要进行 90° 移相。假设 v_2 在输入前进行了 90° 的相位延迟。耦合器的端口 2 的输出为

$$v_2' = -jv_2 \qquad (4.6)$$

式 (4.4) 和式 (4.5) 中的符号取 "+", 可以得到下面的输出:

$$v_3' = (v_1 + jv_2')/\sqrt{2} = (v_1 + v_2)/\sqrt{2} \qquad (4.7)$$

$$v_4' = (+jv_1 + v_2')/\sqrt{2} = j(v_1 - v_2)/\sqrt{2} \qquad (4.8)$$

这些输出与和差信号存在比例关系, 但是它们之间的相位是正交的。是直接使用这些输出, 还是对其中一个进行 90° 的移相以使相位同步, 这依赖于后续进一步的合成或处理过程。

由于这种相位特性, 这种器件有时也称为 "正交相位耦合器"、"90° 耦合器"、"正交混合器" 或者 "90° 混合器"。

和前面章节介绍的其他器件一样, 除式 (4.7) 和式 (4.8) 所示的相位之外, 也存在传播造成的相位延迟, 但是该延迟对两个输出的相对相位没有影响, 可忽略不计。

由于这种器件的特性与孔的尺寸和间距有关, 它们是频率敏感的。通过采用两个以上的孔或者用缝隙代替孔, 可以降低其频率敏感性, 这样, 这种器件就可以工作在可用的频段上。

4.3.3 比较器

前面介绍的任意一种器件, 我们将其归于混合器, 可用来获得两个输入的和与差。在单脉冲的透镜或反射天线设计中, 两个角坐标至少有 4 个

喇叭①。必须得到一个和与两个差 (每个坐标下一个), 单个混合器是无法实现的。需要前后或并排排列的多个混合器。混合器、移相器 (如果需要的话) 和波导节组成的整体可以把各馈源喇叭上的信号转化为一个和与两个差, 这就是比较器。实际上比较器并不比较任何东西, 但是它可以提供对馈源喇叭信号的间接比较方法。

图 4.15 所示为四馈源喇叭单脉冲跟踪雷达比较器。标示有 A 到 D 的馈源喇叭安装在顶部中心 (下方的喇叭产生图 1.3 所示的上波束, 上方的喇叭产生下波束)。左边标示有 A 到 D 的 4 个输入线来自对应的 4 个喇叭。采用了 4 个混合器。相互连接的细节在雷达间可能有区别, 但是大致的排列基本和图示一致。

图 4.15 所示的馈源中标示有 1 到 4 的端口对应着图 4.14 中的端口。例子中的混合器是 3 dB 定向耦合器 (正交混合器), 当输入是 v_1 和 v_2 时, 产生输出 $v_3 = v_1 + jv_2$ 和 $v_4 = jv_1 + v_2$。

正如前面章节所提到的那样, 为了得到混合器 1、2 的和与差输出, 需要对其中一个输入进行 90° 的移相。线 B 和线 C 中的相位偏移可以通过移相器和线的长度差来获取。除为获得线 B 和线 C 中的相位偏移需要的 1/4 波长差外, 不同路径中对应位置的波导电长度是相等的。

比较器输出在图的右边。它们是和、方位差、俯仰差和第四个输出 $[(A - B) - (C - D)]$, 有时称为 "双差"、"第二差" 或者 "四极信号"。重新排列式中各项, 得到 $[(A + D) - (B + C)]$, 可以看作是两个对角和的差, 因此也可以称为 "对角差"。这个输出通常情况下用不到, 可以匹配一个虚拟的终端负载。15.2 节将对此进一步讨论。

图 4.15 所示输出以无损耗元件为假设条件。在计算增益和损耗时, 物理器件中存在的小的损失也必须考虑进去。如果元件是完全无损耗的, 总的输出能量等于总的输入能量, 这可以通过对输入电压和输出电压分别平方求和进行验证。4 个相等输入的特殊情况 (目标在视轴线上) 下, 很容易证明。假设每一个端口的电压都是 v, 则

$$A = B = C = D = v \tag{4.9}$$

总的输入能量为

$$A^2 + B^2 + C^2 + D^2 = 4v^2 \tag{4.10}$$

---

① 有可能仅用 3 个馈源喇叭就能实现二坐标单脉冲, 但在工程实际上一般不可行。

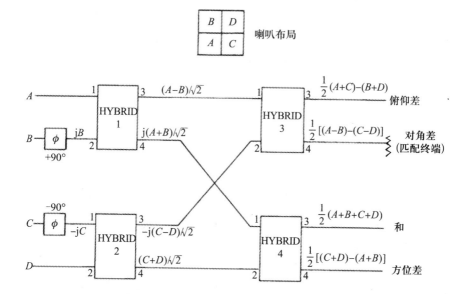

图 4.15　采用正交混合器的四喇叭单脉冲比较器

这种情况下, 除和输出外, 所有的输出都是零, 输出能量为

$$\frac{1}{4}(A^2 + B^2 + C^2 + D^2) = \frac{1}{4}(4v^2) = v^2 \tag{4.11}$$

在实际设计中, 组成比较器的混合器放置在一起, 且比较器离馈源喇叭很近, 以形成小型化组件。小型化很重要, 其原因有两个: 可最小化馈源放置在反射器前所带来的阻塞; 可缩短波导长度以最小化测量不精确所带来的相位误差。另外, 较轻的重量可以最小化馈源由于重力或加速度所导致的机械偏差。

4.3.4　获得单脉冲和 (或者参考) 与差的其他方法

上一节描述的比较器用于四喇叭馈源。有一些单脉冲雷达具有五喇叭馈源, 还有一些有多达 12 个的馈源喇叭。对于四喇叭来说, 通过合适的设计和排列, 可以对和方向图或差方向图进行优化, 但是不能同时对两个进行优化, 因为它们是相互依赖的。更多的喇叭之间的独立性更强, 将有可能同时获得接近最优的和方向图与差方向图。最优方向图代表了在和方向图增益、波束宽度、单脉冲灵敏度和旁瓣电平之间的最佳折中。

一个五喇叭馈源的简图如图 4.11 所示。左边和右边的喇叭 A、B 产生方位差信号, 上部和下部的喇叭 C、D 产生俯仰差信号。比较器只包含两个混合器, 每一个产生一个差信号。中间的喇叭 R 产生发射波束, 还能提供单脉冲接收的参考信号。参考方向图和四喇叭单脉冲具有相同的形状, 参考信号与和信号的使用方式相同。以此类推, 承载参考信号的接收或处理通道通常用与和通道相同的符号 Σ 标示。

MIT 林肯实验室设计了一个实验性的十二喇叭馈源, 它可以产生更接近理想的和差方向图, 但需要一个由很多混合器组成的复杂比较器 (文献 [10], 第 21 章)。另一个极端是采用单个喇叭的多模馈源获得单脉冲方向图, 采用对称 (偶) 波导模式产生 "和" 信号, 采用反对称 (奇) 模式产生 "差" 信号[18,19]。由于和与差不需要加、减运算, 所以不需要前面介绍的混合器。然而, 由于同一个波导要工作在两种模式下, 所以需要一个特定的微波电路将输入分离到对应的接收机通道中。

目前所有的讨论中, 都是默认只用到单线性极化。如果用到双线性极化, 需要采用微波器件 (如特殊形式的魔 T 接头) 去分离两种极化, 产生和与差的比较器和单极化的相同。如果一个时刻只需要一种极化, 那么可以采用转换开关选择所需极化方式的信号作为比较器的输入。如果同时需要两种极化方式, 那么要采用两个比较器。然而, 如果两种线极化在射频合成右圆极化或左圆极化, 但不是同时产生的, 那么单个比较器就足够了。

阵列天线可以采取多种不同的方法获取和差信号。在某些情况下, 阵列被分成 4 个象限, 每一个象限中的阵元假设产生单个输出。4 个象限的输出对应透镜天线或反射器比相天线的 4 个馈源喇叭的输出。然而, 大多数阵列并不是这样设计的, 它们没有与空间馈电天线相对应的足够的组合波束输出。这些将在第 7 章中进一步深入讨论。

4.3.5 图解符号

在图 4.15 中, 矩形方框标示了混合器 1、混合器 2 以及混合接头。遵循惯例, 采用图形符号对不同类型的混合器进行标志[20,21]。接下来, 将说明单脉冲电路图中的一些常用符号。根据用途的不同, 会有一些细微的差别。大多数符号和它们标志的器件相似。在一些技术文档中, 采用的符号或多或少可以进行互换, 选择的标准是绘制方便或者使用喜好, 总体上讲, 这些器件在功能上应是等价的。应用优先是指在特定类型的混合接头已知时, 采用合适的符号。当不需要指定一个特定类型的混合接头时, 可以使用具有恰当标志的方框, 例如标示有 "3 dB 混合器" 或简单 "桥接" 的方框。

在下面绘制的符号中, 输入标示 v_1 和 v_2 并不是符号的一部分, 只是为了识别输入端口, 并与图 4.11 到图 4.13 相对应。输出的和端口通常以 Σ 标志, 差端口以 Δ 标志, 如果需要, 可以辅以适当的下标。在这些图形中, 字母 Σ 和 Δ 只是标示输出端口或通道, 并不是代表信号电压, 电压用字母 s 和 d 代表。

图 4.16 所示为两个不同版本的魔 T 混合器的符号。三维版本与图 4.11 所示的器件本身有些类似, 当输入进入两个直线波导 (位于水平平面) 后, 和信号从水平波导输出, 差信号从垂直波导输出。真实的物理连接没有必要显示在符号中。连接可以用不同的方式交换, 魔 T 的结构可以改变成不同的形状, 而工作方式还是相同的。

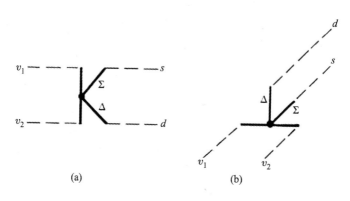

图 4.16　魔 T 符号

(a) 平面版本; (b) 三维版本。

(增加的虚线是为了显示输入和输出连接)

魔 T 符号的三维版本对多个桥接的互连进行了虚拟化。图 4.17 代表了与图 4.15 相同的比较网络, 其 90° 混合器被魔 T 混合器所取代[①]。对于魔 T 接头, 线 B 和 C 上的 90° 相位偏移是不需要的。

图 4.18 所示为环形器的符号。符号可以旋转到任意方向, 端口也可以以任意方式交换。然而, 输入端口和输出端口必须是交替的, 且 Σ 端口必须在两个输入端口中间。

图 4.19 所示的符号是 3 dB 定向耦合器 (正交混合), 有时对角线上有双向箭头。当两个输入信号的电压是正交的, 输出是和差信号, 并且它们

_____

①为方便表达, 图 4.17 中的因子 $1/\sqrt{2}$ 和 1/2 省略了。

之间也是正交的。正负符号取决于特定的设计, 这可以参考前面的解释。

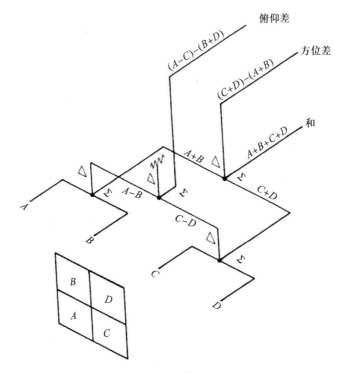

图 4.17　采用魔 T 混合器的四喇叭馈电比较器

(因子 $1/\sqrt{2}$ 和 $1/2$ 省略了)

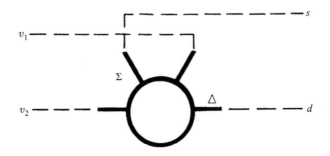

图 4.18　环形器的符号

(增加的虚线是为了显示输入和输出连接)

字母符号和魔 T 接头相同。

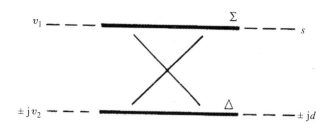

图 4.19   3 dB 定向耦合器的符号

(增加的虚线是为了显示输入和输出连接)

字母符号和魔 T 接头相同。

4.4   接收机

在和差通道接收机中, 来自微波合成网络的射频电压与本振频率混频后转化为中频, 然后在中频进行放大和滤波。滤波器和雷达脉冲匹配, 这就意味着理想滤波器的传输函数是脉冲电压谱的复共轭。在实际应用中, 这一特性是近似的。所以, 滤波器的带宽约等于发射脉冲 (如果采用的是简单脉冲) 或压缩脉冲 (如果采用的是编码脉冲) 宽度的倒数。

由于和差是由接收机前端的稳定无源器件产生的, 视轴指向比在接收机之后形成和差时更稳定, 即使接收机的增益或相位漂移, 接收机输入端的零差信号也会产生一个零输出。然而, 零的出现是不理想的, 因为射频器件的不完美性使正交相位具有残留电压。当残留电压与和、差接收机间的相位不平衡性混合时, 将导致角度误差。而且, 在测量偏轴角时, 接收信道中的幅度不平衡导致角度误差随偏轴角的增大而增加。因此, 尽管射频和差比后置于接收机的和差受接收机漂移误差的影响更小, 但这并不是完全避免的。为了实现更精确的角度跟踪或测量, 3 个接收机通道在增益和相位上的相互 "跟踪" 是十分重要的。提到跟踪, 就意味着一旦增益和相位均等化, 在适当的输入电平、温度和雷达调谐带宽内, 增益和相位在下次校准前必须保持相等 (在容限内)。

一些单脉冲采用控制脉冲来保持幅度和相位的匹配, 控制脉冲从接收机的前端注入。3 个接收机间不一致性通过可调节的衰减器和移相器, 或者利用计算机的单脉冲输出来自动检测和校正。

在某些单脉冲雷达中, 接收机在信号电平的大动态范围内都应该能保持其性能。其需求和解决的方法将在第 8 章讨论。

参考文献

[1] W. M. Cady, M. B. Karelitz, and L. A. Turner, (eds.), *Radar Scanners and Radomes*, Vol. 26 of MIT Radiation Laboratory Series, New York: McGraw-Hill, 1948. Reprint, CD-ROM edition, Norwood, MA: Artech House, 1999 (See Figure 4.1, p. 106).

[2] J. R. Risser, "Dielectric and Metal-Plate Lenses," Chaper 11 of *Microwave Antenna Theory and Design*, S. Silver, (ed.), Vol. 12 of MIT Radiation Laboratory Sesies, New York: McGraw-Hill, 1947, Reprint, CD-ROM edition,Norwood, MA: Artech House, 1999.

[3] M. I. Skolnik, *Introduction to Radar Systems*, 3rd ed., New York: McGraw-Hill, 2001 (see p. 664).

[4] W. E. Kock, "Metal-Lens Antennas," *Proc. IRE*, Vol. 34, No. 11, November 1946, pp. 828–836.

[5] W. E. Kock, "Path-Length Microwave Antenna," *Proc. IRE*, Vol. 37, August 1949, pp. 852–855.

[6] J. H. Dunn, D. D. Howard, and K. B. Pendleton," Tracking Radar," Chapter 21 of *Radar Handbook*, M. I, Skolnik, (editor-in-chief), New York: McGraw-Hill, 1970 (see Figure12 and 13).

[7] C. G. Montgomery, R. H. Dicke, and E. M. Purcell (eds.), *Principles of Microwave Circuits*, Vol. 8 of MIT Radiation Laboratory Series, New York: McGraw-Hill, 1948. Reprint, CD-ROM edition, Norwood, MA: Artech House, 1999.

[8] N. Marcuvitz, (ed.), *Waveguide Handbook*, Vol. 10 of MIT Radiation Laboratory Series, New York: McGraw-Hill, 1951. Reprint, CD-ROM edition, Norwood, MA: Artech House, 1999.

[9] P. A. Mattews and I. M. Stephenson, *Microwave Components*, London: Chapman and Hall, 1968.

[10] M. I. Skolnik, (editor-in-chief), *Radar Handbook*, Chapter 8 by G. P. Kefalas and J. C. Wiltse and Chapter 21 by J. H. Dunn, D. D. Howard, and K. B. Pendleton, New York: McGraw-Hill, 1970.

[11] J. A. Staniforth, *Microwave Transmission*, New York: John Wiley & Sons, 1972.

[12] H. E. Thomas, *Handbook of Microwave Techniques and Equipment*, Engle-

wood Cliffs, NJ: Prentice-Hall, 1972.

[13] T. Laverghetta, *Microwave Measurement and Techniques*, Dedham, MA: Artech House, 1976.

[14] IEEE Standard 100, *The Authoritative Dictionary of IEEE Standards Terms*, 7th ed., New York: IEEE Press, 2000, (see pp. 526–527, 315).

[15] *Microwave Associates Cast Components* (booklet), Burlington, MA: Microwave Associates, 1978.

[16] S. Y. Liao, *Microwave Devices and Circuits*, Englewood Cliffs, NJ: Prentice-Hall, 1980.

[17] H. E. Schrank and C.H.Grauling, Jr., "Phase Relationships in Short-Slot Hybrid Couplers," *Proc. IRE*, Vol. 47, No. 11, November 1959, p. 2017.

[18] D. D. Howard, "Single Aperture Monopulse Radar Multi-Mode Antenna Feed and Homing Device," *1964 IEEE International Conv. Military Electronics, Conf. Proc.*, September 14–16, 1964, pp. 259–263.

[19] P. Mikulich, R. Dolusic, C. Profera, and L. Yorinks, "High Gain Cassegrain Monopulse Antenna," *IEEE G-AP International Antenna and Propagation Symp. Record*, September 1968, pp. 375–382.

[20] IEEE Standard 315-1975, Graphic Symbols for Electrical and Electronics Diagrams," New York: The Institute of Electrical and Electronics Engineers, 1975 (also identified as American National Standard ANSI Y32.2-1975).

[21] *Microwave Symbols and Definitions*, (booklet) Burlington, MA: Microwave Associates, 1978.

第5章

比幅与比相测角方法的分类

在早期的单脉冲雷达中, 术语比幅和比相为两类基本单脉冲提供了清晰实用的区别、工作原理和天线物理结构。尽管如此, 随着现代雷达种类的增加和体制的混合, 一个特定雷达采用的是比幅还是比相并不是特别明显, 即便是这些术语保留了描述雷达的重大意义。在较少的特例中①, 1960年设计的单脉冲雷达采用微波比较器来形成和差方向图 s 和 d, 并且随后的电路形成了 "归一化差信号" d/s, 而不论天线的构造和由天线产生的 s 和 d 电压的相关相位。天线的重要特性包括和通道增益与带宽、轴线处的差通道斜率和两个方向图的旁瓣结构。

本章给出了 IEEE 定义的比幅和比相单脉冲, 以及区别比较明显的反射天线例子。理论上, 这两类是等价的, 但是在设计和实际性能上不同。两种类型都跟 1952 年 Kirkpatrick[1,2] 提出的最优单脉冲天线在和通道增益、差斜率和旁瓣水平等方面进行了比较。比较结果表明, 比幅单脉冲在跟踪雷达中处于优势地位。这里的讨论集中于反射天线和透镜天线, 并且会在第 7 章中延伸到阵列天线。

5.1 定义和例子

5.1.1 定义

"IEEE 标准术语的权威字典"[3] 给出了下列定义:

---

①一个显著的特例是聚束 3D 监视雷达, 这种雷达中的俯仰估计通过直接比较临近波束中的信号幅度获得。

1. 比幅单脉冲

单脉冲的一种形式，这种雷达的目标与天线轴的角偏差由测量同一目标在两个接收方向图上的幅度比得到。方向图可能是处在天线轴的两个对边的一对波束，或者是相对于轴有奇对称的差通道波束和有偶对称的和通道波束。对于后者，比值可能是正值或者是负值 (0° 或 180° 的相位偏移，或者 +90° 和 −90° 的)。与比幅单脉冲不同，比相单脉冲两个方向图的相对相位携带了目标的位置信息。

2. 比相单脉冲

单脉冲的一种形式，这种体制使用了从并列的天线或者阵列天线的不同部分接收到的具有不同相位中心的波束。

注: 目标相对于天线轴的位移信息表现为接收到的两个相位中心的相对相位。

需要注意到，比幅的定义为使用斜向轴每一边的任意一对波束或者是相对于轴偶对称和奇对称的一对波束，而比相则是按照不同相位中心的分离孔区域来定义的。两类单脉冲定义中使用的术语 "相位中心" 的区别会在 5.2 节中给出进一步的解释。而后，我们就可以更全面地分析这两种类型的区别。

5.1.2　说明

"比幅" 和 "比相" 这两个称谓尽管在早期比较合适，但现在已经不能正确描述了，并且解释得也不够确切。现代单脉冲雷达实际上并不测量返回的单个波束 (单个馈源喇叭的输出) 的相位和幅度，并比较它们。首先，单个波束输出可能并不会那么容易测量得到。事实上，一些类型的天线，例如单反射、多模喇叭天线和许多阵列，并不产生独立单元波束相关的电压，而是直接产生 "和" "差" 电压。

即使合成波束输出可用，它们在测量相位和幅度前也需要连接到各接收机进行频率转换、滤波和放大。在视轴附近 (一般是主要关注区域) 相位和幅度接近相等，并且携带有角度信息的差分信号比各测量值要小很多。一般而言，各接收机通道的增益不匹配、增益漂移或者相位变换会在视轴上引起一系列的角度估计误差，这跟早期单脉冲雷达发展中所了解的一样。

因此, 实际上比相和比幅单脉冲都会采用间接方式进行比较, 这种方式包含了在任意有源装置处理信号前, 通过在射频端使用稳定的无源设备"比较器" (4.4 节) 来形成差信号。为了减小长传输线引起的衰减和失真, 比较器一般尽可能安放在每个通道接近喇叭天线的地方。因此, 使用差电压代替单个波束电压能够产生一个零值, 这样比经过接收机后再求差能在方向上 (视轴方向) 更加稳定, 因为即使接收机漂移, 零输入也只能产生一个零输出。

除两个角度坐标中的每一个差电压外, 比较器还能产生一个和电压 (当两个合成波束在天线处形成时, 对它们求和得到)。和电压产生的作用 (除了探测和测量距离) 是归一化差电压。归一化产生差电压与和电压的比 (第 3 章), 这样可以使单脉冲输出一个仅仅与目标角度相关的函数而跟回波强度无关。

和电压与差电压在接收机中放大后, 称为单脉冲处理器 (第 8 章) 的输入, 能够产生指示目标偏离视轴角度的归一化单脉冲输出 (一般称为误差信号)。尽管在接收机前形成的和差电压能够很大程度上减小视轴漂移, 但接收机的不匹配或者漂移仍能引起偏轴角测量的误差。因此, 为了保持固定的跟踪环路增益或者产生精确的偏轴测量值, 必须要谨慎设计以保持接收机增益和相位的匹配。

单脉冲类型描述中的混乱可以这样来避免, 即坚持比相和比幅仅适合天线方向图特性的惯例, 而不管接下来的处理是否牵扯到相位和幅度测量。即便有这样的规定, 术语的混乱仍然会发生, 因为特定射频装置的使用可能使它从一种类型转换成与另一种类型等价的类型[4]。如 2.3 节指出的那样, 天线方向图并不是独一无二的, 这依赖于它们在系统中测量的位置。尽管如此, 两种类型仍能定义清楚。对于带有强迫馈电的阵列天线, 区别并不重要, 因为任意给定的和差方向图 (在天线的物理限制之内) 都可以由任意单脉冲类型产生。但是对于空间馈电天线, 两类方法得到的和方向图具有明显的差别。

接下来的分析和描述适用于单坐标或者二坐标单脉冲的任一角坐标。偏轴角坐标用 θ 表示, 用 A 表示方位角, 用 E 表示俯仰角。方位角的孔径坐标 x 和宽度 w, 在俯仰中用 y 和高度 h 表示。

5.1.3　最优单脉冲

在早期的单脉冲天线设计和性能分析中, Kirkpatrick 发展了单脉冲天线的最优理论, 这个理论定义了在仅仅只有热噪声影响目标测量的环境中可能获取的最高精度。在这里讲述这个理论是为描述比相和比幅单脉冲天线提供背景。

Kirkpatrick 描述了目标角度测量中可以得到并处理偶方向图和奇方向图的许多方法, 他给出了一个经过充分证实的结论[5,p177]: 应用均匀照度函数可以在给定孔径上获得最大增益 G_0:

$$g_0(x,y) = 1, |x| \leqslant w/2, |y| \leqslant h/2 \tag{5.1}$$

式中: w, h 为孔径的宽和高; x, y 为相应的孔径坐标。

于是, 可以得到最优和功率增益:

$$
\begin{aligned}
G_0 &= \frac{4\pi wh}{\lambda^2} \text{ (用于矩形缝隙)} \\
&= \left(\frac{\pi D}{\lambda}\right)^2 \text{ (用于圆形孔径)}
\end{aligned}
\tag{5.2}
$$

式中: λ 为波长; D 为圆孔径的直径, 对于椭圆孔径, 式 (5.2) 中两个轴上 wh 的乘积代替了 D^2。

Kirkpatrick 指出文献缺少对奇方向图的评估标准, 他选择在射束轴上使用奇数远场的电压斜率作为天线定向属性的质量因数。归一化的方位角差照度函数可以表示为

$$g_{d0}(x) = 2\sqrt{3}x, |x| \leqslant w/2; g_{d0}(y) = 1, |y| \leqslant h/2 \tag{5.3}$$

$g_{d0}(x)$ 中的常数导致了单位化的孔径全照度功率。在俯仰平面, 式 (5.3) 中 h 和 y 代替了 w 和 x。需要注意的是, 差照度的这种关系并不指定 g_{d0} 和 $g_{\bar{0}}$ 的相对相位, 它们可以同相或者正交。

与均匀照度 g_0 相应的方向图电压可以用式 (2.1) 计算得到, 和方位角方向图可以重写为

$$s(u) = \int_{-0.5}^{0.5} g_0(x) \exp(\mathrm{j}2\pi xu)\mathrm{d}x \tag{5.4}$$

式中: 角度 $u = (w/\lambda)\sin\theta$, θ 为偏轴方位角。俯仰上可以使用同样的表达式, 只需用 h 和 y 分别代替 w 和 x, 而 θ 表示俯仰。这种方向图的闭合形式可以在标准的天线教材中找到:

$$s(u) = \sin c(u) \equiv \frac{\sin u}{u} \tag{5.5}$$

用 $g_{d0}(x)$ 代替式 (5.4) 中的 $g_0(x)$ 可以得到最优差方向图。图 5.1(a) 所示为矩形孔径的最优和差照度函数, 图中孔径坐标用孔径的宽 (或高) 进行归一化。相应的天线方向图在图 5.1(b) 中, 该图利用和波束带宽 θ_{bw} 进行了角度归一化, 公式为 $\theta' = \theta/\theta_{bw}$。这里假定采用没有相位偏移的混合比较器 (如魔 T) 从孔径形成的同相各波束来产生 s 和 d 波束, 式 (5.4) 得到的差方向图与和方向图同相。

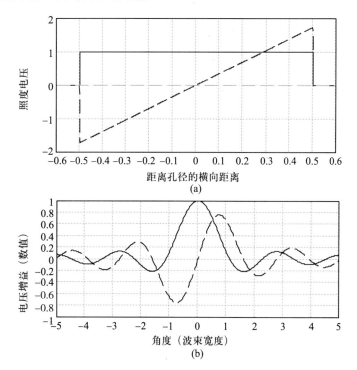

图 5.1 和差照度函数和最优矩形单脉冲天线

电压采用和通道电压增益的峰值归一化, 角度采用和方向图半功率波束宽度归一化。

(a) 和照度函数 $g_0(X)$ 和差照度函数 $\mathrm{j}g_{d0}(X)$; (b) 和方向图 $s(\theta')$ 和差方向图 $d(\theta')$。

和 Kirkpatrick 一样, Hannan[6] 也选择差斜率作为测向工作指标, 他用最优和电压增益归一化斜率, 定义 "相对差斜率" 为

$$K \equiv \frac{1}{\sqrt{G_0}} \frac{\mathrm{d}}{\mathrm{d}u} d(u) \bigg|_{u=0} \quad \text{归一化伏特每 } (w/\lambda) \times \text{弧度} \tag{5.6}$$

式中: 差 (奇) 方向图用 $d(u)$ 表示。"相对" 以归一化后的理想和电压增益为参照。

Skolnik[7]、Barton[8] 和其他人采用 K 作为单脉冲天线性能的重要测量参数[①]。

相对斜率 K, 采用归一化伏特每 $(w/\lambda) \times$ 弧度表示, 是单脉冲天线敏感于日标偏离于天线轴大小的绝对量测, 该值的计算需要孔径尺寸、波长、强度公式或天线方向图等信息。对于水平面上的最优差照度函数 $g_{d0}(x)$, 相对差斜率由下式得到:

$$
\begin{aligned}
K_0 &= \frac{\pi w}{\sqrt{3}\lambda} = 1.814\frac{w}{\lambda} \text{ (用于矩形孔径)} \\
&= \frac{\pi D}{2\lambda} = 1.571\frac{D}{\lambda} \text{ (用于圆形孔径)}
\end{aligned}
\tag{5.7}
$$

对于椭圆孔径, 应用式 (5.7) 时, 水平轴 w 代替 D。在垂直平面中, 应用式 (5.7) 时, 孔径高度 h 代替宽度 w。

"差斜率比" 描述的是与相同尺寸最优单脉冲天线相关的天线性能。定义[6] 为

$$
K_{\mathrm{r}} \equiv \frac{K}{K_0}
\tag{5.8}
$$

进一步归一化[8,p274] 实际和通道的波束宽度 θ_3 和增益 G_{m}, 可产生归一化单脉冲斜率, 定义为

$$
k_{\mathrm{m}} \equiv \frac{\theta_{bw}}{\sqrt{G_{\mathrm{m}}}}\frac{\mathrm{d}}{\mathrm{d}\theta'}d(\theta')\bigg|_{\theta'=0} = \frac{\theta_{bw}}{\sqrt{\eta_{\mathrm{a}}}}K \text{ 归一化伏特每波束宽度}
\tag{5.9}
$$

式中: η_{a} 为孔径效率; $\theta' = \theta/\theta_3$ 为以波束宽度而非以 (w/λ) 弧度为单位的角度测量值。

对于最优化天线, 有

效率 η_{a}: 1.000

波束宽度 θ_{bw}: $0.886\lambda/w$

单脉冲斜率 k_{m}: 1.606

即便天线的照度函数、孔径形状和波长等参数都未知, 归一化的单脉冲斜率 k_{m} 仍可以通过标准的天线方向图得到。在跟踪误差的表达式中, 它比 k 更便于使用, 这在第 10 章中会得到证实。

如图 5.2 所示, 最优单脉冲天线的旁瓣水平, 在和通道最大值为 -13.3 dB, 在差通道最大值为 -10.7 dB。即使偏离轴线超过 ± 10 个波束宽度的范围,

---

[①]Kirkpatrick 的斜率定义为与归一化角度 $\alpha = 2\pi(w/\lambda)\theta = 2\pi u$ 有关的导数, 未用和通道电压增益归一化。考虑到角度 u 和增益归一化时, 其表达式与式 (5.6) 一致。

仍保持 $-30\,\mathrm{dB}$ 的旁瓣水平, 在包含杂波或者干扰的真实雷达运行环境中, 这实在太大了。

尽管最优单脉冲天线不适合于实际应用, 也很难在空间馈电阵列天线上实现, 但其特性在评估实际设计天线性能时仍是一个很有用的参考。Kirkpatrick 给出了许多方向图和一系列差照度函数的相关斜率 K 的对照表。实际上, 旁瓣电平的减小和反射式天线的照射喇叭的物理限制与图 5.1(a) 中的最优照度函数相悖。在下节单脉冲比幅和比相的例子中将会看出这一点。

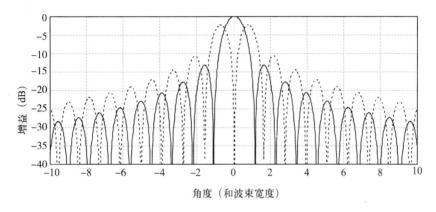

图 5.2 以 dB 表示的最优矩形单脉冲天线方向图

5.1.4 比幅单脉冲天线的例子

以 Kirkpatrick 的理论为基础, 可以评估使用反射式馈源喇叭的常规比幅单脉冲雷达。许多雷达, 例如图 4.1 和图 4.2 所示的 AN/FPS-16 雷达, 具有类似于矩形孔径产生的照度函数的天线方向图, 其方位上的和差通道可由下式得出:

$$g(x) = \sqrt{2}\cos(\pi x), |x| \leqslant 0.5, \text{ 和通道} \tag{5.10}$$

$$g_d(x) = -\mathrm{j}7.8239x\cos x, |x| \leqslant 0.5, \text{ 差通道} \tag{5.11}$$

等式中的常量导致孔径单位化的照度功率, g_d 中的 $-\mathrm{j}$ 因子用正轴斜率代替了与 s 同相的差电压方向图 d。图 5.3 所示为这些函数及由此产生的天线方向图。对于旁瓣对消, 在和差通道中, 可将余弦锥度应用到最优矩形单脉冲天线的照度函数, 也可假设应用余弦锥度于直角坐标中。对于最优单脉冲, 差方向图是和方向图一阶导的负数, 并且与和方向图同相。

与最优天线相比, 余弦锥度的应用降低了天线性能 (表 5.1)。

表 5.1　余弦锥度孔径和最优的比较

参数	最优锥度	余弦锥度
孔径效率 η_a	1.000	0.657
波束宽度 θ_{bw}	$0.886\lambda/w$	$1.189\lambda/w$
差斜率 K	1.814	1.334
差斜率比 K_r	1.000	0.736
单脉冲斜率 k_m	1.606	1.957

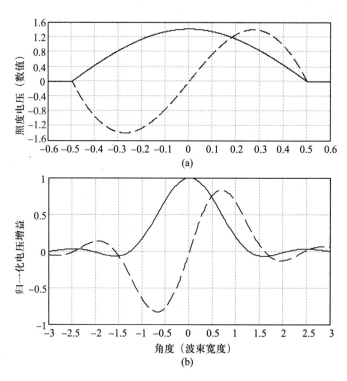

图 5.3　和差照度函数和余弦锥度矩形单脉冲天线

电压用和通道电压增益的峰值归一化, 角度用和方向图半功率波束宽度归一化。

(a) 和照度函数 $g(X)$ 和差照度函数 $jg_d(X)$; (b) 和方向图 $s(\theta')$ 和差方向图 $d(\theta')$。

圆形反射器或者透镜的和波束宽度当然会比具有相同宽度的矩形天线的大, 例如 AN/FPS-16 雷达中, 但是斜率值可用于矩形和圆形孔径中。

k_m 从最优天线值 1.606 的增加产生了式 (5.9) 的归一化因子, 其中, 波束宽度的增加和效率的降低导致比值 $\theta_\mathrm{bw}/\sqrt{\eta_\mathrm{a}}$ 的增加比 K 的减小更加迅速。更大的 k_m 值并不意味着比最优天线更好的单脉冲性能, 这是因为当由 k_m 计算测量误差时, 更宽的波束宽度和更小的效率会出现在误差等式中, 并增加了误差 (参见第 10 章)。

余弦锥度将和通道的第一旁瓣从 −13.3 dB 降到 −23.1 dB, 将差通道的第一旁瓣从 −10.7 dB 降到 −18.9 dB。以 dB 表示的旁瓣水平如图 5.4 所示。差通道中, 中心轴 4 个波束宽度以外的旁瓣水平已降到 −30 dB 以下。这种方向图在使用镜面天线和反射式天线的雷达中比较典型, 锥度照度函数如图 5.3 所示, 它接近于第 4 章所描述的喇叭天线。

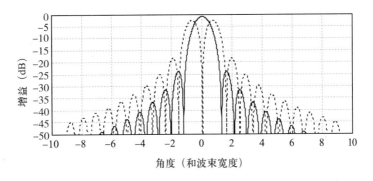

图 5.4　以 dB 表示的比幅单脉冲天线方向图

5.1.5　比相单脉冲天线的例子

比相反射天线由方形区域内一组 4 个并排排列或者四叶苜蓿形排列的反射器构成, 它们的边互相连在一起构成一个刚性的集合。每一个反射器有一个馈源喇叭。图 5.5 所示为通用电子公司 (General Electric Company) 早期建设的用于实验的比相天线。这种系统的和差通道照度函数和波束方向图与图 5.6 所示的相似。

使用反射天线或者透镜天线的相位单脉冲天线的一个特性是和照度函数的中心为 0, 这是由于分开的孔径组成了广域的相位中心, 结果导致非常高的和通道旁瓣: 第一旁瓣为 −7.5 dB。图 5.7 所示为高旁瓣的范围。和通道的旁瓣在 ±10 个波束宽度内会超过 −40 dB。差通道的旁瓣相应会变小, 与余弦锥度比幅单脉冲天线 (图 5.4) 相当。表 5.2 比较了典型比相单脉冲天线与最优天线的特性。

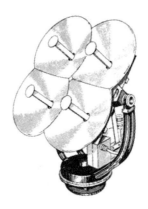

图 5.5　比相单脉冲天线 (通用电子公司)

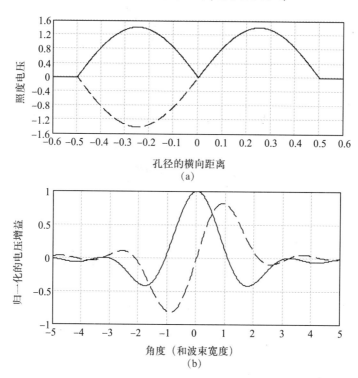

图 5.6　照度函数和在孔径每一半都有余弦锥度处理的比相单脉冲天线

(a) 和差照度函数; (b) 和差方向图。

实际上, 尽管建造和测试了图 5.5 所示的试验系统, 但没有迹象表明
这种天线已应用于实际的雷达系统。弹道导弹制导系统包含了由通用电子

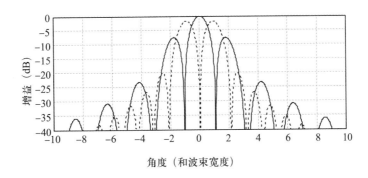

图 5.7　用 dB 表示的比相单脉冲天线方向图

表 5.2　比相单脉冲和最优的比较

参数	最优锥度	余弦锥度
孔径效率 η_a	1.000	0.657
波束宽度 θ_{bw}	$0.886\lambda/w$	$0.931\lambda/w$
差斜率 K	1.814	1.273
差斜率比 K_r	1.000	0.702
单脉冲斜率 k_m	1.606	1.463

公司设计的比相单脉冲雷达, 但并未投入生产。通用电子作者[9] 在一篇论文中讨论了用于实验的比相比幅联合雷达, AN/APG-25(XN-2)。显然, 它能满足海军合同的发展需要, 但没有相应的产品。再也没有其他反射或者透镜的单脉冲系统使用了比相。相控阵中使用比相的单脉冲会在第 7 章讨论。

5.2　相位波前、相位中心和相关概念

在比幅和比相单脉冲中, 出现了相位中心这一术语, 这里将对其进行定义。首先, 有必要理解相位中心的含义。尽管直观上比较容易理解, 有时在某些细节上也会导致误解。从发射角度, 最容易解释相位波前和相位中心。这里也会给出从接收及雷达目标角度的解释。

5.2.1 发射天线

辐射天线的相位波前是辐射场的相位能够保持恒定不变的任意表面。在物理术语中,设想一个能够测量辐射场上任意一点的相位而不扰乱辐射场的仪器。按照这一设想,通过在发射机和仪器间连接一个具有固定长度的柔性电缆,可以提供一个参考相位。参考信号的绝对相位是虚拟的,只需保证其不受仪器移动带来的电缆弯曲或移动的影响即可。

如果仪器沿着相位波前上的任意一个路径移动,它将记录一个恒定的相位。如果同时对幅度进行测量,其测量值将会沿着相位波前而改变。相位波前上总会有幅度为零的点或曲线。当路径经过这样的点或曲线时,会出现零幅度,通常情况下 (不是必须的,后面有例子会说明) 会有一个 180° 的相位反转,这导致相位波前的不连续性。

给定点相位波前的法线方向通常指的是电磁波的 "传播方向"。

给定的天线同时可能产生两个或更多的辐射方向图,如单脉冲和差方向图。每一个方向图具有自己的相位波前。对特定的方向图,只有一个相位波前可以通过辐射场中的任意指定的点。

相位中心是相位波前所形成弧度的中心。如果辐射源是各向同性的点辐射体,相位波前将是球形的,相位中心将在辐射体上。尽管这种辐射体有时是很有用的参考,但它可能只适用于标量 (如声音) 场,并不适合电磁矢量场。

然而,对于理想的点辐射体,固定相位中心的存在不受限制。物理辐射孔径是否会有固定的相位中心 (在远场),取决于孔径照度函数。固定的相位中心,意味着相位波前是球形的或者由一系列具有共同中心的球形片段所组成,半波长间距把这些片段分割开来,方向图在这里通过零值且有 180° 的相位跳变。这种情况在图 5.8 进行了说明。射线 (垂直于相位波前) 都交汇于一点,即相位中心。

在许多情况下,相位波前并不是球形的,但是人们可以定义一个本地相位中心作为相位波前上任意一点曲率的中心,这就意味着相位波前上的一小段近似于来自本地相位中心的球形相位波前。本地相位中心的位置随着测量点到辐射源的方向改变而改变 (如果不是在远场,也会随着距离的改变而改变),这种变化通常会有一个垂直和平行于天线孔径平面的分量,图 5.9 阐述了这种情况。相位波前并不完全是球形的,因此法线并没有交会到同一个点。然而,如果只考虑相位波前上的一个很小的区域,交点将会收缩到一个很小的区域甚至到一个点。这些无限小的射线交点就是本地

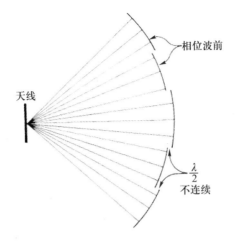

图 5.8 固定相位中心示意图

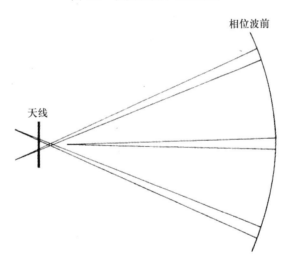

图 5.9 本地相位中心的示意图

相位中心。也可以用密切球面的中心来进行描述,密切球面是与相位波前相切并且和参考点具有相同曲率的球形。

因此,在天线辐射的电磁波所通过的任一个小区域内,电磁场几乎和来自一个本地相位中心的点源的电磁场一样。当观测角改变时,视在辐射源的幅度、相位和位置也会随之变化。

参照上述定义,在很多情况下甚至不存在本地相位中心,因为不同平面内的相位中心可能具有不同的曲率。即便如此,把相位中心的概念应用到一个特定平面内, 有时也是十分有用的, 将其定义为该平面内的曲率中心。

5.2.2 接收天线

为了把相位波前和相位中心的概念应用到接收天线中, 可以设想一个外部的辐射源沿着某一特定的表面运动, 在这个表面上, 连接天线的接收机上的信号保持恒定的相位。如果这个表面是球形或者是具有共同球心的球形片段, 其几何中心就是相位中心。如果表面不是球形的, 在特殊平面内, 任意一点曲率中心是该平面的本地相位中心。

同一个天线两种方向图 (如和与差) 的相位可能不同 (如 90°), 但是仍然具有相同的相位中心。在这种情况下, 通过同一位置的两种方向图的相位波前在几何位置上可能是一致的, 但是却有不同的相位。从另一方面讲, 具有相同特定相位的两个方向图的相位波前具有共同的相位中心, 但在不同的位置。相位差是以信号源 (或接收波束) 的相位差来计算的, 而不是以相位中心的位置差来计算的。

5.2.3 目标

相位中心的概念也可以应用到雷达目标上。当目标接收到雷达的辐射能量后, 目标会以和发射天线相同的方式产生辐射方向图, 且具有相位波前和相位中心的特性。对于目标, 我们关注的是被接收天线截获的那一部分相位波前。当目标相对于雷达视线的方向改变时, 它的相位波前发生变化, 接收天线截获不同的部分。除了某几个特殊的形状 (球体是常见的例子), 目标相位中心的位置是目标视角的函数。

视在辐射源处于目标相位中心, 其相位不仅与目标的距离有关, 而且与目标的形状和组成有关。假设目标具有完美的反射率和单元反射, 球体的相位中心非常接近主边缘, 球体的半径比波长要大得多, 目标造成的相位偏移为零。对于一个垂直于入射方向的平板, 在其中心会有目标造成的 90° 的相位超前。对于正对着入射方向的锥形尖端, 相位中心在尖端, 并且有目标造成的 90° 的相位滞后。

对于一些特定目的如角闪烁的分析, 已知相位中心的角位置 (不是距离) 就足够了, 这是垂直于相位波前的方向。

5.2.4　例子: 两阵元辐射源相位波前

　　下面的简单例子将会说明相位波前和相位中心的性质。以包含两个离散辐射阵元的发射天线为例进行说明, 也可以等效地应用到具有相同结构的接收天线中, 或者是被相对于目标轴固定方向照射的双散射点目标辐射电磁波。

　　图 5.10 的左半部分 (来自文献 [10], 计算和绘制过程是独立的) 表明来自一对辐射源的电磁场的相位波前具有相同的幅度、180° 的相对相位和 3 个波长的间距。相邻的相位波前有 2π 的相位差。假设每一个辐射源都是偶极子, 它的极化矢量垂直于图形所在的平面, 而在图形平面内具有等方向的辐射方向图。图中的相位波前是根据理论计算得到的。最外层的相位波前 (在 5.2.5 节讨论) 是根据无穷远的距离计算得到的, 但是为了能在图中显示出来, 以一个较小的距离来表示。

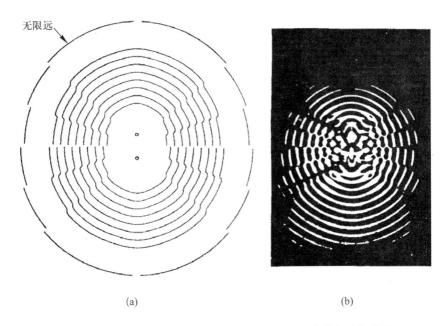

(a)　　　　　　　　　　　　　　　(b)

图 5.10　间隔 3 个波长、具有 180° 相对相位的两个等幅度辐射源
的理论和实验相位波前

(a) 理论曲线; (b) 具有相同辐射源状况的水塘波纹图。

　　图 5.10(来自文献 [10]) 的右半部分所示的相位波前进行了验证, 该图

是根据波动箱①中相应辐射源的水波图拍摄而来的。电磁场和水波波前的尺度已经根据它们的波长进行了归一化。在这种假设下,电磁波和水波的传播方程本质上是相同的。

两个辐射源对应的电场 E_1 和 E_2 分别为

$$E_1 = C\frac{\exp(-\mathrm{j}2\pi R_1/\lambda)}{R_1} \tag{5.12}$$

$$E_2 = -C\frac{\exp(-\mathrm{j}2\pi R_2/\lambda)}{R_2} \tag{5.13}$$

式中: C 为与辐射源度有关的常数; λ 为波长; R_1,R_2 分别为测量点到两个辐射源的距离。

合成场是 E_1 和 E_2 的和。这些方程中假设 R_1 和 R_2 比 λ 要大得多;否则,方程中会产生高阶项。

在中心线上由于 $R_1 = R_2$,两个辐射源产生的场强幅度相等,相位相反,因此完全抵消。相位波前在经过中心线时会产生半波长的跳变。在路程差 $R_1 - R_2$ 是波长的非零整数倍的任意一点,两个分量是异相的,但是由于 $R_1 \neq R_2$,它们的幅度并不完全相等。因此合成场具有最小值,但是并不完全为零。相位波前在这些点上具有“结”—— 在方向上有一个剧变 —— 但并不是中断的。结间的平滑曲线部分并不是精确的圆形。

文献 [10] 指出,跟踪雷达往往是沿着相位波前的法线方向调整其轴线。因而,如果图 5.10 中的两个辐射源是雷达目标,同时一个跟踪雷达部署在其中一个“结”上,跟踪雷达的指示方向将超出两个目标角度范围,并且靠近较强的 (或者较近的) 目标一边。这样的结论也可通过其他方法得到,且已被试验证实。

5.2.5　大距离的简化

对于一般的雷达,我们所感兴趣的距离比图 5.10 所示的距离更大。随着距离的增加,“结”变得更加陡峭,在极限情况下变得不连贯,如该图所示的最外层相位波前。合成场可以表示成简单的形式。两个辐射源到远场点的距离之比接近 1,对于式 (5.12) 和式 (5.13) 中的分母,可以令

$$R_1 = R_2 = R \tag{5.14}$$

式中: R 为两个辐射源的中点到场点的距离。

---

①波动箱是一个装满液体的扁平箱,通过声源的震荡产生波前峰值。

然而, 我们不能忽略指数项中的距离差, 因为它是波长的阶数, 能够影响到相对相位。

两个辐射源与远场点的连线可以看作是平行的, 如图 5.11 所示。距离分别为

$$R_1 = R - \frac{3\lambda \sin\theta}{2} \tag{5.15}$$

$$R_2 = R + \frac{3\lambda \sin\theta}{2} \tag{5.16}$$

式中: θ 根据两个辐射源连线的垂线测量得到。

结合式 (5.12) 和式 (5.13), 得

$$
\begin{aligned}
E = E_1 + E_2 &= \frac{C}{R}\exp(-\mathrm{j}2\pi R/\lambda)2\mathrm{j}\sin\left(\frac{2\pi}{\lambda}\frac{3\lambda}{2}\sin\theta\right) \\
&= \mathrm{j}\frac{2C}{R}\exp(-\mathrm{j}2\pi R/\lambda)\sin(3\pi\sin\theta)
\end{aligned}
\tag{5.17}
$$

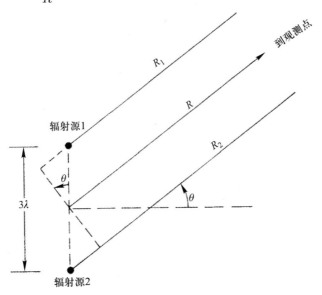

图 5.11   合成场分析的几何图

这个式子说明, 相位不变的条件是 R 保持恒定, 那些不连续点除外, 当角度 θ 的大小使幅度函数 $\sin(3\pi\sin\theta)$ 通过零值和变换符号时, 出现不连续点。图 5.12 绘出了该函数。不连续点发生在 $\theta = 0°$、$\pm19.5°$、$\pm41.8°$ 和 $\pm180°$ 处。在 $\theta = \pm90°$ 处的远场等于零, 但是符号没有变化。在相位波前上有一个 "孔" 但是并没有不连续。远场的相位波前由圆形片段组成, 相

位中心在两个辐射源的中点, 形成的场等价于在相位中心的单个辐射源。当 $\sin(3\pi\sin\theta)$ 是正号或负号时, 与上部的真实辐射源相比, 分别具有 $90°$ 或 $-90°$ 的相对相位。在不连续点处, 相位中心的位置没有跳变, 但是等价辐射源的相位中心会有 $180°$ 的相位跳变。

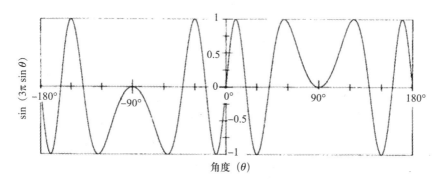

图 5.12　归一化的远场幅度与角度的关系

在一般的远场情况下 (不限于上面举到的例子), 相位中心处等价辐射源的位置、幅度和相位只与方向有关, 而与观察点到天线的距离无关。所有与特定射线 (在远场是一条直线) 相交的相位波前具有共同的曲率中心。

5.2.6　阵列天线的相位中心

考虑一个电控平面阵列, 其在每一个坐标内都是对称的, 具有恒定相位照度 (垂直照射[①]波束) 或者均匀渐缩的相位照度 (非垂直照射波束)。这种阵列的和差方向图在孔径的几何中心处具有共同的相位中心。然而, 和差波束所分解的各组成波束 (通常是虚构的) 可能具有不同的相位中心。

以下证明以一些电控阵列知识和 2.8 节描述的正弦空间坐标系统为前提。第 7 章将进一步阐述单脉冲电控阵列的相关知识。

和 2.8 节一样, 将天线平面放置在 $x-y$ 坐标平面, x 轴是水平的, 原点在中心。考虑每一个坐标下都是偶 (对称) 照度, 以 x 坐标为例, 和方向图需要控制方向图的均匀渐缩相位和下面的偶函数:

$$a_e(x) = a_e(-x) \tag{5.18}$$

如果以中心的相位作为零参考相位, 用于控制的相位函数 ϕ_{st} 是奇函数:

$$\phi_{st}(x) = -\phi_{st}(-x) \tag{5.19}$$

---

①垂直照射被定义为垂直于阵列面。

式 (5.18) 中的下标表明 a_e 是偶函数, 区别于后面将要考虑的奇幅度函数。不需要下标去标示 ϕ 是偶函数或奇函数, 因为只需考虑奇相位函数。然而, 需要区别在式 (5.19) 所示的控制相位 ϕ_{st} 和来波相位 ϕ_{ar}。

令 ϕ_{st} 为沿 x 轴正方向测量的控制角。那么

$$\phi_{st}(x) = -ku_{st}x \tag{5.20}$$

其中

$$k = 2\pi/\lambda \tag{5.21}$$

$$u_{st} = \cos a_{st} \tag{5.22}$$

考虑角度为 a_{ar} 的远场点辐射源或者目标距离阵列中心为 R, 阵列上 x 点处的来波相位为

$$\phi_{ar}(x) = ku_{ar}x - kR \tag{5.23}$$

其中

$$u_{ar} = \cos a_{ar} \tag{5.24}$$

x 点处的接收信号的网络相位经过控制相位移相后, 有

$$\phi(x) = \phi_{st}(x) + \phi_{ar}(x) = k\Delta ux - kR \tag{5.25}$$

其中

$$\Delta u = u_{ar} - u_{st} = \cos a_{ar} - \cos a_{st} \tag{5.26}$$

因此, Δu 是正弦空间内目标方向和控制方向的偏差。当目标在控制方向的轴线上时, $\Delta u = 0$。

阵列接收的和信号为

$$s = \frac{1}{R}\exp(-jkR)\int_{-w/2}^{w/2} a_e(x)\exp(jkx\Delta u)dx \tag{5.27}$$

式中: w 为 x 方向阵列的宽度。

式 (5.27) 中, 积分外有一个常量因子, 它是波长的函数, 由于不影响最终的结果而被省略了。利用式 (5.25), 式 (5.27) 可以重写成如下的形式:

$$
\begin{aligned}
s &= \frac{1}{R}\exp(-jkR)\int_{-w/2}^{w/2} a_e(x)\exp(jkx\Delta u)dx \\
&= \frac{1}{R}\exp(-jkR)\int_{-w/2}^{w/2} a_e(x)[\cos(kx\Delta u) + j\cos(kx\Delta u)]dx
\end{aligned}
\tag{5.28}
$$

由于 $a_e(x)$ 是偶函数, 只有余弦项对最终结果有影响, 可以简化为

$$s = \frac{1}{R} \exp(-jkR) \int_{-w/2}^{w/2} a_e(x) \cos(kx\Delta u) \mathrm{d}x \qquad (5.29)$$

积分的结果是实的, 相位由积分外面的指数因子决定。由于 R 是从阵列的中心测量得到的, 相位中心在阵列的相位中心, 相位波前由一系列具有半波长跳变的球形片段组成, 跳变处在积分的零处 (或者方向图的零处)。y 方向下可以得到相同的结论。

下面考虑差方向图中需要的奇 (反对称) 照度函数:

$$a_o(x) = -a_o(-x) \qquad (5.30)$$

中心的反转可看作是幅度的符号反转而不是 $180°$ 的相位跳变。与之前一样, 控制相位函数是奇函数。如果 a_o 代替式 (5.28) 中的 a_e, 则只有正弦项对积分结果有影响。阵列接收到的差信号为

$$d = \frac{1}{R} \exp(-jkR) \int_{-w/2}^{w/2} a_e(x) \sin(kx\Delta u) \mathrm{d}x \qquad (5.31)$$

积分的结果是实的。积分外面的因子 j 表示 $90°$ 的相位, 但这是一个常量。唯一的相位变量是由 R 产生的。恒定不变的 R 产生恒定的相位。正如所介绍的偶照度函数那样, 奇照度函数的相位中心是阵列的中心, 其相位波前是球形的一部分。

每一个坐标下的差照度在一个坐标下是偶函数, 在另一个坐标下是奇函数。与之前的情况一样, 相位中心仍然在阵列的中心, 相位波前也是球形的一部分。

式 (5.29) 和式 (5.31) 中的积分可以利用天线阵列各阵元的贡献值的和来代替, 这些贡献值包括阵元的方向图。如果考虑 s 和 d 的相位, 结果仍然是相同的。用 y、β 代替 x、a, 相同的分析可以运用到直角坐标系中。

在计算式 (5.29) 和式 (5.31) 的过程中, 都以混合阵元输入的波束形成网络没有相位偏移 (尽管实际中可能存在) 为假设前提。在这种假设下, s 和 d 是同相的。s 和 d 之间的相位关系对比幅或比相单脉冲的影响将在 5.3 节中进行讨论。

讨论中所做的另一个假设是: 照度相位是恒定的或者是均匀渐缩的。一般并非如此, 因为阵列都是由阵元 (如偶极子、缝隙、喇叭或者开口波导) 组成的, 这些都会造成相位波前的小波纹。只要所有的阵元都是相同

的, 和差方向图仍然具有共同的相位中心, 但是相位中心会稍稍偏离孔径的几何中心, 偏离的大小是控制角的函数。偏离值会有平行和垂直于阵列平面的两个分量。即使在垂直方向上, 相位中心也不需要完全在阵列的前表面上。

5.2.7　反射天线的相位中心

实际上, 之前针对阵列天线的分析可以更广泛地应用于具有偶或奇幅度照度和恒定或均匀渐缩相位的任意平面孔径上。因此, 如果可以认为边缘平面是孔径平面, 那么之前的分析也可以应用到反射天线的和差方向图中。由于所有从焦点经过反射到达表面的射线具有相同的路程, 它遵循几何光学定律, 即焦点处的点辐射源或者无限小的偶极子辐射源将会在孔径平面产生一个平面波前。然而, 物理馈源是一个分布式的辐射源, 几何光学只能是近似的。进一步分析[11]发现, 轴线方向上的和方向图相位中心是在对称轴上, 而不是在孔径平面上; 它可能稍微在平面的前面或后面。偏离孔径平面的大小取决于焦距和抛物面直径的比值和馈源的特性。一般来说, 由于极化, 在两个主要平面中, 相位中心具有不同的位置。同时, 相位中心并不是固定不变而是随波达方向变化的。

对奇照度相位中心的分析鲜有文献报道。然而, 实验发现, 在经过适当调整的比幅单脉冲中, 和差电压在和方向图的半功率波束宽度上保持非常接近的恒定相对相位 (标称值为 $0°$)。对于偏离轴线较大的角度偏差, 相对相位会偏离该值[12]。通过这些观察, 在和波束的有效宽度内, 可以减小反射天线的和差方向图, 并且使它们具有几乎相同的相位中心, 而相位中心不是恰好在孔径平面内, 也不是恰好在波达方向以外的轴线上。

5.3　比相单脉冲和比幅单脉冲的区别

5.3.1　反射天线举例[①]

现在, 我们将天线相位中心的相关论述应用于 5.1.4 节和 5.1.5 节所讨论的反射型单脉冲天线中。选取比幅单脉冲实例作为第 4 章描述的 AN/FPS-16 四喇叭馈源的代表。在 5.1.4 节, 比幅单脉冲定义中所提到的接收波束, 是指和差波束。因此, 它们的相位中心是一致的。我们可以利

---

①原书只有 5.3.1 节。

用式 (2.3) 和式 (2.4) 获取和电压 s 与差电压 d, 每个合成的波束方向图 v_1 与 v_2 将产生和差方向图。用波束宽度中的角度 θ' 重新表述那些公式, 可得

$$v_1(\theta') = \frac{s(\theta') + d(\theta')}{\sqrt{2}} \quad \text{(右波束)} \tag{5.32}$$

$$v_2(\theta') = \frac{s(\theta') - d(\theta')}{\sqrt{2}} \quad \text{(左波束)} \tag{5.33}$$

式中, 因子 $1/\sqrt{2}$ 的作用是使输出功率与输入功率相等。由于 s 与 d 为实数, v_1 和 v_2 具有相同的相位, 但它们的幅度比随目标角度的不同而变化, 在单脉冲射束轴上, 幅度比为 1。图 5.13 绘出了这些方向图。图中, 波束用和波束峰值增益进行了归一化, 角度用和波束宽度 θ_{bw} 进行了归一化。每个波束的半功率宽度为 $0.859\theta_{\mathrm{bw}}$, 峰值幅度为 0.941。第一旁瓣是不对称的, 较大的一个为 $-10\,\mathrm{dB}$, 较小的一个为 $-18.8\,\mathrm{dB}$。这种方向图与空间上相接近、焦点附近的成对喇叭所照射的反射器的方向图一致。与实际 AN/FPS-16 天线的关系将在第 6 章中加以讨论。

目标位于射束轴右侧时, 图 5.14 绘出了矢量 v_1 和 v_2 以及相应的 s 和 d。对于任意的相位角度, 强调只有它们的相对相位 (0°) 而非绝对相位与之有关。对于所有的目标角度, 即使相位随目标角度变化, v_1 和 v_2 的相位仍保持相同。这意味着, 在所有角度下, 两个方向图必须具有共同的相位中心或共同的本地 (局部) 相位中心。差电压在通过零值后的反向在数学上可被视为 180° 跳变。

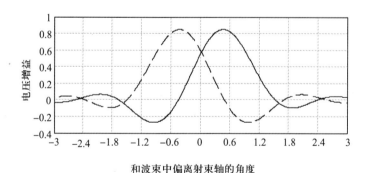

图 5.13　5.1.4 节讨论的比幅单脉冲天线中, 各斜视波束幅度与角度的关系

同样的相位关系也适用于五喇叭比幅单脉冲, 因为参考方向图具有和斜视方向图一样的相位中心。也就是说, 参考信号和差信号正交。更一般

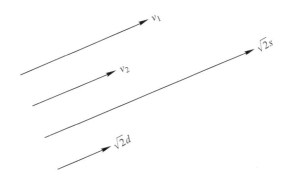

图 5.14　比幅单脉冲的相位关系

地, 90° 的相位关系适用于任何带有单个主反射器 (包括卡塞格伦天线), 且在焦点处具有任意数量的馈源喇叭的天线。这一范畴比较宽泛, 包括十二喇叭馈源或单喇叭多模馈源。

再来看比相实例, 对于所有的目标角度, v_1 和 v_2 具有相同的幅度, 但它们的相位差随目标角度变化, 在单脉冲射束轴上为零。对式 (5.32) 和式 (5.33) 进行如下修正, 用 jd 代替 d, 使其与 s 正交。两个幅度方向图相互重叠, 如图 5.15(a) 所示, 但相位正好相反, 且随离轴角度的正弦值线性变化, 如图 5.15(b) 所示。因此, 在图 5.16 中, 矢量 v_1 和 v_2 具有相同的幅度但相位不同, 等量分离于和矢量 s 的两侧。由于输出为 v_1 和 v_2 的波束的相对相位随角度变化, 它们的相位中心必然不同。

在比相单脉冲中, s 的相位始终是 v_1 和 v_2 相位的均值。因此, 在远场, s 的相位中心是 v_1 和 v_2 相位中心之间的中点处。由于 d 与 s 的相位差为 90°, d 的相位中心在相同的中点上。d 方向图的相位波前被距其 1/4 波长的 s 方向图的相位波前代替, 但它们具有相同的曲率中心。对于奇照度函数, 根据式 (5.31), d 与 s 正交, 单脉冲比较器的输出必须保持输入的相位关系。

因此, 通过计算和测量差与和的相对相位就可以分辨出这两类单脉冲: 0° 时为比幅, 90° 时为比相。

然而, 这种区别需要更多的特殊说明才能避免模糊。前面的阐述, 包括相位图, 是基于式 (2.1)、式 (2.2)、式 (5.32) 和式 (5.33) 的。这些等式假设和差由 "魔 T" 或圆形接头 (4.4.1 节) 等装置所产生, 对于这些装置, 当输入 (v_1 与 v_2) 相位同相时, 输出 (d 与 s) 相位同相。如果使用定向耦合器 (4.4.2 节) 代替以上装置, 情况刚好相反, 因为当输入同相时, 输出具有

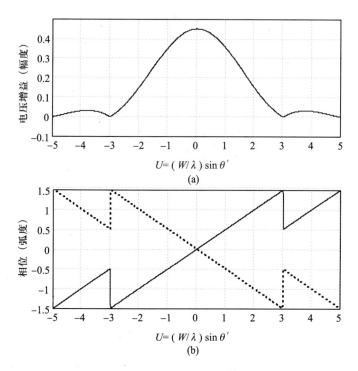

图 5.15 比相单脉冲中幅度和相位与目标角度 θ' 的关系

(a) 幅度 (左右波束重叠); (b) 相位 (左波束: 实线; 右波束: 虚线)。

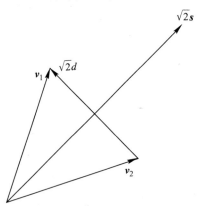

图 5.16 比相单脉冲中的相位关系

$90°$ 的相对相位, 反之亦然。此外, 由于某些原因, 有可能在比较器之后的系统某个位置会用一个移相器有意引入 $90°$ 的相对相移。

因此, 两类的区别可用以下任一种方式表述:

(1) 如果观测者不了解天线设计, 但有办法获取接头 (混合器) 输入 v_1 和 v_2 并绘出它们的角方向图, 他可以基于以下事实识别出比相: 当远处辐射源或目标角度变化时, v_1 和 v_2 具有相同的幅度但相对相位是变化的。可以基于以下事实识别出比幅: 依靠接头 (混合器) 类型和传输线的相对长度, v_1 和 v_2 的幅度比是变化的, 但相对相位始终保持在 0° 或 90°。如果天线采用五喇叭馈源, 相对于 v_1 和 v_2, 参考喇叭电压信号也会具有恒定的相位和变化的幅度, 但观测者不会需要这一信息。

(2) 如果观测者无法获取接头 (混合器) 输入, 但仅能得到接头输出或系统偏后某处的和差, 他将不能辨别这两类单脉冲, 除非事先已知接头和任一其他干涉组件的特征。只有了解了这些特征, 他才能通过观测值倒推接头输入, 进而采用上述方法辨别单脉冲类型。或者, 在接头没有引入 90° 相移的前提下, 接头输出的和差电压具有 0° 或 90° 相对相位, 从而观测者可辨别单脉冲是比幅还是比相。

在前面的讨论中, d 与 s 的 0° 或 90° 相位是名义相位, 是当目标偏离视轴时, 在理想条件下获取的 (当目标在视轴上时, d 为 0, 相对相位是不明确的)。在实际情况下, 由于噪声、系统缺陷和其他干扰源的存在, d 与 s 的相对相位偏离了名义相位。偏离一般较小, 但在某些条件下可能非常大。例如, 不可分辨目标或多径可能导致 d 与 s 的相对相位为任意值。

d 与 s 的名义相对相位为 0° 还是 90°, 并不是雷达运行所关注的重点问题。如果单脉冲处理器需要的话, 通过移相器, 相对相位可变换成任意值, 或者利用数字化的 I 和 Q 分量, 通过交换这些分量, 可以在处理器中实现等价的变换。

5.4　基于照度函数相对相位的辨别

5.3.1 节已经证明, 在比幅和比相单脉冲中, 和差信号离开比较器后的相对相位分别为 0° 和 90°。然而, 有时也导致一些混淆, 因为和差孔径照度函数的相对相位正好相反, 在比幅中为 90°, 在比相中为 0°。接下来的证明以孔径平面中的 x 坐标的函数作为照度。同样的证明适用于 y 坐标。

比幅单脉冲中, 在穿过孔径的相反方向上, 两个斜视波束符合统一的相位锥度。在孔径中的某点 x 处, 与横向斜视角 $\alpha'_{\rm sq}$ 有关的照度相位因子为 $\exp(\pm{\rm j}kxu_{\rm sq})$, 其中 $k = 2\pi/\lambda$, $u_{\rm sq} = \sin \alpha'_{\rm sq}$ (2.8 节定义了用 α' 表示的横向角)。正号表示其中的一个斜视波束, 负号表示另一个。照度幅度 $a_{\rm e}(x)$

为 x 的偶函数。因此, 有

$$
\begin{aligned}
\text{和照度} &= a_{\mathrm{e}}(x)[\exp(\mathrm{j}kxu_{\mathrm{sq}}) + \exp(-\mathrm{j}kxu_{\mathrm{sq}})] \\
&= 2a_{\mathrm{e}}(x)\cos(kxu_{\mathrm{sq}})
\end{aligned} \tag{5.34}
$$

$$
\begin{aligned}
\text{差照度} &= a_{\mathrm{e}}(x)[\exp(\mathrm{j}kxu_{\mathrm{sq}}) - \exp(-\mathrm{j}kxu_{\mathrm{sq}})] \\
&= \mathrm{j}2a_{\mathrm{e}}(x)\sin(kxu_{\mathrm{sq}})
\end{aligned} \tag{5.35}
$$

式 (5.34) 和式 (5.35) 表明, 这两个照度函数在孔径平面中的每一点都是相位正交的。

为证实合成的和差信号是同相的, 必须考虑偏轴的目标, 这是因为差信号在射束轴上为零。用 α'_{ar} 表示到达的横向角 (目标角度)。孔径阵元 $\mathrm{d}x$ 对每个斜视波束的贡献为 $a_{\mathrm{e}}(x)\exp[\mathrm{j}kx(u_{\mathrm{ar}} \pm u_{\mathrm{sq}})]\mathrm{d}x$。于是, 有

$$
\text{对和信号的贡献} = 2a_{\mathrm{e}}(x)\exp(\mathrm{j}kxu_{\mathrm{ar}})\cos(kxu_{\mathrm{sq}})\mathrm{d}x \tag{5.36}
$$

$$
\text{对差信号的贡献} = \mathrm{j}2a_{\mathrm{e}}(x)\exp(\mathrm{j}kxu_{\mathrm{ar}})\sin(kxu_{\mathrm{sq}})\mathrm{d}x \tag{5.37}
$$

对式 (5.36) 和式 (5.37) 进行积分计算得到合成的和差信号, 利用了如下关系:

$$
\exp(\mathrm{j}kxu_{\mathrm{ar}}) = \cos(kxu_{\mathrm{ar}}) + \mathrm{j}\sin(kxu_{\mathrm{ar}}) \tag{5.38}
$$

受对称限制, 积分的偶数项被舍弃, 积分可简化为

$$
\text{和信号电压} = 2\int a_{\mathrm{e}}(x)\cos(kxu_{\mathrm{ar}})\cos(kxu_{\mathrm{sq}})\mathrm{d}x \tag{5.39}
$$

$$
\text{差信号电压} = -2\int a_{\mathrm{e}}(x)\sin(kxu_{\mathrm{ar}})\sin(kxu_{\mathrm{sq}})\mathrm{d}x \tag{5.40}
$$

式 (5.39) 和式 (5.40) 均为实数。因此, 和差信号同相。对于阵列天线, 合成信号可表示为求和而不是积分, 结果是一样的。

5.5 基于和差方向图的辨别

有这样一个问题, 从和差方向图 (不是它们的相对相位) 的形状上能否辨别这两类单脉冲。理论上, 正如稍后所论述的那样, 如果从比幅天线获取指定的和差方向图对, 那么从比相天线可以获取同样的和差方向图对 (除非它们的相对相位有 90° 的改变), 反之亦然。然而, 受反射、透镜天线的物理限制, 用于比幅的那些设计所产生的和差方向图与用于比相的那些设计所产生的和差方向图并不相同。举例来说, 比相通常会使得差和比与

角度的关系曲线具有较大的斜率, 但和方向图旁瓣较高[13]。旁瓣较高的原因可参见图 5.3(a) 和图 5.6(b), 其中, 绘出了比幅和比相穿过天线孔径的和照度电压信号。在反射天线中, 照度幅度具有天然的锥形, 在每个孔径的中心, 这是最大的, 并在边缘处衰减。和方向图中, 由于方向图与照度函数的傅里叶变换关系, 比相中的尖端 (斜率不连续点) 导致较大的旁瓣。

5.6　一类到另一类的清晰变换

比幅到比相的清晰变换, 或比相到比幅的清晰变换, 可通过被动 (无源) 微波装置, 如 3 dB 定向耦合器 (4.4.2 节) 来实现。当用于这一目的时, 该装置并非是比较器的一部分。3 dB 定向耦合器把来自两个输入端中每一个的功率在两个输出端之间进行等分, 但在一个输出端处, 其中一个输入信号的相位偏移了 $\pm 90°$, 在另一个输出端处, 另一个输入信号也偏移了 $\pm 90°$。符号是正还是负依赖于耦合器的特定结构。如果输入为 v_1 和 v_2, 则输出为

$$v_3 = (v_1 \pm \mathrm{j}v_2)/\sqrt{2} \tag{5.41}$$

$$v_4 = (\pm \mathrm{j}v_1 + v_2)/\sqrt{2} \tag{5.42}$$

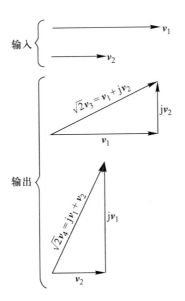

图 5.17　当输入同相时 3 dB 定向耦合器的输出矢量

如图 5.17 所示, v_1 和 v_2 具有相同的相位, 但幅度不同, 这跟比幅相同。输出具有相同的幅度, 但相位不同, 这跟比相相同。

相反地, 相同类型的装置可以实现从比相到比幅的清晰变换。如果输入具有相同的幅度和不同的相位, 输出将具有相同的相位和不同的幅度。为证明这一点, 令两个输入具有相同的幅度, 但相位不同, 分别为 Ψ_1 和 Ψ_2。假设 90° 相移的符号为正。如图 5.18(a) 所示, v_1 和 jv_2 合成 v_3, v_3 用虚线矢量表示, 与 v_2 幅度相等, 但相位超前 90°。由于 v_1 和 jv_2 幅度相等, 它们所合成的 v_3 把它们之间的夹角二等分。因此, v_3 的相位为 $(\Psi_1 + \Psi_2 + \pi/2)/2$。在图 5.18(b) 中, jv_1 和 v_2 合成 v_4, 后者的相位为 $(\Psi_1 + \pi/2 + \Psi_2)/2$。因此, v_3 和 v_4 相同。由图显见, 它们的幅度一般不相等。

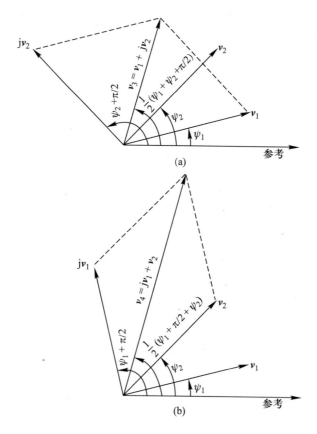

图 5.18　比相到比幅的变换

(a) $v_3 = v_1 + jv_2$; (b) $v_4 = jv_1 + v_2$。

尽管这些例子论述了 3 dB 耦合器或者等价装置或电路如何把比幅变换成比相的, 抑或反之, 但如果分类是基于变换前的 "粗" 分量电压 v_1 和 v_2 的话, 就不存在任何歧义。

5.7 比幅和比相分类总结

比幅和比相应用中的混淆, 可通过依照惯例来避免, 即这些名称是指接收天线而非单脉冲信号处理。在这一关系中, "天线" 不仅包括辐射组件, 而且包括所有需要产生天线方向图输出的组件。可以用如表 5.3 所列的 4 种等价准则中的任一种来辨别这两类。

表 **5.3**   比幅和比相的辨别

类别	构造 (透镜或反射天线①)	合成波束	s 和 d 的相对相位	
			电压信号	孔径照度
比幅	多喇叭馈源的单透镜或主反射天线	斜视波束单个相位中心比幅随角度变化, 在射束轴上为 1 平行波束	0°	90°
比相	多个并行透镜或反射天线, 每个带一个馈源喇叭	相同的幅度方向图不同的相位中心相对相位随角度变化, 在射束轴上为 0°	90°	0°
① 也适合于透镜或反射天线作用相同的空间馈电阵列或反射阵列				

第一种辨别方法 (物理构造) 仅适用于空间馈电天线, 包括透镜或反射天线及与透镜或反射天线作用相同的确定类型的阵列。

第二种辨别方法 (合成波束特征) 适用于空间馈电阵列和某些特定的阵列, 其中, 合成波束物理存在于指向中, 系统中有些位置存在与波束相关的电压信号, 即使它们不可测量。如果合成波束不是物理存在的, 依然可以按虚拟波束将它们计算出来, 通过加减运算, 后者可以产生给定的和差信号。

第三种辨别方法 (和差电压信号相对相位) 假定产生和差信号 s 和 d 的比较器不引入任何相对相移, 或者比较器引入的任何相移在分类前已经被 "剔除"。

第四种辨别方法 (和差孔径照度的相对相位) 通过数学变换从第三种 (或者反之亦然) 得到。有时, 它有助于确定特定阵列雷达的分类。

在第三种和第四种辨别方法中, 在那些产生参考方向图的天线中, "参考" 可被 "和" 代替, 如采用一个单独的馈源喇叭。

在强制馈电阵列中, 用比幅产生的任何和差方向图也可用比相产生, 反之亦然。在空间馈电天线中, 从两类获取的和差方向图非常相似, 仅单脉冲斜率和旁瓣增益有所不同。

比幅到比相的清晰变换, 亦或反之, 可以通过为和或差电压信号施加 90° 相移 (或者在数字化处理条件下, 通过交换 I 和 Q) 来实现, 或者在比较器之前将合成波束通过 3 dB 定向耦合器。然而, 如果分类基于变换前的电压, 那么这种变换不会产生任何不确定性。

参考文献

[1] G. M. Kirkpatrick, "Final Engineering Report on Angular Accuracy Improvement," General Electric Electronics Laboratory, Syracuse, NY, Contract D. A. 36-039-sc-194, August 1, 1952. Reprinted in *Radars*, Vol. 1, *Monopulse Radar*, D. K. Barton, (ed.), Dedham, MA: Artech House, 1974.

[2] G. M. Kirkpatrick, "Aperture Illumination for Radar Angle-of-Arrival Measurements," *Trans. IRE Professional Group on Aeronautical and Navigational Electronics*, Vol. PGAE-9, September 1953, pp. 20–27.

[3] IEEE Standard 100, *The Authoritative Dictionary of IEEE Standards Terms*, 7th ed., New York: IEEE Press, 2000.

[4] D. R. Rhodes, *Introduction to Monopulse*, New York: McGraw-Hill, 1959. Reprint, Dedham, MA: Artech House, 1982.

[5] S. Silver (ed.), *Microwave Antenna Theory and Design*, Vol. 12 in MIT Radiation Laboratory Series, New York: McGraw-Hill, 1949, p. 177. Reprint, CD-ROM Edition, Norwood, MA: Artech House, 1999.

[6] P. W. Hannan, "Optimum Feeds for All Three Modes of a Monopulse Antenna," *IRE Trans. on Antennas and Propagation*, Vol. AP-9, No. 5, September 1961, pp. 444–461. Reprinted in *Radars*, Vol. 1, *Monopulse Radar*, D. K. Barton, (ed.), Dedham, MA: Artech House, 1974.

[7] M. I. Skolnik, *Introduction to Radar Systems*, 3rd ed., New York: McGraw-Hill, 2001.

[8] D. K. Barton, *Radar System Analysis*, Englewood Cliffs, NJ: Prentice-Hall,

1964. Reprint, Dedham, MA: Artech House, 1976.

[9] W. Hausz and R. A. Zachary, "Phase-Amplitude Monopulse System," *IRE Trans. on Military Electronics*, Vol. MIL-6, No. 2, April 1962, pp. 140–146. Reprinted in *Radars*, Vol. 1, Monopulse Radar, D. K. Barton, (ed.), Dedham, MA: Artech House, 1974.

[10] D. D. Howard, "Radar Target Angular Scintillation in Tracking and Guidance Systems Based on Echo Signal Phase Front Distortion," *Proc. of the National Electronics Conf.*, Vol. XV, October 1959, pp. 840–849.

[11] D. Carter, "Phase Centers of Microwave Antennas," *IRE Trans. on Antennas and Propagation*, Vol. AP-4, No. 4, October 1956, pp. 597–600.

[12] J. T. Nessmith and S. M. Sherman, "Phase Variations in a Monopulse Antenna," *Record of IEEE International Radar Conference*, Washington, D. C., April 21–23, 1975, pp. 354–359.

[13] H. W. Redlein, Jr., *A Unified Viewpoint for Amplitude and Phase Comparison Monopulse Radars*, Wheeler Laboratories, Report 845, March 16, 1959.

第 6 章

空间馈电比幅单脉冲天线
的最优馈源

尽管很容易掌握比幅单脉冲的基本原理, 但以追求最优性能为目标的天线和馈源设计仍是一项高度专业的工程。"最优" 不是绝对的, 这和系统的应用与需求有关, 通常是不同性能指标和工程约束之间的折中。本章将概述与馈源结构和参数有关的优化准则。

第 4 章讨论了 3 种基本的空间馈电天线形式 —— 透镜、单反射镜和卡塞格伦 —— 的优缺点。这里将追加讨论空间馈电阵列, 本质上, 它与透镜或单反射镜的作用相同。馈源优化的一般原理适用于所有这些类型的天线, 为了具体化和举例方便, 这里假设是单反射器天线。对于透镜天线和反射天线, 将会在适当的地方标注它们在馈源优化中的不同之处。

6.1 最优化本质

首先考虑设计用于只产生和 (参考) 方向图的天线, 该天线仅有一个馈源喇叭。馈源孔径越小, 辐射至反射器的方向图越宽, 从而导致更多的功率因溢出孔径边缘而损耗, 相应地, 天线增益减小。馈源孔径越大, 馈源辐射方向图的指向性越好。指向性增强减小了溢出, 但如果过度的话, 只能有效辐射反射器的内部部分, 反而未有效利用反射器的全部孔径, 增益降低。另一个必须考虑的因素是馈源位于反射器的前面, 馈源越大, 阻塞越大, 增益减少量越大 (注: 在透镜天线的优化中不需要这样考虑)。综合考虑这些因素, 可以确定最大增益的馈源尺寸。

　　然而, 大增益常伴随有高旁瓣。为降低旁瓣, 可以牺牲部分增益为代价适当增加馈源尺寸。只有在阻塞引起的旁瓣增加能够抵消掉因溢出降低的旁瓣增益时, 这个处理过程才能起到作用。

　　在平衡这些冲突因素的过程中, 可以发现[1,2], 大多数情形下, 最优馈源孔径尺寸使反射器照度从中心到边缘逐渐减小约 10 或 11 dB, 或者如果期望极低旁瓣, 减小量会更多一些。6.9 节将会提到, 多模或者纹状喇叭可更好地优化照度函数并容许不同的尖削度值。

　　由于要同时考虑一个和方向图与两个差方向图, 单脉冲馈源的优化问题将更加复杂。对于和方向图, 其目标一般是与旁瓣需求相一致的射束轴增益①最大化。对于每个差方向图, 其目标是与旁瓣需求相一致的射束轴上斜率最大化。Hannan[3] 分析了这一问题, 并在能够独立控制每个馈源的前提下得到了和差馈源的最优孔径尺寸。尽管确切的数值②有些依赖于增益 (或斜率) 与旁瓣之间所期望的平衡, 但是所关注坐标系中的差馈源孔径应当为和馈源孔径的两倍宽 (每种情形下的孔径是指产生和或差方向图的整个喇叭簇, 而不是每个喇叭)。和差馈源孔径应当是连续的 (没有缝隙), 因此, 它们必须重叠。Hannan 提供了几种馈源设计方案, 比基本的四喇叭馈源更加逼近最优性能。

　　6.9 节所要讨论的十二喇叭馈源, 最接近理论最优, 但实现起来非常复杂。四喇叭馈源仍是最常见的, 它由相同的喇叭组成, 具有重叠的和差孔径, 但孔径宽度相同而不是最佳的 2:1 宽度比。另一方面, 在早期的五喇叭馈源中, 差馈源孔径几乎是和馈源孔径宽度的 3 倍, 并且由于不能跟和馈源重叠, 它在中心处有一个缝隙。利用多模方式和其他形成馈源孔径照度的技术, 可以把四喇叭和五喇叭馈源做得更有效率。但是, 尽管这样的馈源性能很好, 它们仍不能同时优化和差方向图。然而, 在实体约束范围内, 可以进行最有效折中的优化。

　　由于四喇叭馈源长期和广泛的使用, 应当给予其特别关注。跟 Hannan 所分析的一样, 以合成波束的斜视角而不是馈源尺寸为馈源优化参数进行探讨。这两种分析方法是等价的, 但斜视角方法允许使用简化的近似模型, 数学上处理起来更为简便, 物理上则更容易解释。将会看到, 这种模型的优化参数与广泛使用的精密单脉冲雷达的参数是一致的。下面还将讨论其他类型的馈源。

---

　　①某些情形下, 目标是最小波束宽度, 这与最大增益并不等价;

　　②Hannan 的结论按照归一化馈源尺寸表述, 因此必须乘以波长和两倍的 f/D 才能获得实际物理尺寸。

6.2 f/D 比率

有一个待选参数为焦距和天线直径的比值 f/D。所需直径由和方向图增益与角度分辨率决定, 焦距可选。由于馈源位于焦点上, 为减小在反射器之前馈源的刚性支撑问题, 所以希望焦距短一些。另一方面, 设计足够宽天线辐射方向图、均匀相位和低交叉极化的馈源以提供合适反射器照度时, 小的 f/D 会造成一些困难。大的 f/D 意味着窄的反射器, 后者对交叉极化是不敏感的; 但也有缺陷, 除增加了馈源支撑的难度外, 还需要较窄的馈源辐射方向图宽度, 以防止反射器照度的过度溢出。这也就意味着, 大的馈源孔径, 增加了堵塞, 也增加了馈源重量, 进而增加了馈源的支撑难度。大的 f/D 也增加了反射器对馈源的响应, 这将导致失配危机①。

需要指出的是, 考虑到阻塞和机械支撑, 包括比较器在内的多喇叭馈源集成, 比一个单喇叭非单脉冲馈源要大一些、重一些, 如通信天线。

对单反射器天线, f/D 的典型折中值为 $0.3 \sim 0.5$。例如,AN/FPS-16 测量雷达有一个抛物面反射器, $f = 127$ cm,$D = 366$ cm,$f/D = 0.35$。AN/FPQ-6 雷达使用卡塞格伦天线, 主抛物面反射器的 f/D 为 0.3, 但由于卡塞格伦天线的构造, 其有效 f/D 为 1.6。

6.3 四喇叭馈源中斜视角的影响

常规四喇叭馈源在第 1 章和第 4 章中有所描述与阐述, 其喇叭是成对的, 以保证每个坐标下有两个喇叭发挥作用。使用四喇叭馈源的雷达应用广泛且性能优良。然而, 这种喇叭结构不可能使和方向图与差方向图同时达到最优, 因此, 必须考虑折中方案。

这里, 我们用一个简单的模型来讨论四喇叭单脉冲的局限性。用于优化的待调整变量为斜视角, 它是喇叭中心间距的函数。假设每一个斜视波束由余弦照度形成 (参见 5.1.4 节), 产生如图 6.1 所示的方向图, 如果斜视角可变, 那么每一个斜视波束都会有一个角度平移而形状不会发生变化。余弦照度模型可以较好地拟合由简单喇叭辐射所产生的方向图 (辐射角度区域包括第一旁瓣)。假定斜视天线方向图在宽度、高度和相位上保持不

①如果 f/D 增加而馈源设计保持不变,那么就会导致这种情况。然而, 为了保持相等的照射锥度 (边缘处通常为 -10 dB), 馈源定向增益必须随 f/D 的增加而增加, 这就增大了无线反向辐射。

变, 这会导致一些问题, 因为随着斜视角的变化, 馈源喇叭间的耦合也会发生变化, 从而导致方向图的变化。然而, 当斜视角在最优值附近或略大于最优值时, 耦合很小。这里仅是为了阐明优化折中的存在, 以获得大概的数值。尽管模型比较粗糙, 但计算得到的结果跟测量 AN/FPS-16 单脉冲雷达得到的方向图非常接近。

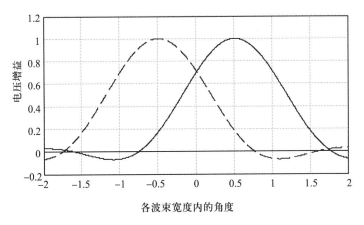

图 6.1　斜视角 $\theta_{sq} = 0.5$ 时由余弦照度馈源产生的斜视波束 v_1 (实线) 和 v_2 (虚线)

用 v_1 和 v_2 分别表示产生斜视波束的两对喇叭的电压, 由此来产生某一角坐标系下的和差信号。假设斜视波束的方向图模型如下:

$$v_1 = \frac{\cos[\pi K_\theta(\theta - \theta_{sq})]}{1 - [2K_\theta(\theta - \theta_{sq})]^2} \tag{6.1}$$

$$v_2 = \frac{\cos[\pi K_\theta(\theta + \theta_{sq})]}{1 - [2K_\theta(\theta + \theta_{sq})]^2} \tag{6.2}$$

式中: θ 为某坐标系中目标偏离前视轴的角度; θ_{sq} 为相同坐标系下的斜视角; $K_\theta = 1.19$ 为余弦照度的波束宽度常数[①]。在上述等式中, θ、θ_{sq} 是斜视波束半功率的波束宽度而不是和波束的波束宽度, 后者更常用但在这里不便于分析。括号里面的变量以弧度为单位。波束宽度常数的选择应满足: 当 $\theta - \theta_{sq}$ 和 $\theta + \theta_{sq}$ 等于 0.5 (半功率点) 时, v_1 和 v_2 均为 0.707。

和差方向图可表示为:

$$s = (v_1 + v_2)/\sqrt{2} \tag{6.3}$$

$$d = (v_1 - v_2)/\sqrt{2} \tag{6.4}$$

---

① 在精确的方向图中, 式 (6.1) 和式 (6.2) 括号中的量是目标角度的正弦值 ± 斜视角的正弦值。然而, 当角度不超过几度时, 角度的正弦与角度本身近似相等。

因子 $1/\sqrt{2}$ 基于这样一个事实, 在无源混合器 (假设无损, 所有终端阻抗匹配) 中, 全部输出功率与全部输入功率相等。

图 6.2 给出了不同斜视角下的和差曲线。纵坐标用斜视波束的峰值进行了归一化 (模型假设斜视波束的峰值电压独立于斜视角)。

在所有曲线中, 假设到达天线处的回波场强幅度为常数。不同曲线仅斜视角不同。由于小斜视角下的耦合较强, $\theta_{sq} = 0.3$ 的曲线是不确定的, 这里仅是为了阐明趋势。

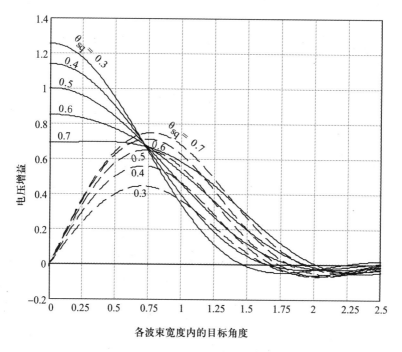

图 6.2   一对斜视波束 $(\sin x)/x$ 的和与差

实线和虚线分别代表和与差, θ_{sq} 为用斜视波束宽度归一化的斜视角。

图 6.2 横坐标上的目标角度单位是每个斜视波束的半功率波束宽度, 上述波束模型中假设其为常数且独立于斜视角。这种角度单位的选择对于当前的分析是比较方便的, 但必须注意, 它与常用的 "波束宽度" 的定义不同, 后者指的是和波束。当然, 和方向图波束宽度是随斜视角变化的。

图 6.2 表明, 射束轴上的和波束电压随着斜视角的增加而减小: 当 $\theta_{sq} = 0.5$ 时, 和波束峰值与每个斜视波束的峰值相等; $\theta_{sq} > 0.68$ 时, 射束轴上的电压在两个峰值间从最大值变化到最小值。同时也表明, 和方向图

波束宽度随着斜视角的增加而增加。因此, 为最大化和方向图的增益与分辨力, 斜视角应尽可能小。

另一方面, 当斜视角较小时, 差方向图在轴附近的斜率较小, 这意味着敏感性较差。差信号斜率随斜视角的增加而增加, 当 $\theta_{sq} = 0.68$ 时达到最大值 (此时, 和信号从最大值变化到最小值)。这表明, 大斜视角 (如大约 0.7) 适宜于良好的差方向图, 至少对在视轴上或在视轴附近的目标来说是这样的。

因此, 对于四喇叭馈源, 不可能同时优化和差方向图。6.4 节将描述优化折中的原则。

6.4 斜视角的优化

优化准则依赖于待优化的雷达方程。如果检测灵敏度相当重要, 而跟踪精度次之, 那么斜视角应当尽可能的小 (如果根本不需要测量角度, 那么两个喇叭将合并成一个, 斜视角为 0)。

这里假设待优化的是射束轴上或射束轴附近的目标角度精度, 而不是检测灵敏度。首先考虑如下情形, 用和波束进行发射和接收, 目标是无源的 (如仅散射或再辐射入射到其上的信号) 而非有源的 (如无线电信标)。尽管 0.68 倍斜视角可以最大化差信号斜率 (6.3 节), 但这并非是最优的。最优斜视角是射束轴上差信号斜率与射束轴上和信号电压的乘积最大化的结果。

以下近似公式为热噪声背景下, 射束轴上或射束轴附近稳定目标的单个脉冲误差 (参见第 10 章):

$$\sigma_\theta = \frac{\theta_{bw}}{k_m \sqrt{2S/N_d}} \tag{6.5}$$

式中: σ_θ 为角度误差的标准差, 单位与 θ_3 相同; θ_{bw} 为和方向图 3 dB 波束宽度; k_m 为归一化单脉冲斜率 (后面会有更完整的定义); S 为和信号功率; N_d 为差通道噪声平均功率。

既然前面几节中, θ 和 θ_{sq} 的角度单位为斜视波束宽度, 这里 σ_θ 和 θ_{bw} 也将使用相同的单位。和波束比斜视波束宽, 因此 θ_{bw} 与每个波束宽度的比值大于 1。

用 s_0 表示射束轴上和电压, k_d 表示图 6.2 所示射束轴上差信号斜率 (用斜视波束的峰值进行归一化, 归一化并非必要, 仅是为了保持与 6.3 节

的延续性)。归一化的单脉冲斜率 k_m 可表示为

$$k_\mathrm{m} = \frac{k_d \theta_\mathrm{bw}}{s_0} \tag{6.6}$$

因此, k_m 和 k_d 有两个不同之处: 它们分别用斜视波束峰值与和波束峰值进行归一化, 角度单位分别是斜视波束宽度与和波束宽度。

约定, 除非特别声明, 单脉冲斜率 (有时也称为 "误差斜率") 特指 k_m。一般而言, 它是差方向图在角度 θ 处的斜率 (单位为伏特每和方向图波束宽度) 除以角度 θ 处的和电压 (单位为伏特)。k_m 的单位通常表示为伏特每伏特每波束宽度。由于 θ 在 $\pm\theta_\mathrm{bw}/2$ 内是变化的, 所以 k_m 并非是精确常数, 但 k_m 随 θ 的变化很小; 这里我们关注的是射束轴上的值。

为使式 (6.5) 中的角误差 σ_θ 最小, 必须最大化 $k_\mathrm{m}\sqrt{S}/\theta_\mathrm{bw}$。如果发射和接收均使用和方向图, 这一般是在雷达中, 那么射束轴上的和信号功率 S 正比于 s_0^4。因此, 最大化的参数为

$$\frac{k_d \theta_\mathrm{bw}}{s_0} \frac{s_0^2}{\theta_\mathrm{bw}} = k_d s_0 \tag{6.7}$$

即为射束轴上差信号斜率 k_d 与和信号电压的乘积。

图 6.3 所以为参数 $k_d s_0$ 随斜视角 θ_sq 的变化情况。当斜视角为 0.453 倍斜视波束宽度时, 出现最大值。在该斜视角下, $s_0 = 1.067, k_d = 1.32, \theta_\mathrm{bw} = 1.263\times$ 各波束宽度, 切割点比每个斜视波束峰值低 2.44 dB。斜视角也可表示成 0.453/1.263 或 0.358 倍和波束宽度。归一化单脉冲斜率 k_m 为 1.635。

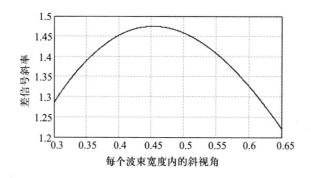

图 6.3　将 $k_d s_0$ 作为斜视角 θ_sq 的函数时的角精度性能

图 6.4 所示为最优斜视角下波束的照度函数。差照度接近匹配余弦锥度最优单脉冲的差照度 (参见图 5.3(a))。和照度接近匹配函数 $\sqrt{8/3}\cos^2(\pi x)$,

旁瓣很低 ($\approx -34.5\,\mathrm{dB}$), 照度效率相对较低: $\eta_x = 0.640$。如果 y 坐标下的照度为 $\cos(\pi y)$, 整个孔径的效率为 $\eta_\mathrm{a} = 0.519$。

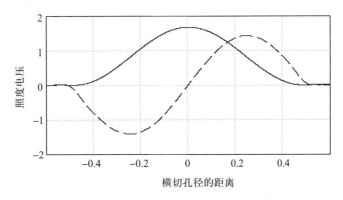

图 6.4　最优斜视角下波束的和照度 (实线) 与差照度 (虚线)

6.5　与实测天线方向图的比较

比较用简单模型所得到的指标与实际单脉冲雷达测量得到的指标是很有意义的, 这里以 AN/FPS-16 测量雷达为例。

通过测量可直接得到和差方向图。因为单个馈源喇叭的输出一般不易得到, 不能直接测量斜视波束方向图, 但它们可以通过和差方向图推导出来。斜视方向图包括喇叭间相互耦合的影响。它们和移除了其他喇叭后每个喇叭或者每对喇叭的方向图不尽相同, 但这些方向图并非是我们的研究目的, 因为耦合总是存在的。

测量 AN/FPS-16 和差方向图[1]得到的经验公式如下[4]:

$$s = \cos^2(1.14\theta) \tag{6.8}$$

$$d = \frac{1}{\sqrt{2}}\sin(2.28\theta) \tag{6.9}$$

式中: θ 为由和方向图 3 dB 波束宽度归一化的偏离射束轴的角度, 括号内的单位为弧度。等式中的系数 1.14 和 2.28 与文献 [5] 中相应的 1.18 和 2.36 略有差异。差异是由文献 [5] 对文献 [4] 中的数值 (度量单位为度) 进行四舍五入和变换所致。式 (6.8) 和式 (6.9) 中所使用的系数与文献 [4] 是一致的, 当 $\theta = 0.5$ 时, 得出半功率值为 $s = 1/\sqrt{2}$。

---

①通常方向图用 dB 表示, 但这里转换成了伏特。

假设和差电压分别为 s 和 d, 根据 2.4 节所述, 斜视波束电压 v_1 和 v_2 可分别表示为:

$$v_1 = (s + d)/\sqrt{2} \tag{6.10}$$

$$v_2 = (s - d)/\sqrt{2} \tag{6.11}$$

例如, 在俯仰上, v_1 为下面一对喇叭输出的和, v_2 为上面一对喇叭输出的和。

以上等式中的 4 个电压一般都是用矢量 (如复数) 表示的, 但在纯粹的比幅中, 它们具有相同的相位[①]。由于绝对相位是任意的, 它们将被看作实数。实际雷达中, 由于喇叭是物理隔离的[6], 相位差别很小, 在和方向图半波束宽度内, 影响可忽略不计。

图 6.5 所示为根据式 (6.8) 和式 (6.9) 计算得到的和差方向图, 根据式 (6.10) 和式 (6.11) 计算得到的斜视方向图。为了精简纵坐标, 差方向图负的那一半被颠倒了。横坐标尺度单位为和方向图的波束宽度而不是斜视方向图的波束宽度。以下几点需要注意:

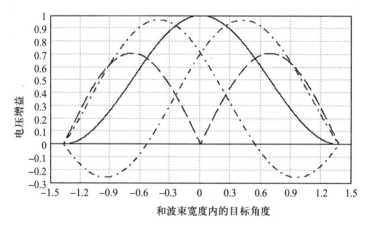

图 6.5　AN/FPS-16 雷达的和方向图 (实线), 差方向图大小 (虚线), 斜视波束方向图 (点虚线)

(1) 斜视角为 ±0.426 倍波束宽度 (和波束的)。

(2) 每个斜视波束的峰值比和波束的峰值低 0.3 dB。

(3) 斜视波束的交叉点比它们的峰值低 2.7 dB。

(4) 归一化单脉冲斜率 k_m 为 1.62。

[①] 180° 的相位反转可视为相同相位下幅度符号的反转。

(5) 每个斜视波束的半功率宽度为 0.88 倍和方向图半功率宽度, 即 $\theta_3 = 1/0.88 = 1.14$。

由于在交叉点处 $v_1 = v_2$、$s = (v_1 + v_2)/\sqrt{2} = \sqrt{2}v_1 = \sqrt{2}v_2$, 所以该点必须总是低于和波束峰值 3 dB。因此, 上述第二项中的 0.3 dB 和第三项中的 2.7 dB 包含了多余信息, 它们的和必须为 3 dB。

表 6.1 比较了 AN/FPS-16 模型和两种优化分析模型的参数。与斜视波束模型的一致性可能有一些偶然, 但它确实表明了 AN/FPS-16 的馈源设计接近于最优的四喇叭馈源, 缩短了的隔板 (参见 4.3 节) 可能会使性能超越最优的简单四喇叭设计。6.8 节将会证明, 最优斜视角比导致反馈喇叭间耦合消失的斜视角小不太多。这一事实证明, 使用简单分析模型时, 耦合可被忽略。

表 6.1　方向图参数比较

参数	AN/FPS-16 模型	斜视波束模型	余弦锥形模型
θ_3 (参考: 斜视波束)	1.14	1.26	
斜视角 (参考: 和波束宽度)	0.418	0.358	
s_0 (参考: 斜视波束峰值)	1.035(0.3 dB)	1.067 (0.57 dB)	
交叉 (参考: 斜视波束峰值)	2.7 dB	2.44 dB	
和波束旁瓣 (参考: 和波束峰值)	无	−34.5	−23.0
η_a (孔径效率)	0.50[①]	0.54	0.657
k_m (V/V/和波束宽度)	1.618	1.635	1.96
K (相对差斜率)	1.144	0.952	1.334
K_r (差斜率比率)	0.631	0.525	0.736
① 假设是 AN/FPS-16 的孔径效率			

因此, 对于一个由更加复杂馈源系统形成锥形照度的给定孔径, 即便使用最优波束斜视角, 四喇叭馈源也会降到潜在性能以下。

6.6　信标跟踪优化

对于信标或辐射源的跟踪来说, 雷达天线发射方向图增益对精度没有影响, 除非是无线电应答信标, 雷达必须发射足够的功率询问它。因此, 式

(6.7) 的左边, 分子中的因子 s_0^2 被 s_0 代替, 等式右边简化为 k_d。这样, 为最小化角误差, 非归一化的射束轴上的斜率应当最大化。根据图 6.2 所绘模型, 这一条件需要的斜视角 $\theta_{sq} = 0.68$。雷达不能同时满足对反射式跟踪和信标跟踪的最优化。一般而言, 对反射式目标跟踪的优化更为重要。

6.7 波束斜视角和馈源偏置角的比较

偏置馈源喇叭产生的波束斜视角与抛物面顶点到喇叭中心连线的偏轴角并非严格相等。上述例子中所用的 AN/FPS-16 雷达可证明这一事实。AN/FPS-16 天线 (图 4.1) 的焦距大约 127 cm (50 英寸)。喇叭中心距抛物面轴线的垂直偏离为 0.98 cm (0.386 英寸)。因此, 俯仰上的馈源偏置角为 0.44°, 或者, 当归一化时, 大约为 0.37× 和波束宽度 θ_{bw} (大约 1.2°)。这与 $0.418\theta_{bw}$ 的斜视角相比, 因子比喇叭偏置角大 1.13。根据文献 [7-10], 波束斜视角略小于 (比率大约为 0.85) 馈源偏置角[①], 但在当前情形下, 前者较大。然而, 引用文献的结果来自于单个偏置馈源。该情形下的差别很可能是由于多个馈源喇叭间的耦合所致。

在横向, 喇叭中心的几何偏置角为 0.86° 或 0.72 倍波束宽度。然而, 根据馈源系统设计, 包括了切断馈源孔径后面某处的隔板和高阶模式的生成, 使得馈源孔径照度被整形后的喇叭有效电中心比几何中心更靠近轴。结果就是横向斜视角与俯仰斜视角相同。

6.8 归一化差方向图斜视角的影响

图 6.6 所示为 3 个不同斜视角 θ_{sq} 下, 归一化差信号 d/s 随角度 θ 变化的曲线图。假设斜视方向图由余弦照度精确地产生, 当 $\theta_{sq} = 0.421$ (在斜视波束内) 时, 图中所示为一直线。在该 θ_{sq} 值下, 所有偏轴的和差零值一致。由图中可以看出, $\theta_{sq} = 0.421$ 时, 两个斜视波束是正交的, 这表明它们之间不存在耦合。当 $\theta_{sq} < 0.421$ 时, 图中所示曲线向上弯曲。如果该曲线向右扩展, 那么在第一个和零值点处, 将趋向于无穷大, 这一现象出现在第一个偏轴差零值点之前。当 $\theta_{sq} > 0.421$ 时, 图中所示曲线向下弯曲。如果该曲线向右扩展, 那么将在第一个偏轴零值点处通过零值, 这一现象出现在第一个和零值点之前。图中所选的 θ_{sq}, 除 0.421 以外, 还有 0.453 (6.4

---

①波束斜视角与馈源偏置角的比值称为波束偏离因子。

节中最小化角误差所得到的最优值) 和任意选取的 0.400。这 3 条曲线在原点处的斜率并未作为指标加以阐述。如前所述, 斜率必须同和信号电压增益一起加以考虑, 除非雷达为信标模式或仅以接收模式工作。

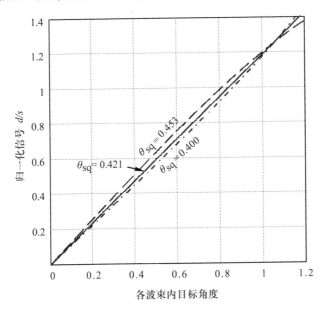

图 6.6   3 个斜视角 (在各自波束中测量) 下归一化差信号与角度的关系

归一化差方向图的形状一般是向上凹的, 如同图 6.6 中最下面的曲线。在适当的角度范围 (通常覆盖和方向图波束宽度) 内, 单脉冲雷达的实际输出就是这样的曲线, 然后, 由于接收机或处理器动态范围限制, 单脉冲输出趋于饱和。

6.9   其他馈源构造

AN/FPQ-6 雷达中使用了一种五喇叭馈源, 如图 4.11 所示, 中心喇叭 R 提供参考信号, 其功能与四喇叭馈源中的和信号相同, 它即用于发射又用于接收。横向和俯仰上的差信号分别通过左右喇叭 A 和 B、上下喇叭 C 和 D 获取。外面的 4 个喇叭仅用于接收。

四喇叭和五喇叭馈源的应用都很成功。每一个都有各自的优缺点。

五喇叭馈源比四喇叭馈源拥有更多的自由度, 但仍不能实现和差方向图的独立优化。尽管每个喇叭孔径尺寸的选择相对独立, 由于喇叭不能物理重叠, 外面 4 个喇叭的 "间距" 仍依赖于中心喇叭的尺寸。要么斜视角大于差方向图的最优值 (在四喇叭中相反), 要么参考喇叭小于和方向图的最优值。因此, 必须进行折中。

五喇叭馈源由单个喇叭产生参考信号, 不需要任何桥接, 因而具有一定优势。这将简化射频硬件, 减少损失和繁琐的调节, 简化通过馈源的高功率传输。当需要双极化时, 由于较少数量的桥接, 五喇叭馈源比四喇叭馈源还有其他一些优势。另一方面, 馈源本身构造比较复杂 (相比于四喇叭馈源), 通常尺寸要大一些, 导致更多的阻塞 (在反射器系统中)。

五喇叭馈源的一种替代版本是使用绝缘体负载作为中心喇叭, 这可适当减小中心喇叭的尺寸并同时保持其方向性, 从而使外部喇叭更加靠近, 改善差方向图。缺点是绝缘体会导致一些损失。必须注意, 要确保即使足够小 (达到十分之几 dB 的程度) 的损耗也不能导致绝缘体过热。AN/MPS-36 就使用了这种类型的馈源, 其绝缘体为氮化硼。

能够接近同时优化和差方向图这一理论目标的馈源结构是林肯实验室[11] 设计的十二喇叭馈源, Hannan[3] 对此进行了探讨, 如图 6.7 所示。所有桥接器未使用的输出在匹配的虚拟负载中终止, 图中略去。在效果上, 十二喇叭馈源与喇叭重叠的五喇叭馈源等价。为看清这一等价性, 将图 6.7 与图 4.11 所示的五喇叭馈源进行了比较。表 6.2 给出了对应关系。

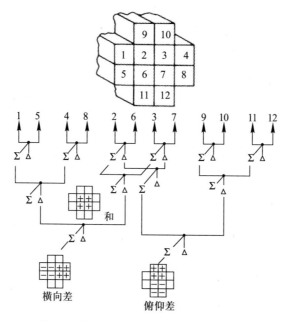

图 6.7　十二喇叭单脉冲馈源 (林肯实验室)

表 6.2 五喇叭和十二喇叭的对应关系

五喇叭 (图 4.11)	十二喇叭 (图 6.7)
R	$2 + 3 + 6 + 7$
A	$1 + 2 + 5 + 6$
B	$3 + 4 + 7 + 8$
C	$6 + 7 + 11 + 12$
D	$9 + 10 + 2 + 3$

据报道, 十二喇叭馈源给出了近最优性能, 但由于馈源和比较器的复杂性, 并未被美国雷达系统所采用。

前面关于馈源和比较器的讨论和阐述假设使用了单极化。如果使用双线极化或圆极化, 电路类似但有一点儿复杂。对于两种分量的相同接收, 喇叭一般是方形或圆形的。需要射频装置提取两个极化分量并同步或转换处理。

已经提到了波导传播的多种模式的使用 (多模运用)。这类似于使用傅里叶综合法处理叠加到基频上的谐波分量形成的波形。和信号由偶模式组成; 每个坐标下的差信号由各自坐标下的奇模式和另一坐标下的偶模式组成。即使物理尺寸是固定的, 模式合成使得馈源孔径照度的形状是可变的。除在四喇叭馈源优化中使用外, 这种方法还应用到某种特殊的馈源构造中, 其中单个馈源喇叭在一个坐标系中产生和差方向图[12] 或者一个和方向图与两个差方向图[13-15]。喇叭孔径宽度满足差方向图优化需要, 而和方向图照度集中在中心附近以致于它只占据大约物理尺寸的 1/2。这种类型的馈源理论上能够同时达到和差方向图的优化, 但宽频段内对高阶模式的控制是一个设计难题。

Hannan 提出的一种馈源构造[3], 成功应用于 Nike Hercules 跟踪者等雷达。该馈源将一个坐标系中的多模运用与另一坐标系中的物理孔径控制相结合。它包含 4 个平行的、连续的矩形喇叭, 喇叭的长边用常规墙体连接 (图 6.8)。为便于描述, 把喇叭顺序编号。极坐标下的差方向图 (每个喇叭的短边) 通过 $(1 + 2) - (3 + 4)$ 获得, 参考信号通过 $(2 + 3)$ 获得。这跟 Hannan 准则一致, 即由于要做参考, 馈源孔径应当是差的两倍宽。在长边, 喇叭孔径照度的多模按照如下方式形成: 奇分量 (用于差) 使用了全部孔径, 而偶分量 (用于参考) 大都集中在中心部分, 有效使用了物理孔径的

1/2。

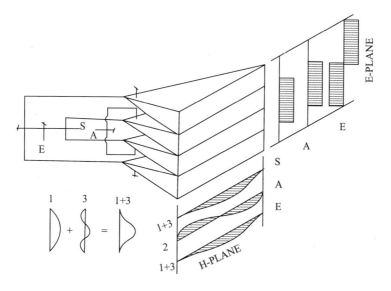

图 6.8 四喇叭多模单脉冲馈源

(参考文献 [3].©1961, IEEE. 重印许可)

Hannan 提供了四喇叭、十二喇叭以及四喇叭多模馈源的性能比较数据, 表明最后一种方式可以提供更大的和通道增益、最大程度的低溢出损失、较高的单脉冲敏感度。表 6.3 列出了这 3 种馈源方式下, 和通道孔径效率 η_a 以及差斜率比率 K_r (方位和俯仰坐标间的均值) 的对比情况。

表 6.3 不同馈源的效率和差斜率比率

馈源类型	效率 η_a	相对差信号斜率 K_r
四喇叭	0.58	0.50
十二喇叭	0.58	0.69
四喇叭多模式	0.75	0.78

在 20 世纪 70 年代, 基于 Hannan 四喇叭多模馈源的进一步发展, 产生了应用于 "爱国者" 火控雷达的五喇叭多模馈源, 如图 6.9 所示。3 个中心喇叭提供和与方位差方向图, 前者使用这些喇叭的中心部分。上下一对的中心部分提供俯仰差方向图。"爱国者" 雷达的最初设计是使用两个发射机, 通过控制透镜阵列的焦点到位于单脉冲接收喇叭簇旁边的某一个发

射喇叭上进行选择。这种所谓的"空间转接"设置消除了高功率双工的损失,从而使得简单的、低功耗的单脉冲喇叭簇成为可能。

图 6.9 "爱国者"火控雷达的五层多模单脉冲馈源

在接收馈源旁边的任一个独立的喇叭,可通过聚焦阵列实现发射 (Raytheon 公司授权图)

关于单脉冲馈源优化设计的更多细节可参考文献 [3, 11-16],部分重印于文献 [17]。

馈源喇叭设计的另一个先进发展是波纹喇叭[18]。对于单个的笔形波束或单脉冲参考波束,这种类型的喇叭以低旁瓣改善了效率。它被应用于卫星通信天线和其他单脉冲性能需求适度或根本不需要单脉冲的系统中。当然,它很难应用于高性能的单脉冲系统。

独立优化和差方向图的根本是每个阵元幅度加权的阵列天线,适合于独立产生和信号与两个差信号。使用第 7 章讨论的 Lopez 馈源,这种优化是可能的,其所使用的数字化波束合成系统接收来自每个辐射阵元的信号,并将其转化成数字形式。

6.10 馈源优化总结

业已表明,理论上,对于空间馈电比幅单脉冲天线的优化,每个坐标系下有效的馈源尺寸必须 2 倍于差方向图, 而与和 (参考) 方向图相同。方形或矩形排列的四喇叭馈源难以满足这一要求; 和或差方向图可以分别单独优化, 但不能同时优化。简要分析了和与差方向图的最优化是如何解决相互矛盾的需求的, 阐述了如何实现折中。如果以反射目标最小角误差为目标, 最好的折中方案是最大化射束轴上和电压与差信号斜率的乘积。分析忽略了阻抗匹配和馈源耦合的影响, 还使用了不精确的斜视波束模型。不过, 结果与 AN/FPS-16 测量雷达的实测单脉冲特性非常接近。尽管不是理论上的最优, 具有工程优势的通用四喇叭馈源仍已成功应用于多部雷达。

五喇叭馈源的适应性稍强一些, 但它也不能实现参考与差方向图的同时优化, 仍需要折中。十二喇叭馈源, 使用 4 个中心喇叭作为参考, 中心喇叭与每个坐标系中的其他 4 个喇叭一起提供两个差, 几乎可以实现同时优化, 却以馈源和比较器的较大复杂度为代价。使用极化屏或在两个分离的喇叭间转换空间馈电透镜焦点 (空间置换), 进行发射与接收喇叭的分离, 可以将单脉冲喇叭设计得更紧凑, 也能消除高功耗双工需求及其所带来的损耗。

结合了基本模式的高阶波导模式的运用, 使得减小和方向图有效孔径宽度同时使用全部孔径用于差方向图成为可能, 因而更加接近于最优。该原理已应用于提高通用四喇叭馈源的性能。进一步优化是由 Hannan 设计的四喇叭簇而不是方形构造的馈源; 对于 E 平面方向图, 内部的两个喇叭用于提供参考, 全部 4 个用于提供差, 期望的 H 平面照度通过每个喇叭内的多模运用获取。额外的第五个喇叭可提高俯仰坐标下的性能。通过使用多模技术, 有可能用一个馈源喇叭产生近最优的参考与差方向图。然而, 不同模式的宽带控制比较困难。

参考文献

[1] C. C. Cutler, "Parabolic-Antenna Design for Microwaves," *Proc. IRE*, Vol. 35, No. 11, November 1947, pp. 1284–1294.

[2] J. W. Crompton, "On the Optimum Illumination Taper for the Objective of a Microwave Aerial," *Proc. IEE*, Vol. 101, Pt. 3, November 1954 (also ASTIA Document AD 12, 571).

[3] P. W. Hannan, "Optimum Feeds for All Three Modes of a Monopulse Antenna: Part 1, Theory and Part II, Practice," *IRE Trans. on Antennas and*

Propagation, Vol. AP-9, No. 6, September 1961, pp. 444–454 (Part I); pp. 454–461 (Part II).

[4] A. F. George and A. S. Zamanakos, "Multiple Target Resolution of Monopulse vs. Scanning Radars," *Proc. National Electronics Conf.*, Vol. XV, October 12–14, 1959, pp. 814–823.

[5] D. K. Barton, *Radar System Analysis*, Englewood Cliffs, NJ: Prentice-Hall, 1965. Reprint, Dedham, MA: Artech House, 1976 (see p. 272).

[6] J. T. Nessmith and S. M. Sherman, "Phase Variations in a Monopulse Antenna," *Record of the IEEE 1975 International Radar Conf.*, Washington, D.C., April 21–23, 1975, pp. 354–359.

[7] S. Silver, *Microwave Antenna Theory and Design*, Vol. 12 of MIT Radiation Laboratory Series, New York: McGraw-Hill, 1947. Reprint (CD-ROM edition), Artech House, 1999 (see pp. 487–488).

[8] Y. T. Lo, "On the Beam Deviation Factor of a Parabolic Reflector," *IEEE Trans. on Antennas and Propagation*, Vol. AP-8, No. 3, May 1960, pp. 347–349.

[9] S. S. Sandler, "Paraboloidal Reflector Patterns for Off-Axis Feed," *IRE Trans. on Antennas and Propagation*, Vol. AP-8, No. 4, July 1960, pp. 368–379.

[10] J. Ruze, "Lateral Feed Displacement in a Paraboloid," *IEEE Trans. on Antennas and Propagation*, Vol. AP-13, No. 5, September 1965, pp. 660–665.

[11] L. J. Ricardi and L. Niro, "Design of a Twelve-Horn Monopulse Feed," *IRE Conv. Record*, Pt. 1, 1961, pp. 49–56.

[12] P. W. Hannan and P. A. Loth, "A Monopulse Antenna Having Independent Optimization of the Sum and Difference Modes," *IRE Conv. Record*, Pt. 1, 1961, pp. 57–60.

[13] D. D. Howard, "Single Aperture Monopulse Radar Multimode Antenna Feed and Homing Device," *1964 IEEE Military Electronics Conv.*, September 14–16, 1964, pp. 259–263.

[14] P. Mikulich, R. Dolusic, C. Profera, and I. Yorinks, "High Gain Cassegrain Monopulse Antenna," *IEEE G-AP International Antenna Symp. Record*, September 1968, pp. 375–382.

[15] J H. Dunn, D. D. Howard, and K. B. Pendleton, "Tracking Radar," Chapter 21 of *Radar Handbook*, (M. I. Skolnik, editor-in-chief), New York: McGraw-Hill, 1970 (see pp. 21-18–21-20).

[16] G. M. Kirkpatrick, "Final Engineering Report on Angular Accuracy Improvement," General Electric Co. Electronics Laboratory, Syracuse, NY, August 1, 1952.

[17] D. K. Barton, (ed.), *Radars*, Vol. 1, *Monopulse Radar*, Dedham, MA: Artech House, 1974.

[18] A. W. Love, "Horn Antennas," Chapter 15 of *Antenna Engineering Handbook*, R. C. Johnson, (ed.), New York: McGraw-Hill, 1984.

第 7 章

阵列天线中的单脉冲

在前面的章节中, 对单脉冲的大部分特例和注解, 针对的系统主要采用反射或透镜天线, 天线波束由机械旋转控制。然而, 正如所指出的那样, 单脉冲的原理和技术并不局限于这些类型的天线。特别地, 单脉冲已经以不同的方式应用于阵列天线中。5.2.6 节和 5.8 节对此已有一些初步的论述。

阵列天线的应用领域非常广泛, 这在技术文献里多有探讨[1-6]。阵列天线可在单一坐标或双坐标中进行机械扫描或电扫描。机械扫描和电扫描的联合很普遍。7.1 节将进行概要性的总结。本章的其余部分将探讨关于单脉冲的其他特殊问题, 重点是单脉冲在阵列天线中和在机扫反射或透镜天线中的区别。空间馈电天线阵具备电扫能力且结合了机扫反射或透镜天线许多特性, 因而将其作为一个特例加以讨论。

7.1 工作原理

天线的电压起伏图近似等于孔径照度函数①的傅里叶变换 (参照 2.2 节、2.3 节、5.1.3 节、5.2.6 节)。在空间馈电反射或透镜天线中, 照度函数由馈电设计、比值 f/D 和形成方向图所使用的功率分配器、合成器或混合器共同决定, 这同样适用于机扫和电扫的反射和透镜天线。

然而, 在强迫 (或 "共同") 馈电阵列天线中, 通过控制天线独立辐射阵元的激励系数的幅度和相位在孔径平面中直接形成照度函数。阵元通常是一系列相同的辐射体, 如偶极子、波导开口端、开槽波导或喇叭。由于经

---

① 也称作孔径分布函数或简称为孔径函数。

济原因或为简化设计，阵元有时聚合成子阵，这会导致性能上的一些损失。每个子阵内的幅度相同，但不同子阵的幅度不同。依然保持对每个阵元的相位控制。为避免无休止的重复，除非特殊声明，此后 "阵元" 一词也包括子阵。

在机载雷达和导弹导引头中，天线经常采用轻型平面金属板的缝隙波导阵列，该阵列装置于万向架组件，用于俯仰和偏航的机械控制。这种情况下，照度函数由连接波导至一般反馈点的网络及波导墙缝隙的大小和方向决定。波束控制完全机械化。这样的机载天线阵列一般使用单脉冲。

在监视雷达中，单脉冲天线可以是横向开槽波导或偶极子列，后者带强迫馈电网络，该网络垂直堆叠并通过含有移相器或用于电子控制俯仰方向的频率敏感网络的垂直功率分配网络反馈。单脉冲网络通常只应用于俯仰坐标系，机械扫描用于覆盖 360° 方位。第 14 章会给出相应的实例。

两个坐标系中的电扫描需要对每个独立阵元进行相位控制。沿着期望方向上的孔径对逐个阵元施加合适的线性相位级数，进而控制天线辐射方向。阵元幅度大小的设置，应使照度函数能够符合期望的方向图形状。这些幅度一般通过馈源网络加以固定，因此，在正弦空间 (而不是角度空间) 内，当波束指向变化时，方向图形状保持近似不变。方向相位函数的控制需要天线具备改变各阵元相位的能力，这种天线通常被称为 "相控阵" 或 "电子扫描阵列" (Electronically Scanned Array, ESA)。短语 "电子扫描" 似乎暗示着波束按照规则的模式运动，在大多数情形下，对于不规则的、任意的波束运动来说，"电子扫描" 可能会更合适。

阵列天线的最新成果是 "主动电扫阵列" (Active Electronically Scanned Array, AESA)，其中，阵列的每个阵元包括了分布式发射机的末级功率放大器和接收机最初的低噪声放大器 (Low-Noise Amplifier, LNA)，同样也包括移相器。这样，用于发射与接收的强迫馈电网络 (包络单脉冲网络) 可以更简单，因为网络损失仅出现在输入到调制放大器的激励信号和接收机低噪声放大器的输出上，其影响对系统性能来说可忽略不计。由于孔径照度对发射来说通常是均匀的，为了利用阵元放大器的饱和功率输出的优势，也有可能电子调整每个阵元的功率，以控制发射照度函数。在其他方面，至少在与单脉冲性能相关的方面，AESA 的处理与 ESA 类似。

基本的电子控制方法有 3 个：

(1) 相位控制：在每个阵元反馈线中设置可变的移相器进行电控改变。

(2) 时延控制：在每个阵元或子阵反馈线中设置可变的时延装置进行电控改变。

(3) 频率控制: 通过频率变化实现。在设计用以频率控制的系列反馈阵列中, 波束在连续的阵元间传播所增加的路程所导致的依赖频率的相位增量, 足以控制波束覆盖期望扫描区域。

在两个角坐标系中, 阵列天线可能使用不同的控制方式。例如, 一个坐标系进行频率控制, 另一个则进行相位控制。当只在一个坐标系下进行电控时, 移相器或其他控制装置被用于每一行或列, 而不是每个阵元。使用时延控制时, 通常应用于子阵, 而不是每个阵元, 因为后者拥有自己的移相器。

单个角坐标下的单脉冲需要两个同步接收模式 (和、差), 二坐标单脉冲则需要三个 (一个和、两个差)。和差方向图 (和发射方向图一样) 都被控制在相同的方向, 因此阵元相位设置相同, 但是幅度加权值不同。

阵元的功率分配和聚集方法主要分为两种: "空间馈电"(又称为 "光学馈电") 和 "强迫馈电"(又称为 "共同馈电")。4.3 节给出了它们的定义。后面将给出实例。

阵列天线的主要优势在于它们不带惯性地快速改变波束方向的能力。缺点在于复杂度及耗费, 以及电扫描扇区仅限于 ±60° 的范围 (阵列面法线方向)。

不同类型单脉冲处理器 (部分将在第 8 章描述) 的选择, 理论上与所使用的天线类型无关, 因此第 8 章中的单脉冲处理器也可以应用于阵列天线。然而, 由于工程原因, 某些应用不太尽如人意。例如, 使用阵列天线的多功能雷达在不同方向驻留时间较短 (可能每次驻留仅有一个脉冲), 因而必须使用能够提供瞬时归一化的处理器, 而不是采用了 AGC 的慢处理器。

7.2　阵列坐标系

正弦空间是表述平面阵列方向图最方便的坐标系统。2.8 节定义并阐述了此坐标系统。某个指定方向的正弦空间坐标 (u, v) 可表示为 $u = \sin \alpha', v = \sin \beta'$, 其中, α 和 β 分别是法向与 x 轴和 y 轴夹角的测量值, x 轴通常代表水平方向。u 和 v 的等价表达式分别是 $u = \cos \alpha, v = \cos \beta$, 其中的符号代表余角 (分别相对于 x 轴和 y 轴的测量值)。

当线性相位函数控制阵列方向图偏离阵列面而幅度函数保持不变时, 方向图变宽且在角度空间内变形。然而, 在正弦空间中标绘时, 坐标轴偏移至波束控制方向, 方向图近似保持不变, 这跟单脉冲标校函数相同, 因为它是几乎不变的差和方向图的比值。二坐标的单脉冲输出可用函数 $\Delta u = \cos\alpha - \cos\alpha_{st}$、$\Delta v = \cos\beta - \cos\beta_{st}$ 表示, 其中下标 st 表示控制方向。

对二坐标系统而言, 差信号通道通常用 Δ_{az} 和 Δ_{el} 表示, 但并非认为两个坐标是实际的方位和俯仰。更确切地说, 第一个坐标被称为横向; 由于缺少一个公认的准确称呼, 本章中, 第二个坐标则被称为 "俯仰"。一个避免命名问题的简单方法是将两个差通道标注成 d_α 和 d_β (或者 Δ_α 和 Δ_β), 认为各通道信号是正弦空间偏移量的各自分量的响应, 即是目标方向偏离波束控制方向的偏移量, 而不是角度偏移量。

7.3 空间馈电阵列

空间馈电方式主要包括透镜式和反射式, 如前面章节和图 4.1 ~ 图 4.3 所述。在某些跟反射和透镜具有相同使用目的的阵列天线中, 透镜式和反射式空间馈电的运用方式相同, 并且具有快速波束控制能力。

透镜式空间馈电阵列, 如图 7.1(a) 所示, 在两个平行的相反平面上布置了辐射阵元, 阵元耦合了电控移相器。反射式空间馈电阵列 (或反射阵列), 如图 7.1(b) 所示, 辐射阵面与收集阵面是同一平面; 每个阵元通过移相器连接到短路终端上。接收信号被短路反射回去。由于两次经历移相器, 所以每个移相器都被设计成期望相移的 1/2。为了在到达和远离短路器之间的往复传输时产生期望的相移, 反射阵列的移相器必须是相反的。与透镜式阵列相比, 后者使用了非相反移相器, 磁场在每个脉冲的发射与接收之间是反向的。空间馈电阵列的馈源可以是如前所述的任意类型的单脉冲馈源, 比如四喇叭馈源。

如图 7.1 所示, 正如光学反射器或透镜情况, 发射时阵列作为反射器或透镜将来自馈源的曲面波前转换成平面波前, 接收时则相反。转换由移相器引入的合适的相位函数来完成。附加到相位函数上的是线性相位锥度, 需要其在每个坐标系中把波束控制在期望方向上。对于物理透镜和反射面天线, 照射幅度函数由馈源决定, 单脉冲被归类称为比幅, 如第 5 章定义。

数种类型的空间馈电反射阵列已经大量投产, 这些系统兼有对扫描区域内的机械控制和电子控制, 典型区域范围是方位 90° 至 120°, 俯仰从水平到顶点附近。这些雷达应用于陆基防空和导弹防御系统的火力控制。透

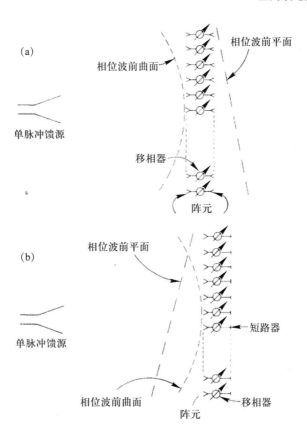

图 7.1　空间馈电阵列天线

(a) 透镜式; (b) 反射式。

镜是一个圆形或椭圆形的被动移相阵元平面阵列, 馈源由金属板透镜和反射面天线中的多喇叭多模式单脉冲喇叭簇升级而来。透镜厚度均匀, 与平面阵结构以及透镜两面的阵元严格匹配, 金属板及其他类型透镜所遭受的损失可以被控制在较低的水平。对每个移相器进行电子控制, 以提供可调和可控相位分量。单脉冲特征、分量和性能与机械控制系统中的相同。

空间馈电透镜阵列的一个例子是图 7.2 所示的俄罗斯系统, 北约将其命名为 "墓石"。阵列使用圆极化的法拉第旋转移相器, 其中, 右旋圆极化 (Right-Hand Circular Polarization, RHCP) 发射, 经目标单次反射后左旋圆极化 (Left-Hand Circular Polarization, LHCP) 接收。这些移相器是相反的, 因为发射的右旋圆极化与接收的左旋圆极化具有相同的相移量但传播方向相反。如图 7.3 所示, 带有分离的、线极化发射与接收和极化屏的馈源系统支持这种模式的运行。这种情况下, 发射喇叭是水平极化的, 且置于框架的底部, 其辐射方向朝上对准平面反射屏, 与透镜轴线呈 45° 夹角, 包括横丝。经横丝反射后, 在到达阵列之前, 辐射信号经过极化栅格 (图 7.2 左下所示绝缘天线屏蔽器的下方) 后, 把电磁波转换成右旋圆极化。移相器将来自发射喇叭的右旋圆极化球面波转换成空间中期望角度方向的平面波。

图 7.2　俄罗斯 SA-20 "萨姆" 系统使用的墓石空间馈电透镜阵列

　　目标的单次反射将接收的电磁波转换成左旋圆极化。透镜聚焦, 极化栅格将其转换成垂直极化, 垂直极化则直接通过横丝的 45° 屏至垂直极化接收馈源。对八喇叭单脉冲馈源, 使用多模技术优化和方向图与两个差方向图, 两个中心的喇叭形成和方向图, 中间和上、下的喇叭形成俯仰差, 中间和边上的喇叭形成方位差。这与图 6.7 所示的十二喇叭馈源类似。系统不需要高功率双工机, 因为极化栅格和 45° 的反射屏隔离了发射与接收馈源。俄罗斯和中国的系列火控雷达使用了这种天线技术, 这要求移相器只在需要改变波束位置的时候能够重置, 而不是在每个发射脉冲的前后。这是该阵列的一个重要属性, 它允许发射高重频的波形, 但不需要耗费时间和控制功率以 2 倍于 PRF 的频率转换移相器, 如果移相器不是相反的, 那么这很有必要。

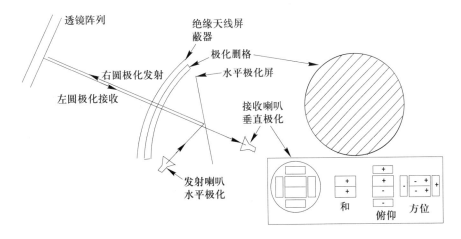

图 7.3 Flap Lid 透镜阵列的馈电方法

7.4 强迫馈电阵列

在强迫馈电中, 采用波导或传输线 (约束在墙内或导体外部) 实现阵元的功率分配和功率收集。强迫馈电阵列天线的一个优点是高度的控制, 它们允许将照度函数设计成期望的天线方向图。另外, 尽管馈源网络会有一定的损失, 但是它们没有溢出和阻塞。同时优化和差方向图是可能的, 相比较而言, 这在反射或透镜天线中通常是必要的。这并不意味着优化有必要完全达到阵列天线的设计要求; 受费用和简化设计限制, 经常会做一些合并, 与反射或透镜天线相比, 更加逼近最优。

7.4.1 分解成象限或子阵的强迫馈电阵列

获取单脉冲处理的一种简单方法是把阵列分成对称的象限。每一个象限的阵元输出相叠加产生 4 个信号, 然后结合形成一个和信号与两个差信号。图 7.4(a) 给出了一个象限分割阵列中所形成的余弦和通道照度函数与差通道照度函数。差通道照度函数中间的不连续点导致相应差通道方向图具有较高的旁瓣, 如图 7.4(b) 所示。这些旁瓣扩展了射束轴每一边的波束宽度, 使得干扰信号 (干扰、杂波、多径反射) 进入旁瓣后, 跟踪误差大大增加。图 7.5 所示为射束轴 ±15° 波束宽度范围内的和波束 dB 方向图。在这一范围内, 差信号旁瓣保持在 −30 dB 以上, 在大角度时下降得很慢。

若要折中和差通道的性能, 可在每个坐标系内把孔径分解成多于两个

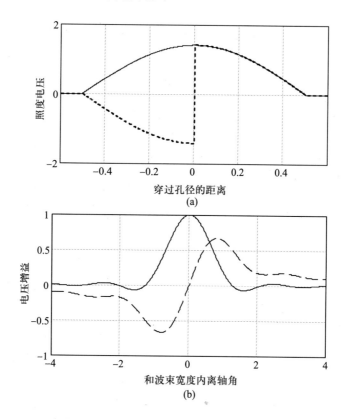

图 7.4 照度函数和使用余弦和照度的象限分裂单脉冲阵列方向图
(a) 照度函数: 和 (实数); 差 (虚线); (b) 天线方向图: 和 (实线); 差 (虚线)

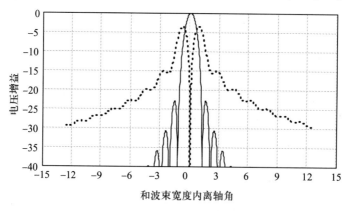

图 7.5 象限分解单脉冲阵列的 dB 天线方向图

的模块, 只不过需要额外的混合器和耦合器。一种减少中心不连续性的办法是再对每一个象限的阵列细分成子阵, 并使用更加复杂的网络分别调整耦合到这些子阵上的和差通道。金属平板波导天线后面的波导网络如图7.6 所示。在每个子阵内, 功率分配网络可应用于带状线或设计好的结构中, 图中没有显示出来。

图 7.6   带子阵的金属板波导阵列的功率分配网络

7.4.2   独立照度的强制馈电阵列

下面介绍两个单脉冲馈电装置, 该装置允许必要的独立的修整和差方向图以便每一个都能优化。图 7.7 给出了第一个简单形式, 其应用实例为AN/SPY-1A 雷达。图 7.7(a) 给出了阵列的一列。混合器连接每一对对称的阵元以使和差信号成对出现。每列阵列所有对的和信号经合适的加权后叠加在一起, 形成了列和信号, 成对的差信号经不同的加权后叠加在一起, 形成了列差信号。

图 7.7(b) 给出了整个阵列的和差信号形成过程。来自所有列的列和信号对称地成对结合, 每对与能够形成和差信号的混合器连接。所有列和的和差信号分别成对通过阵列和合成器与 α (横向) 差合成器, 分别进行幅度加权叠加加以获得阵列和信号 s、横向差信号 d_α。类似地, 所有列差信号的和对称地成对结合, 每对与能够形成和差信号的混合器连接。差信号

终止于虚假载荷。所有成对列差信号的和在 "俯仰" 合成器中经合适的加权叠加以获得整个阵列的 "俯仰" 差信号 d_β。

由于图 7.7 所示的差信号合成器中幅度加权值的设置不同, 孔径幅度分布可分别适应和信号与两个差信号以获取近似最优方向图。图中所示装置中, 独立并非是完全的, 因为每列的和信号与横向差信号共用相同的权值。然而, 这种依赖关系对性能造成的影响很小, 因为对和信号与横向差信号来说, 每列的优化加权几乎是相同的。以额外的复杂性为代价, 可以针对和信号与两个差信号实现完全独立的幅度分布。

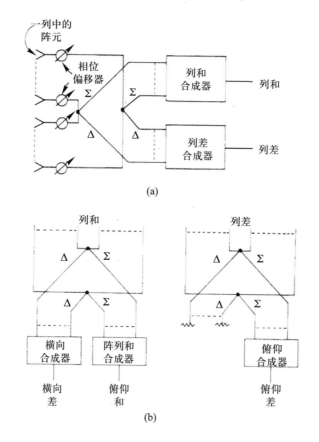

(a)

(b)

图 7.7　近似独立的和差照度的阵列

(a) 和差列的形成; (b) 和差阵列的形成。

另一种优化和差照度的方法是文献 [8] 所描述的 Lopez 馈电, 如图 7.8 所示。每个阵元与主线和辅线耦合, 如图 7.8(a) 所示。所设计的主馈线和耦合器用于处理发射机满功率并产生如图 7.8(b) 所示的期望和信号照度函数。位于主线中心的混合器的差信号部分, 会产生中心不连续性, 如图 7.8(c) 和图 7.4(a) 所示。辅线耦合修正每个阵元与差信号端口的耦合, 消除了差信号照度的不连续性, 产生如图 7.8(b) 所示的期望平滑的差信号照度函数。

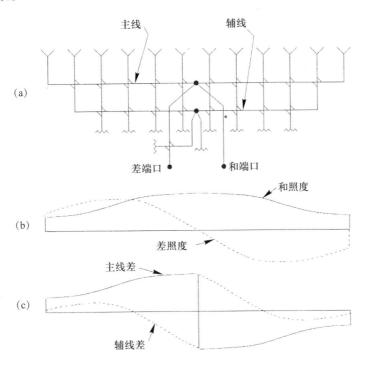

图 7.8   Lopez 馈源: 用于线性阵列和差激励优化的一种双阶梯网络

(a) 双线网络; (b) 期望照度函数; (c) 经主线和辅线产生的照度函数。

这里和 7.4.1 节所讨论的例子, 倾向于只阐述单脉冲能够应用于强制馈电阵列的不同方式。其他例子可以参考所引用的文献。

7.4.3   相控阵的有效照射锥度

允许对和差照度函数独立控制的共同馈电可以应用锥度, 如 Taylor[9,10] 和 Bayliss[11] 所定义的, 同时具有低旁瓣、窄波束和高效率的锥度。使用 "Taylor $\bar{n}$ 锥度" 的天线方向图具有这样的属性, 即在主瓣每边的第一个 $\bar{n}$ 旁瓣峰值都等于某个特定值。参数 $\bar{n}$ 与波束轴向功率增益和旁瓣峰值功

率增益 SLPR 的比值有关:

$$\bar{n} = \text{floor}[2A + 0.5] \tag{7.1}$$

式中: $A = (1/\pi)\text{arcosh}\sqrt{\text{SLPR}}$, 函数 $\text{floor}(x)$ 表示小于 x 的最小整数。

方向图主瓣每边的第一个 $\bar{n} - 1$ 零点位于以下角度:

$$z_n = \begin{cases} \pm\bar{n}\sqrt{\dfrac{A^2 + (n - 0.5)^2}{A^2 + (\bar{n} - 0.5)^2}}, & n \leqslant \bar{n} \\ \pm n, & \bar{n} < n \end{cases} \tag{7.2}$$

天线方向图为

$$s(u) = \text{sinc}(\pi u) \prod_{n=1}^{\bar{n}-1} \frac{1 - (u/z_n)^2}{1 - (u/n)^2} \tag{7.3}$$

每边超过 $\bar{n}-1$ 的旁瓣随 u 的增加而减小。例如, SLPR $= 1000 = 30$ dB, $\bar{n} = 3$ 时的方向图如图 7.9(a) 所示。一种建立差通道照度函数 $g_d(x)$ 的方法是用线性奇函数为和照度函数 $g(x)$ 加权, 产生函数 $g_d(x) = xg(x)$ 和由和

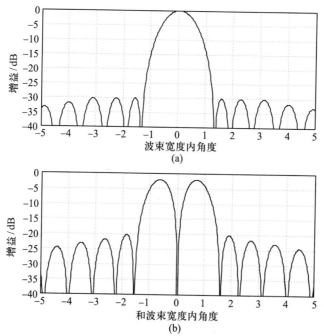

图 7.9　Taylor 锥度的和与差方向图, $G_s = -30$ dB, $\bar{n} = 3$

(a) 和方向图; (b) 差方向图。

方向图派生出来的方向图, 如图 7.9(b) 所示。注意, 使用这种方法的第一个差方向图的旁瓣要比和方向图的高 10 dB, 且随着偏离射束轴的角度稳定下降。为使差方向图与和方向图的旁瓣最大值相当, 有必要将差通道照度函数建立在和锥度上, 和锥度比实际和方向图具有更低的旁瓣 (−40 dB)。

文献 [12] 给出了和差方向图以及照度函数的图形表示, 标注了几种旁瓣水平下的波束宽度因子、效率和差斜率。图 7.9 所示的方向图, 相关值列在表 7.1 中 (两个坐标系下, 孔径效率假设具有相同的锥度)。

表 7.1　典型的 Taylor 阵列参数

旁瓣水平	−30 dB
孔径效率 η_a	0.738
波束宽度 θ_{bw}	$1.118\lambda/w$
差斜率 K	0.506
差斜率比值 K_r	0.918
单脉冲斜率 k_m	1.195

Taylor 圆孔径锥度和 Bayliss 锥度可获得类似的结论。后者在一个给定的圆孔径旁瓣水平下, 以斜率最大化设计了一个差通道锥度。

7.5　按照比幅或比相的分类

第 5 章讨论了单脉冲雷达按照比幅或比相的分类, 是基于天线 (包括馈电系统和比较器或波束产生器) 固有差别的惯例, 而不是后续的处理。

在反射或透镜天线中, 从物理结构上可明显区分。以此类推,7.3 节描述的空间馈电阵列都属于比幅类。

在强制馈电阵列中, 外部物理表象上的区别不太明显, 且需要馈电和波束形成器的信息。7.4.1 节描述的第一个阵列被分成了 4 个象限以进行单脉冲处理。这种类型的阵列与图 5.5 所示的四反射面天线等价, 可近似看成比相类。7.4.2 节描述的第一个阵列 (图 7.7) 的类别则由表 5.1 所列的最后两列的任一准则决定, 如和差信号的相对相位或和差孔径照度的相对相位。每种情形下的相对相位基于如下假设, 混合器和合成器引入了非相对相位移动 (参见 4.4 节)。由于所控相位同样影响和差信号, 可被忽略, 因此, 可假设全 (非控制) 方向图以简化分析。

首先考虑阵列的单个列, 如图 7.7(a) 所示。当阵列接收到来自 "俯仰" 上偏离轴向的远距离目标的平面波时, 任意对称位置的阵元对将传递如图 7.10 所示的 e_1 和 e_2 信号。图中和差相量大小减少为 $1/\sqrt{2}$, 理由可参考 2.4 节。e_1 和 e_2 信号幅度相同, 但相位不同。它们的相位差正比于阵元对相对于中心的距离, 但任意对的和信号的相位总能通过位于列中心的阵元来获得。每对差信号与和信号在相位上差 90°。由于所有对的和信号与差信号的相位相同, 列和信号和列差信号相位正交。借助图 7.7(b), 可把此结论推广至整个阵列, 当目标在两个坐标系内偏离射束轴时, 差信号 d_α 和 d_β 与和信号 s 相位正交。根据表 5.3 的倒数第二列, 这种类型的天线属于比相类。

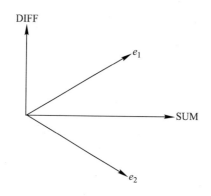

图 7.10 对称阵元及其和差信号的相位关系

通过研究和差照度函数的相对相位可以得到同样的结论。由收发互易性可知, 这是显而易见的。图 7.7 的测试表明, 如果同样的发射机依次连接到 d_α、d_β、s 三个端口, 孔径照度在所有的情形下都有相同的相位 (180° 相位被认为是幅度符号发生改变的 0° 相位)。由表 5.3 的最后一列, 该类型天线属于比相类。

然而, 比相单脉冲的例子与图 5.5 所示的四反射器簇的例子之间有一个有意思的差别。在反射天线中, 每个合成波束 (用以获取和差信号) 的照度被限制在一个象限内, 除了反射面之间的少量溢出, 没有重叠。在阵列天线中, 合成波束并非是物理存在的, 也就是说, 系统中没有能够表征它们电压的点。然而, 它们的照度函数可以通过对已知的和差照度进行数学运算获取, 详见式 (2.3) 和式 (2.4)。举例来说, 假设和差照度分别是余弦函数和全周期正弦函数。和差照度的相对尺度是: 全部的和差功率相等。图 7.11 给出了这种假想合成波束的照度函数。它们表明了合成波束的照度函数是重叠的, 且事实上每一个照度函数扩展至整个阵列孔径。它们产生相同幅度方向图, 但具有不同的相位中心。实际的照度函数可能与图 7.11 假设的有所不同, 但在一般形式上接近。

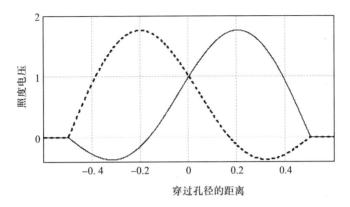

图 7.11　相位单脉冲阵列中假想合成波束的照度函数: 来自孔径右边 (实线) 和左边 (虚线) 的波束

一般而言, 强制馈电阵列的比幅或比相分类更像是学术问题而不是工程关注点。更加重要的描述是控制方法、角度覆盖、馈电类型、阵元类型、和差照度函数。幅度或比相分类可以比较模糊, 除非用户坚持要用定义和准则去分类, 如第 5 章所述。因此, 分类并不受处理器类型或和差信号的任意处理过程的影响。

7.6　阵列的特殊类型

尽管已经分别阐述了机械的和电子的控制, 但它们有时会结合成一个混合装置。对于某些应用场合, 只有任意一次覆盖窄扇区时需要快速电子控制, 扇区可以通过整个阵列的较慢的、较小的、灵活的机械控制或机械扫描来置于任意一个感兴趣方向的中心。这样的结合比对大角度范围的全电扫更简单、更廉价。另一个装置包含了阵列在方位上的机械旋转, 并结合了俯仰上的电控或扫描 (即使只在一个坐标系下设计用于电控的阵列, 两个坐标系均可使用单脉冲)。也有可能对机械控制的带有小阵列 (喇叭馈电) 的反射面进行馈电, 以实现小角度偏离反射面轴线时的快速控制。这种混合装置中的单脉冲技术有必要与其他阵列天线的相同。所需的坐标转换 (通常是方位和俯仰) 有可能比固定阵列或更简单或更复杂, 这依赖于实际构造。

单脉冲处理并不局限于平面阵列。它也能被用于圆形或共形阵列。7.2
节描述的坐标系统不能应用于非平面阵列。必须要为那些需要将曲面相位
波前平坦化的系统设计其坐标系统和相位函数。

参考文献

[1] W. H. Von Aulock, "Properties of Phased Arrays," *Proc. IRE*, Vol. 48, No. 10, October 1960, pp. 1715–1727. Reprinted, *Significant Phased Array Papers*, R. C. Hansen, (ed.), Dedham, MA: Artech House, 1973.

[2] R. C. Hansen, *Microwave Scanning Antennas*, Vols. I–III, New York: Academic Press, 1964.

[3] R. C. Johnson, (ed.), *Antenna Engineering Handbook*, New York: McGraw-Hill, 1993.

[4] R. C. Hansen, *Phased Array Antennas*, New York: John Wiley & Sons, 1998.

[5] R. J. Mailloux, *Phased Array Antenna Handbook*, Norwood, MA: Artech House, 2005.

[6] J. Frank and J. D. Richards, "Phased Array Radar Antennas," Chap. 13 in *Radar Handbook*, M. I. Skolnik, (editor-in-chief), 3rd ed., New York: McGraw-Hill, 2008.

[7] R. M. Scudder and W. H. Sheppard, "AN/SPY-1 Phased Array Antenna," *Microwave J.*, May 1974, pp. 51–55.

[8] A. R. Lopez, "Monopulse Networks for Series Feeding an Array Antenna," *IEEE Trans. Antennas and Propagation*, Vol. 16, No. 4, July 1968, pp. 436–440.

[9] T. T. Taylor, "Design of Line-Source Antennas for Narrow Beamwidth and Low Sidelobes," *IRE Trans. Antennas and Propagation*, Vol. AP-3, No. 1, January 1955, pp. 16–18.

[10] T. T. Taylor, "Design of Circular Apertures for Narrow Beamwidth with Low Sidelobes," *IRE Trans. Antennas and Propagation*, Vol. AP-8, No. 1, January 1960, pp. 17–22.

[11] E. T. Bayliss, "Design of Monopulse Antenna Difference Patterns with Low Sidelobes," *Bell System Tech. J.*, Vol. 47, No. 5, May-June, 1968, pp. 623–650.

[12] D. K. Barton and H. R. Ward, *Handbook of Radar Measurement*, Englewood Cliffs, NJ: Prentice-Hall, 1969. Reprinted, Dedham, MA: Artech House, 1984.

第8章
单脉冲处理器

单脉冲处理器是单脉冲雷达的一部分,用于处理来自同步天线方向图的电压信号,而后产生单脉冲输出。本章讨论单脉冲处理器的功能、属性以及设计特征。

由于存在或者可能存在无尽的变化,很难对众多类型的单脉冲处理器进行分类。我们将定义一个精确处理器作为参考基准,然后描述几种实用的处理器。区分这些处理器的名称比较随意,并不标准。适当之处,将会提到应用这些处理器的典型雷达实例。

高信噪比条件下,当目标在射束轴附近时,大部分实际处理器的输出在本质上与精确处理器的输出相同。然而,在大偏轴角以及由低信噪比、外部干扰和不可分辨目标 (包括多径和角闪烁) 导致的角误差较大的情形下,两者会有所不同。因此,在分析或仿真上述条件下的单脉冲雷达性能时,通常应当依据实际处理器而不是通常用的精确处理器来建模。

不同处理器的结构图只有一个角通道 (各种处理器的结构图只画出了单个角通道)。除非特别声明,一般认为如果单脉冲雷达使用了两个角坐标,相应地,要为另一个角坐标增加处理器。

二坐标单脉冲雷达通常需要设置 3 个接收通道。然而,一些技术文献 (尽管还未能应用于工程实际) 却认为只需要两个或一个接收通道。

8.1　单脉冲处理器的功能和属性

单脉冲处理器处理的电压信号可能是组成波束的一部分 (例如比幅单脉冲的斜视波束) 或者和差信号,通常是后者。这里的 "和" 是广义的,包含了参考电压信号, 以代替狭义和。在设计处理和差信号的单脉冲处理器时, 和差信号是来自比幅天线还是来自比相天线, 并没有区别, 除非是如第 5 章所述, 有必要引入一个 90° 的移相器 (或交换 I、Q 分量)。这跟天线使用透镜、反射面或阵列都没有关系。

通常来说, 不可能严格地把单脉冲处理器跟雷达的其他部分割裂开来, 因为一些功能组成相互重叠并共用相同的硬件。单脉冲处理器通常位于接收机之后, 但有时候接收机也是处理功能的一部分。单脉冲处理器通常会被认为是信号处理器的一部分。在某些情形下, 单脉冲处理由计算机完成, 同时计算机也担负着雷达的其他功能。因此, 单脉冲处理器应当根据功能而非独立的硬件加以区分。

单脉冲输出的是一对 (与波束指向相关的目标方向的两个角度分量) 电压信号或数字信号, 它们的关系由标校函数 (有时也称作 "鉴别器曲线") 表示, 借由该函数, 每一个单脉冲输出都能转化成相应的角度估计。

每一个角坐标下的单脉冲输出通常有以下一项或两项用途: ① 作为伺服输入, 驱动机扫或电扫天线指向单脉冲输出减小的方向; ② 作为目标偏轴角的开环指示 (使用合适的尺度因子或标校函数)。在 ① 中, 对于机扫天线, 目标方向由天线轴的旋转角 (通过同步机、电位计或者数字读出器获取) 给出; 对于电扫天线, 目标方向则通过波束控制命令获取。在 ② 中, 每个坐标下的目标方向角是相应射束轴角度 (其获取方式同 ①) 与目标角度偏离射束轴角度之和。

单脉冲处理器的一个非常重要的特性是: 输出依赖于来自天线接收电压信号的复数比 (幅度比或相位差, 或两者兼而有之), 而不是依赖于幅度或相位的绝对值。这个特性是必须的, 它使输出仅跟目标的角度有关, 跟目标的距离和雷达散射截面积无关。获取比值的过程 (称为归一化) 是一个非线性运算。没有处理器能够完美地实现这一点。许多单脉冲处理器的主要区别是归一化的方法和精度。注意到, 在获取单脉冲输出时, 这一必要步骤的本质是非线性的, 这就要求从接收机输出中滤除杂波的任一多普勒滤波必须在归一化之前的和差通道中进行。否则, 相对于线性多普勒处理过程, 非线性的处理过程会导致信噪比的下降。

单脉冲处理器还有很多其他的特性, 可能必要, 也可能不必要, 这取决于具体的应用。部分描述如下:

(1) 每个角度坐标的输出应当是角度偏移量 (或电扫阵列情形下的正弦空间偏移量) 的奇函数。也就是说, 目标相对于射束轴左右或上下的相等偏移量应当产生相等或相反的输出。在大多数情况下, 这一特性是和差比率天线方向图所固有的, 因此, 处理器仅需要保持它既可。缺少奇对称特性会导致闭环响应特性的困难, 也会使开环校正更加复杂。

(2) 对小角度而言, 单脉冲输出应近似正比于偏轴角 (或正弦空间偏移量)。在大多数情况下, 这一特性是和差比率所固有的, 因此, 处理器仅需要保持它既可。

(3) 处理器应当在输入信号较大的动态范围内保持其性能。这一特性在实际应用中非常重要, 因为处理器应当在目标散射截面积和距离变化较大时保持一定的精度。

(4) 每一个角坐标的输出应尽可能地近似独立于其他坐标系的目标角度。实际上, 天线经常会在两个轴分量间产生较小的相互影响或交叉项, 这可能会需要二维坐标校正。处理器不应再增加额外的交叉项。

(5) 接收机热噪声导致的角误差应尽可能小。有些处理器的误差非常小, 这是由天线方向图和信噪比决定的, 也有些处理器的误差相对大一些。

(6) 由于外部干扰、多径或者其他非期望目标跟期望目标位于同一分辨单元而导致的角误差应尽可能小。这些因素导致不同类型处理器的角误差不同, 即使它们对于纯净背景下单个目标的输出相同。

在闭环零跟踪中, 天线轴线通常距离目标方向很近, 角度估计通过轴旋转码盘获得, 此时, 相对较粗的单脉冲校准就够了。这仅包含了通过获取合适的动态响应来确定单脉冲斜率和调整伺服开环特性。如果用电校正信号 (单脉冲输出的残余分量) 提高角度估计精度, 校准应当更加精确, 但通常应当在线性范围内。在多功能相控阵雷达工作中, 目标有可能偏离射束轴半个波束或以上, 校准应当包括非线性。

设计处理器时所面临的一个主要问题是归一化, 也就是除法 (或等价过程) 以产生比值 $|d|/|s|$。如果用模拟过程来实现除法, 那么精确的归一化会特别困难。

如果用数字化实现归一化, 那么在除法过程 (除非 s 接近于 0) 中, 可以获得任意期望的精度, 这取决于所使用的字节数; 精度也受其他因素的限制, 比如模数 (A/D) 转换器, 接收机通道的幅度匹配, 等等。信号强度可能会在数十分贝甚至数百分贝或更大范围内变化, 在如此大的动态范围内保证期望的精度是一个难题。接收机通道的相位跟踪同样应当保持, 和差相对相位的余弦是单脉冲输出的一个因子。获取期望的归一化精度, 不仅取决于处理器本身, 而且跟接收机、A/D 转换器, 以及其他任何处理信号的装置有关。

8.2 距离选通

在脉冲雷达中, 所跟踪或测量的目标回波到达时间与目标的距离有关。所有其他与距离有关的因素包括噪声、杂波或者来自其他目标的多余回波。为使单脉冲处理器能够剔除不相干的回波和噪声, 只处理期望目标的回波, 距离跟踪环可使距离波门 (时间波门) 中心对准期望目标。在宽带接收机之后, 用一个宽度与发射脉冲相匹配的波门作为匹配滤波器。当脉冲的匹配滤波在接收机中较早出现时, 会用一个短的采样闸门产生一个有效的距离波门, 其宽度与接收机脉冲响应的宽度相匹配, 这个闸门的宽度即是 "距离波门"。只有经过波门选通的接收机信号才能通过单脉冲处理器。如果有 AGC, 也只会在波门选通后起作用。波门的位置提供了目标距离的测量信息。对所有的角跟踪脉冲雷达而言, 距离选通特征并非是单脉冲特有的, 但却是必须的。

在带有多普勒处理过程的雷达中, 跟踪目标多普勒频移的滤波器形成 "速度波门", 并提供多普勒分辨力, 用以取代或补充距离波门。在连续波雷达或被动单脉冲系统 (如用于接收地球卫星发射或转发信号的系统) 中, 并不需要距离波门。一般来说, 雷达有发有收, 但也存在只有接收模式的雷达。例如, 已经证明, 利用特定的太阳无线电频率辐射, 雷达能够被动跟踪太阳的角度[1,2]。军用雷达通常有 "干扰跟踪" 模式, 用以实现噪声干扰源的角度定位。在这些应用中, 来自所有距离单元的回波信号都会被接收。下一节, 当 "距离波门" 出现时, 也可以认为相应的讨论同样适用于速度波门。

对电扫阵列天线, 在分时制下, 有可能跟踪数个目标, 因为波束方向能够瞬时在不同的目标之间切换。每个目标都有自己的距离波门。而无源天线在一个角度下只能跟踪一个目标, 但利用合适的归一化电路有可能提供额外的距离波门, 因此, 同时也能观测到波束内的其他目标。利用它们的单脉冲输出, 能够测量其相对于波束轴线的角位置。

8.3 单脉冲校准的角坐标

如果天线的平面孔径具有恒定相位照度 (对反射天线中的和差近似成立) 或均匀锥形相位照度 (对电扫阵列天线中的和差成立), 那么自然角坐标 (也就是方向图表示最简单的坐标) 由 2.8 节中的 α' 和 β' 表示。特别

地, 方向图是 Δu 和 Δv 的函数, 定义如下:

$$\Delta u = u - u_{\text{st}} \tag{8.1}$$

$$\Delta v = v - v_{\text{st}} \tag{8.2}$$

$$u = \sin \alpha' \tag{8.3}$$

$$v = \sin \beta' \tag{8.4}$$

$$u_{\text{st}} = \sin \alpha'_{\text{st}} \tag{8.5}$$

$$v_{\text{st}} = \sin \beta'_{\text{st}} \tag{8.6}$$

在这些等式中, 所有的角度均通过法面 (与孔径正交) 测量。下标 st 表示电扫阵列天线的射束轴指向, 不带下标的字母表示目标方向。在反射天线中, 相对于孔径法向, 波束通常不是可控的, 因此, $u_{\text{st}} = v_{\text{st}} = 0$。

反射天线的波束宽度通常不会大于几度, 因此对于归一化的差信号, 无论用角坐标 (α', β') 表示, 还是用正弦空间坐标 (u, v) 表示, 差别都不太大, 可认为近似相等。对于这种天线类型, 称 α' 为横向角 (或横向 "误差"), 近似等于目标相对于射束轴的方位偏移量乘以目标仰角的余弦。称 β' 为俯仰 "误差", 尽管这种叫法不太准确; 在 α' 较小的情况下, 它与目标相对于射束轴的俯仰角近似相等, 当 $\alpha' = 0$ 时, 两者完全相等。

电扫阵列天线中, α' 和 β' 没有标准的称谓, 在没有更好名称时, 常不太严格地称为 "方位误差" 和 "俯仰误差"。由于射束轴方向可能偏离孔径法向很大, 式 (2.25) 和式 (2.26) 所给出的准确关系在 $\alpha' - \beta'$ 坐标系和方位—俯仰坐标系下才得以成立。

如果电扫阵列的和差方向图是相对于射束轴方向 (也就是 $\alpha' - \alpha'_{\text{st}}$, $\beta' - \beta'_{\text{st}}$) 的角度偏移量的函数, 这些方向图将随转向角的增加而变宽; 因此, 每一个不同的转向角需要一个不同的单脉冲标校函数。当这些方向图是正弦空间偏移量 Δu 和 Δv 的函数时, 则有必要不随转向角变化, 除非两种方向图在幅度上随转向角的增加而减小 (阵元方向图的一种结果)。由于这等效于和差方向图的应用, 单脉冲标校函数应当不随转向角的变化而变化。因此, 在电扫阵列天线中, 使用正弦空间坐标系可为单脉冲标校和目标跟踪提供很大的优势, 在反射天线中则不然。

8.4 精确单脉冲处理器

第 5 章指出, 受天线和比较器类型制约, 偏轴目标和差信号的相对相位有一个名义值, 0° 或 90°, 因此, d/s 要么为纯实数, 要么为纯虚数。然而, 这个名义值仅适用于没有噪声、杂波、多径或者干扰存在的点目标, 以及没有缺陷的雷达。第 3、5 章指出 (第 9 章会进一步讨论), s 和 d 的相对相位实际上不是 0° 或 90°, 比值 d/s 一般是一个复数。

为避免不得不分别处理名义相对相位为 0° 和 90° 的情况, 我们假设其为 0° (越过射束轴的不同电压可认为是幅度符号的改变而不是 180° 的相位跳变)。对于名义相对相位为 90° 的雷达, 只需要互换等式中的实部和虚部, 或者在合适的电路中引入 90° 相移。在第 12 章中将会看到, 这样的相位变化无论是在接收机的射频还是中频部分, 都会导致一些不同 (但在本章中没有太大的影响)。

在不同的处理条件下, 通常不可能预测到相对相位偏离名义值的大小, 因此, 一般按照名义相对相位进行雷达设计。

任意定义一个精确单脉冲处理器, 令其对每一个角坐标完美地产生复数比的实数部分。对所有的应用而言, 与不精确的处理器或者为不同类型输出而设计的处理器相比, 并不意味着精确处理器 (如果存在的话) 会更好, 但后者可以作为一种参考, 以便于实际处理器与之相比较。由于设备或标校不够完美、有限的动态范围和其他限制, 或者因为处理器是被设计用于不同类型的输出, 所有的单脉冲处理器在某种程度上都是不精确的。对有些雷达来说, 粗略估计就足够了, 以容许设备的简化和成本的降低。

精确处理器的输出表达式为

$$\mathrm{Re}(d/s) = \frac{|d|}{|s|} \cos\delta \tag{8.7}$$

式中: δ 为差信号相对于和信号的相位。

这一输出是差、和信号的幅度比与它们相对相位余弦值的乘积。换句话说, 它是差信号在和信号相位上的投影分量除以和信号的幅度。

若要像求取 d/s 的实部那样求取其虚部 (也就是说, 如同归一化差信号同相分量的正交相分量), 可以增加第二个单脉冲处理器, 它具有相同的输入但其中一个有 90° 相移。如果两个处理器都是精确的, 它们的输出形成 d/s 的复数比。虚部为

$$\mathrm{Im}(d/s) = \frac{|d|}{|s|} \cos\delta \tag{8.8}$$

式 (8.7) 和式 (8.8) 的推导已在第 3 章中给出。

在实际应用中, 一般是处理实部而忽略虚部。其原理是目标只对实部有贡献, 而噪声、干扰和杂波对实部和虚部的贡献相同。因此, 只利用实

部, 在零值附近的角精度在信噪比上可改善约 3 dB。并且, 余弦值会在通过射束轴时改变符号, 它能提供与偏轴角大小相当的灵敏度。

尽管不常使用虚部, 但它在某些特定的应用场合下包含了有用的信息, 特别是在检测不可分辨目标的存在或多径以及减少测量误差等方面。诸如此类的可能应用将在第 9 章中加以讨论。

事实上, 式 (8.7) 定义的精确处理器, 并不意味着它能实现目标的精确定位。受噪声、组件或标校缺陷和外部因素的影响, 输出带有一定的误差。

8.5　利用 s 和 d 的相位与线性幅度的处理器

如图 8.1 所示, 单个角通道下的一种单脉冲处理过程, 在线性接收机的输出端测量和差信号, 获取它们的相位差 (或者分别测量相位, 而后相减), 数字化测量结果, 然后利用式 (8.7) 计算单脉冲输出。等式中的相对相位 δ 是差信号相位 δ_d 与和信号相位 δ_s 的差。如果想得到 d/s 的虚部, 则仅需用正弦代替余弦即可, 其他过程完全相同。

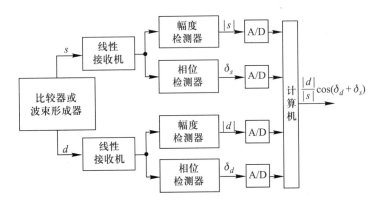

图 8.1　利用 s 和 d 的相位与线性幅度的处理器

这是关于精确处理器在概念上的一种直观解释, 但它需要一些苛刻的条件, 如动态范围、A/D 转换器和相位检测器, 以正确地处理动态信号。并且, 如果要处理每个脉冲, 在目标回波脉冲较多的情形下, 式 (8.7) 的数学运算会增加计算机的负担。

4.5 节中提及的单脉冲接收机动态范围, 需要进一步解释。瞬时的和扩展的动态范围是有区别的。在接收机线性运算的瞬时动态范围内, 每个脉冲的输入和输出维持恒定的比例。这一动态范围与接收机带宽成反比,并且依赖于设计者对其关心程度 (和代价)。对于 MHz 量级的典型接收机带宽, 中频输出的线性动态范围一般约 60 dB, 经过精心设计, 可以达到 70 dB 或 80 dB。然而, 幅度测量的限制因素来自包络检测器, 其典型线性动态范围一般不到 30 dB。对有的单脉冲应用来说, 30 dB 或少于 30 dB 的线性动态范围就足够了, 但其他应用需要对更大动态范围内的信号强度进行线性运算。

"扩展"(或 "全部") 动态范围可以通过使用自动增益控制 (AGC) 或可转换的衰减器来获取, 或者两者都用, 以保证信号强度始终位于瞬时动态范围的 "窗口" 内。模拟 AGC 相对动作缓慢, 当目标偏离射束轴且幅度起伏时, 会导致归一化误差。可转换的衰减器一般更可取, 其难点在于何时转换。如果连续在数个脉冲驻留时间内跟踪目标, 由和通道每个脉冲的幅度来指出需要转换的点, 而不论信号强度接近还是已经达到该点。转换不是回溯到测量发生的脉冲, 因此有可能导致前述转接脉冲的数据损坏。然而, 这是不可能的, 除非是在驻留时间内的第一个脉冲。瞬时动态范围 (没有转换衰减器) 通常足够适应于同一距离上①任一目标在不同脉冲间的起伏。为适应由任一目标的距离改变或不同目标的不同距离和平均散射截面积所导致的动态范围需求, 衰减器是必要的。在对任一目标的连续跟踪中, 衰减器未必需要频率转换。

然而, 在对多个不同散射截面积和不同距离的多个目标进行间断跟踪 (有时搜索) 的电扫多功能阵列系统中, 在一次波束驻留内, 有可能只有 1 个或数个脉冲照射到每个目标, 且在连续跟踪单个目标的雷达中, 波束驻留在任一目标的时间间隔要大于脉冲之间的时间间隔。这样的系统承担不起每次驻留第一个脉冲数据损坏的风险; 每个脉冲的归一化必须精确。获取准瞬时扩展动态范围的方法是将和差信号在进入单脉冲处理器之前通过相同的延迟线。其间, 自动检测未延迟和信号的近似幅度, 如果需要, 转换衰减器, 把信号置于线性动态范围窗口之内。和差通道的衰减器必须非常精确地匹配 (或者必须使用导向脉冲补偿失配), 衰减器转换时间必须短于延迟。

在利用式 (8.7) 计算前, 通过求取几个脉冲的和与差幅度及其相位差的平均可以减少某些运用中的运算量。如果雷达主要的任务是跟踪目标以获得精准的事后分析数据, 实时平均容许足够的跟踪数据率。这样, 只要能提供任务中记录的逐个脉冲的数据, 就可以进行逐个脉冲的事后分析。

---

① 当然有例外。例如, 对于一个体积巨大的、快速旋转的圆柱目标, 当它通过雷达视线的侧方时, 能够呈现出一个非常短暂、非常大的镜面 "闪烁"。

　　一般来说, 相位 — 线性幅度不太适用于大动态范围内的精确单脉冲测量, 特别是如果雷达必须快速跟踪起伏目标或者对多目标进行间断跟踪。对于这样的应用, 应当考虑使用其他处理方法, 如 I 和 Q (8.6 节) 或者相位和对数幅度 (8.7 节)。

8.6　使用 I 和 Q 的处理器

　　式 (3.19) 给出了 d/s 实部的另一种表达式:

$$\text{Re}(d/s) = \frac{d_I s_I + d_Q s_Q}{s_I^2 + s_Q^2} \tag{8.9}$$

式中: s_I, s_Q, d_I, d_Q 分别为基带差信号与和信号的同相分量和正交分量。

　　图 8.2 所示为一个角通道的简化框图。I、Q 分量是差、和信号与本振及 90° 相移本振的混频输出。这 4 个分量的数字化以及按照式 (8.9) 的运算借助计算机完成。接收机是线性的, 动态范围设计需求跟 8.5 节描述的相同。如果需要求解 d/s 虚部, 可利用式 (3.20) 按照同样的方式来实现。

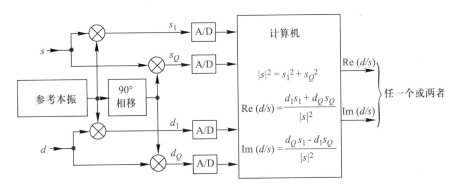

图 8.2　利用 I 和 Q 的处理器

　　本振的绝对相位是没有意义的。如果它改变了, 所有 4 个 I 和 Q 分量也会随之改变, 但按照式 (3.20) 和式 (8.9) 求出的 d/s 实部和虚部不会有任何变化。

　　I 和 Q 处理的一个优势是: 它使用同步 (相敏的) 检测器, 比线性幅度处理 (8.5 节) 中的包络检测器具有更大的动态范围。它相比于相位 – 线性幅度 (或对数幅度) 处理的另一个优势是: I、Q 信号的频谱被限制到中频带宽内, 因而其幅度、对数幅度和相位能够扩展到更大的频带内, 这跟

2.7 节所述是一致的。举例来说, 当中频信号的复包络通过一个无效值时, I、Q 变化比较缓慢, 而幅度有一个尖峰, 对数幅度趋近于 $-\infty$, 相位 180° 跳变。因此, 为相对保真, 利用那 3 个方程的处理器比利用 I 和 Q 的处理器需要更大的带宽。

8.7　利用 s 和 d 的相位与对数幅度的处理器

这种类型的处理器与利用相位和线性幅度的处理器类似, 只是前者对和差信号使用了中频对数放大检测器。其应用实例如文献 [3] 提到的目标分辨和识别实验 (TRADEX) 雷达。TRADEX 雷达是一种用于现象学测量的无源跟踪雷达。

对数放大器有不同的形式[4-7], 或者在前向信号通路或者在后向反馈通路, 全都使用了非线性电路装置的形式。有可能设计一个真正的对数放大器, 其中频输出幅度正比于中频输入对数幅度[8]。然而, 对于大部分的雷达应用而言, 对数的中频输出并不是必需的, 除非是检测 (如中频包络) 对数输出。尽管这可以通过在中频对数放大器后面加一个检测器的办法来获取, 但是还有更简单更稳定的设计, 更准确地, 可称为对数放大检测器。

图 8.3 所示为对数放大检测器的典型结构。它包含了一系列级联的中频放大器, 并把每一级的检测输出叠加起来。每一级放大都会受到一定程度的限制。如果限制比较陡峭, 最终的输出将会是分段线性逼近于对数函数; 事实上, 限制并非陡峭的, 因此线性部分之间的拐角比较平滑。放大器越多, 越能逼近对数特性。在检测器与求和放大器之间应当设置延迟线 (并未在图中显示), 以补偿级联放大器之间的延迟; 第一级需要的延迟线最长, 最后一级则不需要延迟线。

图 8.4 所示为上述装置在单脉冲处理过程中的原理框图。设计较好的对数放大检测器大约有 80 dB 的动态范围, 离对数特性只有不到 1 dB 的偏差。为增加系统模拟部分的动态范围, 这种类型的处理器扩展了 A/D 转换器的有效动态范围, 这样, 每一个增量比特代表了固定的 dB 数而不是伏特数。

概念上, 可以通过减去各自的对数输出并求逆对数, 来获取和差信号的幅度比。实际上, 由于设备并非是完全对数或完全稳定的, 它们的输入输出响应需要定期校准, 并且计算机应当使用实际的标校函数而不是取逆对数。按照这种方法, 误差可以被降低到 0.1 dB (大约 0.1% 的幅度比误

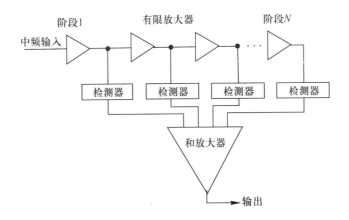

图 8.3 典型中频对数放大检测器

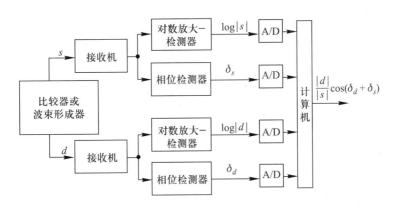

图 8.4 典型中频对数放大检测器

差), 这依赖于自最后一次校准的共用时间。在处理器中, 可像处理线性幅度那样来处理相位。

若目标接近零方向, 则差信号的对数值趋近于负无穷, 这会导致动态范围的低端出现严重问题。然而, 小信号电压值的测量能力受噪声限制, 动态范围的低端不会低于噪声平均水平。

8.8 使用带 AGC 的点积检测器的处理器

假设一个乘法器能够产生两个输入电压的瞬时乘积。令输入电压为中

频和差信号:

$$s(t) = |s| \cos(\omega t + \delta_s) \tag{8.10}$$

$$d(t) = |d| \cos(\omega t + \delta_d) \tag{8.11}$$

式中: $s(t), d(t)$ 为区别于相量 (复包络) 电压 s 和 d 的瞬时电压; ω 为中频频率; t 为时间; δ_s, δ_d 分别表示和差信号相位。

乘积为

$$s(t)d(t) = |s||d| \cos(\omega t + \delta_s) \cos(\omega t + \delta_d) \tag{8.12}$$

利用三角函数的积化和差公式, 得

$$s(t)d(t) = \frac{1}{2}|s||d|[\cos(2\omega t + \delta_s + \delta_d) + \cos(\delta_s - \delta_d)] \tag{8.13}$$

若 2 倍频分量 (2ω) 被滤除, 则剩余分量为

$$[s(t)d(t)]_f = \frac{1}{2}|s||d| \cos(\delta) \tag{8.14}$$

式中: 下标 f 表示滤波后的输出, $\delta = \delta_s - \delta_d$。

这种带相关滤波器的乘法器, 称为 "乘积解调器"、"点积检测器"、"同步检测器" 或者 "鉴相器"①。点积检测器的称谓来自矢量代数模拟。设矢量 $\boldsymbol{A}$ 和 $\boldsymbol{B}$ 的夹角为 μ, "点积" (标量乘积) 为

$$\boldsymbol{A} \cdot \boldsymbol{B} = |\boldsymbol{A}||\boldsymbol{B}| \cos \mu \tag{8.15}$$

这和式 (8.14) 具有相同的形式。

为了使式 (8.14) 的输出等效于精确单脉冲处理器式 (8.7), 前者必须除以 $|s|^2$ (因子 1/2 可以忽略, 因为尺度因子是由标校决定的)。

除以 $|s|^2$ 通常由和通道的 AGC 来完成, 如图 8.5 所示。AGC 使和信号电压值保持在一个恒定的幅度, 称为单位化。换言之, 和通道为点积检测器提供的输入不是 s 而是 $s/|s|$, 其幅度为 1, 相位与 s 相同。同样的 AGC 控制差通道, 其为点积检测器提供的输入为 $d/|s|$。分别用 $d/|s|$、$s/|s|$ 代替式 (8.14) 中的 d、s, 并忽略 1/2, 则单脉冲输出为

$$\frac{|s|}{|s|}\frac{|d|}{|s|}\cos\delta = \frac{|d|}{|s|}\cos\delta \tag{8.16}$$

因此, 带完美 AGC 的完美点积检测器应当是精确处理器的一种形式。

---

① 有时也称为相位检测器, 但该名称含糊不清, 因为对测量相位来说, 它也表示幅度不敏感电路。对任一个函数, 可以应用同样的装置, 但应用方法及相关电路不同。

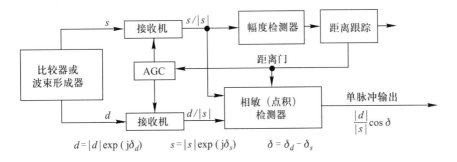

图 8.5　使用带 AGC 的点积检测器的处理器

在发射脉冲的时间间隔内, 由于噪声、杂波和目标回波的存在, s 和 d 都是实时变化的。变化率由中频带宽决定。在大多数情况下, 中频带宽近似为脉冲宽度 (如果使用的是脉冲编码, 则应是压缩脉冲的宽度) 的倒数。电路的设计应当使 AGC 电压只从距离跟踪发生之后的波门内的和信号获取。

理想情况下, AGC 应当与每一个和脉冲以严格相同的幅度保持同步。实际上, AGC 一般有时间常数。如果目标散射截面积在该段时间内发生变化, AGC 通常跟不上, 因此归一化 ($|d|/|s|$) 并不完美。不过, 当目标靠近跟踪轴时, d 逼近于 0, 这种归一化对跟踪环只能产生二阶影响, 所以仍有可能保持闭环跟踪。换言之, 一个调制的零信号还是零。然而, 如果因伺服不能保证较高的角速率或加速度而产生了动态延迟的话, 那么, 由不完美 AGC 和目标幅度闪烁而产生的非零 d 及其调制会导致角度误差[9,10]。

本节推导等式时, 假设了一个瞬时乘法器。完美的模拟乘法器并不存在, 但可以利用非线性装置近似获取。例如, $s(t)$ 和 $d(t)$ 求和后再通过一个瞬时平方器 (不是平方检测器)。结果为 $[s(t) + d(t)]^2$。类似地, $s(t)$ 和 $d(t)$ 求差后再通过同样的瞬时平方器, 得到 $[s(t) - d(t)]^2$。然后求两个平方器输出的差, 得到 $4s(t)d(t)$, 除去不重要的尺度因子外, 这跟式 (8.13) 相同。滤波后, 可获得式 (8.14) 的期望输出。

8.9　一种近似的点积检测器

某些单脉冲雷达使用了 "误差检测器", 其电路简图如图 8.6 所示。这并非真实的点积检测器, 仅是跟踪雷达在某些条件下的一种等价近似, 其优势在于结构简单。

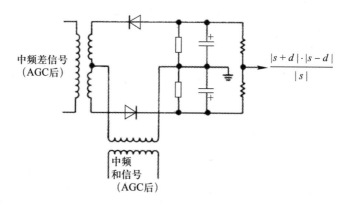

图 8.6 典型中频对数放大检测器

该装置包含了设置在电桥内的一对整流器。输入是归一化 (利用 AGC) 的中频和差信号 $d/|s|$ 与 $s/|s|$, 分别加在电桥的同相和反相两端。用相反的极性对输入电压分别整流, 输出的其实是和差信号相减的结果。用 x' 表示该装置的输出, 则

$$2x' = \frac{|s+d|}{|s|} - \frac{|s-d|}{|s|} = \left|1 + \frac{d}{s}\right| - \left|1 - \frac{d}{s}\right| \tag{8.17}$$

为方便表达所获得的关系, 等式左边的因子 2(或右边的 1/2) 是一个任选的尺度因子。

令 x 表示 d/s 的实部, 这是 8.4 节定义的精确处理器的输出, 意味着完美的点积检测器。令 y 表示 d/s 的虚部。如果需要, y 可以通过另一个完美的点积检测器 (一个输入带 90° 相移) 获得。于是, 复数 d/s 可表示为

$$\frac{d}{s} = x + \mathrm{j}y \tag{8.18}$$

将其代入式 (8.17), 得

$$2x' = = |1 + x + \mathrm{j}y| - |1 - x - \mathrm{j}y|$$
$$= \sqrt{(1+x)^2 + y^2} - \sqrt{(1-x)^2 + y^2} \tag{8.19}$$

考虑 $y = 0$ 的理想情况 (没有任何噪声、干扰或杂波以及通道相位不一致性等存在的干净背景下的点目标)。进一步假设 $|x| \leqslant 1$, 即目标位于角度限制范围 (和模式半功率波束宽度) 内, 式 (8.19) 可简化为

$$2x'_{|x|\leqslant 1, y=0} = |1 + x| - |1 - x| = (1 + x) - (1 - x) = 2x$$

或

$$2x'_{|x| \leqslant 1, y=0} = x \tag{8.20}$$

如果 $y = 0$ 且 $|x| > 1$ (目标位于半功率波束范围之外), 则式 (8.19) 可简化为

$$2x'_{|x| > 1, y=0} = |1 + x| - |1 - x| = \pm(1 + x) \pm (1 - x) = \pm 2$$

或

$$2x'_{|x| > 1, y=0} = \pm 1 \tag{8.21}$$

式中, 右边的符号即为 x 的符号。

图 8.7 比较了近似处理器和精确处理器的输出 x, 利用了图 6.4 所示的 AN/FPS-16 雷达天线方向图的经验模型式 (6.8) 和式 (6.9)。虚线和实线分别代表了精确和近似处理器。由于所有的曲线都是关于原点奇对称的, 图中只画出了正数部分。

上述理想情况下所绘的 $\delta = 0$ 时的一对曲线, 其中, $y = 0$, 和差相对相位为 $\delta = \arctan(y/x) = 0$。这种情形下, 两种处理器在 $-1 \leqslant x' \leqslant 1$ 范围内的输出相同。超过这一范围, 精确处理器的输出继续增加 (理论上可以到无穷大, 实际上受设备动态范围的限制[①]), 而近似处理器的输出则被限制在 $x' = \pm 1$。这一限制是 "误差检测器" 固有的特性, 除饱和状态之外, 在放大器或其他部件中都可能发生。在限制发生前的运算角度区域大约是和方向图波束宽度, 这对大多数应用来说是等价的; 如果需要, 可以通过减少差通道的增益来扩展。通常, 目标不会偏离射束轴半个波束宽度, 除非在探测期间才有可能。如果目标位于饱和区时 (不太可能, 因为信号相对较弱) 发生了探测中的雷达跟踪, 伺服驱动信号仍然具有正确的极性, 但环路增益降低直至到达非饱和区。

一般来说, 理想假设情况下, 和差信号相对相位 δ 是非零的。例如, 比较器之后的和差接收机通道之间的相位不一致导致了非零的 δ, 相应的因子 $\cos\delta$ 减小了 x, 并引入了一个正比于 $\sin\delta$ 的 y 分量。图 8.7 中的另外两对曲线代表了相位不一致性分别为 $10°$ 和 $30°$ 时的情形。这两种情形下的虚线借由因子 $\cos\delta$ 并通过减去 $\delta = 0°$ 时的虚线获得。实线则通过式 (8.19) 计算得到, x 为每个虚线在相同横坐标下的纵坐标, $y = x \tan\delta$。$30°$ 的不一致性远远超过了大多数单脉冲雷达所容许的范围, 但如果雷达设计

[①]注意, 这里及随后, 当计算机中应用数字化处理器时, 不同于模拟电路的简单饱和, 除以零可能导致一些问题。

和保养不正确, 这种现象甚至比 30° 还要大的情形却较易出现。更加典型的值是 10°。当 $\delta \neq 0°$ 时, 精确和近似处理器曲线是射束轴的切线, 但会偏离到别处。近似处理器输出逼近于渐进极限值 $\cos \delta$。对于小角度而言, 精确处理器和近似处理器等价, 但相位不一致性会导致它们跟踪灵敏度的下降以及偏轴角测量误差的增加, 特别是对于近似处理器。

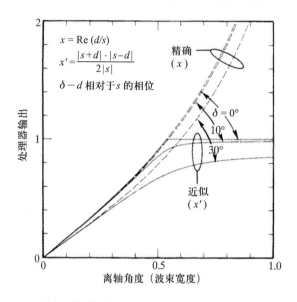

图 8.7　3 种相对相位值下的近似点积检测器和精确处理器输出

　　这些曲线表明, 即便使用了近完美的处理器, 通常也要求相位的不一致性应较低。另一个原因是后置比较器不一致性与前置比较器相位不一致性 (差方向图中有限的零值深度可以证明) 相结合导致了视轴漂移 (参见 10.4.1 节)。

　　非零 y 值的产生是由于其他原因而不是由于电路相位不一致性。在第 9 章和第 11 章中将会看到, 不可分辨目标, 包括多径、单目标角闪烁等特殊情形都能导致非零 y 值的产生。不可分辨目标不仅会引入正交分量, 而且能使同相分量失真。在这些条件下, x 与 x' 之间, 以及它们与目标角度之间的关系远比电路不一致性情形下的复杂, 并不能简单地用图 8.7 所示的曲线来表征, 这是因为天线指向是变化的, 相应地, 距离分辨单元内目标的相对照度也有所变化。

　　然而, 对由任何原因导致的任意 x 和 y, 精确处理器和近似点积处理器的输出之间的关系可以参数化表示。假设有第二个与之前描述相同的装置, 处理同样的输入 s 和 d, 只不过其中一个相移 $90°$。那么同第一个装置近似输出 d/s 的实部一样, 第二个装置近似输出 d/s 的虚部。互换式 (8.19) 中的 x 和 y, 可以得到:

$$2y' = \sqrt{(1+y)^2 + x^2} - \sqrt{(1-y)^2 + x^2} \tag{8.22}$$

当 x 和 y 都比较小时, 它们可以用 x' 和 y' 近似, 但偏离值会随 x 和 y 的增加而增加。图 8.8 所示为这种处理器输出与使用了完美点积检测器的精确处理器输出之间的差别。由于对称性, 只用一个象限表示就够了。图中, 指定 x 为变化的常数, 当 y 变化时, y' 和 x' 的关系用实线表示, 反之用虚线表示。如果没有失真, 结果会是平方曲线。注意, 不论 x 和 y 多大, x'、y' 以及 $|x' + \mathrm{j}y'|$ 均不能超过 1。在许多应用场合, 失真并不重要, 但如果必要的话, 可以通过减少 d 相对于 s 的增益, 进而成比例地减小 x 和 y 来降低失真。

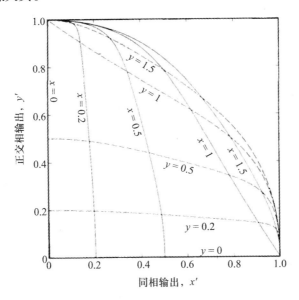

图 8.8　精确处理器 (x 和 y) 和近似点积处理器 (x' 和 y') 的同相与正交相输出的关系

8.10　利用 $|v_1|$ 与 $|v_2|$ 和差的非相参处理器

这种类型的处理器只能应用于比幅单脉冲, 它在检测之后而不是在射频, 通过波束合成形成和差信号。因为它忽略了相位, 所以有时也称为非相参单脉冲。这种类型单脉冲处理器的一个应用场合是在搜索雷达中，雷达发射方位上较窄俯仰上较宽的扇形波束，使用两个或更多的同步接收波束，波束在两个坐标系下都比较窄，俯仰上进行累积 (称为累积波束的三坐标雷达)。每相邻的一对接收波束提供 v_1 和 v_2 输入，以满足波束轴俯仰之间目标的俯仰插值需要。

考虑一对偏斜的接收波束，同图 5.13 的解释，假设发射波束足够宽，两个接收波束全都照射到目标。检测后，能够测量由接收波束形成的 v_1 和 v_2 的幅度，计算它们的比率，并通过标校函数将其转化成偏轴角。但是该比率在射束轴上的值是 1，并非是所期望的 0 值，且缺少奇对称特性。

这里所讨论的技术，期望属性是通过幅度检测后的加或减，以及求取差与和的比率来获得的。图 8.9 所示为简化框图。图中除法模块的功能可以通过把输入数字化，然后利用计算机实现。另一种替代方案是从 $|v_1| + |v_2|$ 获取 AGC 电压，反馈控制 v_1 和 v_2 通道增益。这种情形下，并不需要除运算，在 AGC 的作用下，$|v_1| - |v_2|$ 除以 $|v_1| + |v_2|$ 很容易实现，且能提供期望输出。

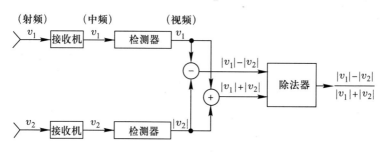

图 8.9　利用 v_1 和 v_2 和差的处理器

在偏移角不太大且 v_1 和 v_2 的名义相对相位为 0° 的条件下，这种处理器的功能与精确处理器相同。假设精确处理器和非相参处理器的输出分别为 x 和 x'，则

$$x' = \frac{|v_1| - |v_2|}{|v_1| + |v_2|} \tag{8.23}$$

如果 v_1 和 v_2 的相对相位为 0°，那么绝对值符号能够省略，利用式 (2.3) 和式 (2.4)，可以得到的输出为

$$x' = \frac{v_1 - v_2}{v_1 + v_2} = \frac{d}{s} \tag{8.24}$$

如果 v_1 和 v_2 的相对相位为 0°，那么 d 与 s 的相对相位也是如此。这

种情形下, 精确处理器的输出为

$$x = \mathrm{Re}\left(\frac{d}{s}\right) = \frac{d}{s} \tag{8.25}$$

因此, 在假设条件下, 非相参处理器和精确处理器的输出相同。

当 v_1 或 v_2 为 0 时 (大概会发生在偏离轴向半个和波束宽度的条件下), 处理器输出为 1。在大角度下, v_1 或 v_2 在通过 0 时 (如进入偏斜波束的旁瓣) 会改变符号, 非相参处理器就会发生异常。那么 v_1 和 v_2 的相对相位成了 180°, 且

$$x' = \frac{|v_1| - |v_2|}{|v_1| + |v_2|} = \frac{v_1 + v_2}{v_1 - v_2} = \frac{s}{d} = \frac{1}{x} \tag{8.26}$$

图 8.10 比较了这种处理器 (实线) 和精确处理器 (虚线) 的输出, 作为举例, 使用了如图 6.4 所示的 AN/FPS-16 雷达天线方向图并假设了 0° 的名义条件。鉴于奇对称特性, 该图只画出了正角度时的情形。直至 $x = x' = 1$ 处, 两个处理器的输出相同, 之后, 精确处理器的输出继续增加, 理论上到无限大, 但实际上与处理器的动态范围有关; 另一方面, 非相参处理器的输出会减少。因此, 任意给定的输出是模糊的, 因为同一输出值对应了两个角度。但是, 在零跟踪系统中, 天线射束轴离目标很近, 模糊不是问题。在搜索模式下, 即使当目标位于异常区内时发生了雷达跟踪, 单脉冲输出也会有正确的符号, 使得伺服驱动天线朝 0 方向靠近。伺服环增益是减少的, 但在通过过渡点 $(d/s = 1)$ 时, 增益又会回到正常大小。虽然搜索发生在第一旁瓣内会导致单脉冲输出具有错误的符号, 从而导致天线远离目标, 但是在这一区域由于信号较弱, 搜索是不可能实现的。

这种处理器的优点是接收机通道不需要相位匹配。另一方面, 通道间的幅度 (增益) 不一致性导致视轴的偏移, 但这与处理和差信号的接收机无关。通过使用控制脉冲来控制不一致性或交换接收机输入与输出, 可以减小这一偏移。在偏离视轴的角度下, 处理器对幅度不一致是不敏感的。例如, 当 v_1 或 v_2 为 0 时, 一个通道没有信号, 其增益没任何影响; 差与和的比率为 1, 与不一致性增益无关。

即使非相参处理器对接收机通道的相位漂移不敏感, 受多径 (改变了回波幅度和相位的分布) 等外部因素影响, 也会产生误差。回波的相位锥度经过孔径导致了 v_1 和 v_2 的幅度不平衡。这些异常会在第 9 章讨论。在这些条件下, 精确处理器也给出了错误输出, 但这两种处理器的输出误差并不相同, 一个依赖于相参的和差, 另一个则依赖于非相参的和差。

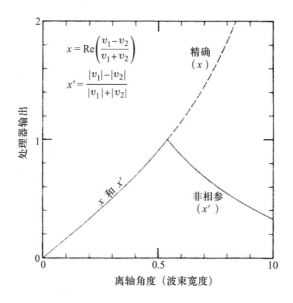

图 8.10　相对相位下, 利用 $|v_1|$ 与 $|v_2|$ 的非相参处理器和精确处理器的输出

8.11　利用 $s+d$ 与 $s-d$ 的处理器

如式 (2.3) 和式 (2.4) 所示, $v_1 = (s+d)/\sqrt{2}, v_2(s-d)/\sqrt{2}$, 因而前述的任何处理均可用 v_1 和 v_2 实现, 当然也可以用 $s+d$ 和 $s-d$ 实现。这意味着, 在通常方式下, 经射频比较器形成 s 和 d, 然后在射频或中频将两者相结合以获取 $s+d$ 和 $s-d$。与直接通过反馈获取 v_1 和 v_2 相比, 这好像是一种迂回的方法, 但在二坐标单脉冲系统中, 它却独具优势, 其中一种将在 8.14 节中进行描述。

和电压位于如前所述的 $s+d$ 和 $s-d$ 混合之前的位置, 因而可用于检测 (搜索)。通过在该位置进行双工连接, 和方向图也可以用于传输。利用 $|s+d|$ 和 $|s-d|$ 的非相参处理器能够用于比幅与比相单脉冲, 而 8.10 节中所描述的利用 $|v_1|$ 与 $|v_2|$ 的处理器只能应用于比幅单脉冲。为了在比相单脉冲中使用这一处理器, d 或 s 必须在和差运算前进行 90° 相移, 因为相位积分中, 它们来自比较器。

尽管利用 $|s+d|$ 和 $|s-d|$ 的非相参处理器对接收机通道的相位不一致性不敏感, 但仍有误差存在, 因为在接收机之前, s 和 d 通道之间的相位不一致性来自于比较器输出和在进入接收机前 s 与 d 结合点之间的

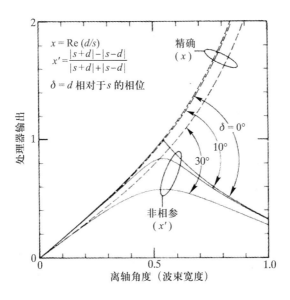

图 8.11　三个相对相位值下, 利用 $|s+d|$ 和 $|s-d|$ 的非相参处理器
与精确处理器的输出

部分。因此, 路径越短越好。图 8.11 比较了该处理器输出 x' (实线) 与精确处理器输出 x (虚线) 随角度的变化情况, 再次使用了如图 6.4 所示的 AN/FPS-16 雷达天线方向图。给出了 s 和 d 间的相位不一致性 δ 分别为 $0°$, $10°$ 和 $30°$ 时 (在 s 和 d 相结合形成 $s+d$ 和 $s-d$ 之前) 的 3 对曲线。$\delta = 10°$ 时的一对曲线与图 8.10 相同。全部 3 条虚线与图 8.7 相同, 它们代表了精确处理器输出。$\delta = 10°$ 时的实线稍稍偏离虚线。$\delta = 30°$ 时, 偏移量较大, 且该区域实线和虚线的斜率明显小于名义值。

8.12　利用对数 $|v_1|$ 与 $|v_2|$ 的处理器

在这种类型的单脉冲处理中, v_1 和 v_2 分量通过带有对数放大检测器 (见 8.7 节) 的接收机。可能会用等价的 $s+d$ 和 $s-d$ 代替 v_1 和 v_2。对数输出相减即为单脉冲输出。图 8.12 所示为简化框图。可认为对数放大检测器是接收机的一部分, 只是为了更加清楚才把它单独画出来。

输出的数学表达式为

$$K(\ln|v_1| - \ln|v_2|) = K\ln(|v_1|/|v_2|) = K\ln(v_1/v_2) \tag{8.27}$$

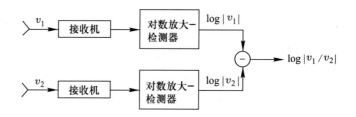

图 8.12　利用 $\log|v_1| - \log|v_2|$ 的处理器

式中: K 为依赖于特殊电路的尺度因子。

为分析方便, 在式 (8.27) 及随后的等式中, 对数运算的底为 e, 而不是 10。底的改变仅仅改变尺度因子。

输出具有期望的在轴上值为 0 的奇对称特性。由于未用到相位, 这是非相参技术的另一个实例。

式 (8.27) 可以用和差信号项来表示, 即使其在雷达中并非物理存在的。输出可写为

$$K(\ln|v_1| - \ln|v_2|) = K\ln\left(\frac{|s+d|}{|s-d|}\right) = K\ln\left(\frac{|1+d/s|}{|1-d/s|}\right) \tag{8.28}$$

首先假设 d 和 s 的名义相位关系为 $0°$ (或 $180°$), 这使得 d/s 为实数, 且 $|d/s| \ll 1$。式 (8.28) 可用对数函数级数展开的第一项来近似:

$$\ln(1+d/s) \approx d/s \tag{8.29}$$

$$\ln(1-d/s) \approx -d/s \tag{8.30}$$

进而

$$\ln|1+d/s| = \ln(1+d/s) \approx d/s \tag{8.31}$$

$$\ln|1-d/s| = \ln(1-d/s) \approx -d/s \tag{8.32}$$

结果为

$$\ln|v_1/v_2| \approx 2d/s \tag{8.33}$$

因此, 除尺度因子 2(它可以包含在系数 K 中) 以外, 当 d/s 是实的且很小 (干净背景下靠近射束轴的点目标) 时, 处理器的输出与精确处理器的输出近似相同。

为了从另一个角度阐述处理器的工作原理, 假设斜视波束为高斯方向图 (在小角度情形下, 高斯波束、$\sin x/x$ 波束与具有相同波束宽度的典型

斜视波束差别不大)。高斯信号为

$$v_1 = \exp\left[-1.386(\theta - \theta_{\text{sq}})^2\right] \tag{8.34}$$

$$v_2 = \exp\left[-1.386(\theta + \theta_{\text{sq}})^2\right] \tag{8.35}$$

式中: θ 为偏离角; θ_{sq} 为斜视角, 都在斜视波束的宽度以内; 系数 1.386 是在 v_1 和 v_2 均为 $1/\sqrt{2}$ (半功率)、$\theta - \theta_{\text{sq}}$ 和 $\theta + \theta_{\text{sq}}$ 均为 0.5 时求出的。

将式 (8.34) 和式 (8.35) 代入式 (8.27), 得

$$K \ln|v_1/v_2| = -1.386(\theta - \theta_{\text{sq}})^2 + 1.386(\theta + \theta_{\text{sq}})^2 = K'\theta\theta_{\text{sq}} \tag{8.36}$$

式中: $K' = 5.544K$ 为尺度因子。

因此, 按照式 (8.36), 在高斯斜视波束模式和 0° 相对相位下, 这种处理器所产生的单脉冲输出正比于偏离角 (同样的波束模式下, 精确处理器的输出是偏离角的非线性函数, 尽管在小角度条件下近似线性)。实际的高斯波束模型不是物理可实现的, 用在这里仅仅是为了说明问题。不管实际天线方向图如何, 这种处理器在小角度时表现得像一个精确处理器, 但角度增加或相对相位不是 0° 时, 将偏离精确处理器。

图 8.13 比较了这种处理器 (实线) 与精确处理器 (虚线) 的输出, 再次使用了如 AN/FPS-16 雷达的天线模式并假设了 0° 的名义条件。由于标校函数的不同, 曲线不同的事实并不重要。然而, 当 $v_2 = 0$ (如 $d/s = 1$)

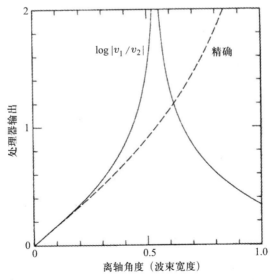

图 8.13　$\log|v_1/v_2|$ 处理器和精确处理器输出与角度的关系

时, 在略微超过半功率点的角度下, 处理器的输出理论上趋于无穷大, 实际上, 这受电路动态范围的约束。在小角度下, 零跟踪时, 处理结果还是比较令人满意的。

为了进一步与精确处理器比较, 假设 d/s 是一个复数, 且波束具有任意物理可实现的形状。那么,

$$d/s = x + \mathrm{j}y \tag{8.37}$$

式中: x 和 y 分别是实部和虚部, 也可是精确处理器同相和正交相的输出。

将式 (8.37) 代入式 (8.28), 忽略尺度因子, 得

$$\ln |v_1/v_2| = \ln \frac{|1 + x + \mathrm{j}y|}{|1 - x - \mathrm{j}y|} = \frac{1}{2} \ln \frac{|1 + x + \mathrm{j}y|^2}{|1 - x - \mathrm{j}y|^2} = \frac{1}{2} \ln \frac{(1+x)^2 + y^2}{(1-x)^2 + y^2} \tag{8.38}$$

这将与精确处理器的输出 x 进行比较。在外部破坏 0° 名义相对相位的条件下, x 和 y 的计算将在第 9 章中讨论。

这种处理器的优点是不需要接收机通道的相位匹配; 另一个优点是能提供瞬时归一化。潜在缺点是它敏感于接收机通道间的增益不一致性所导致的视轴误差, 但这一误差可以通过控制脉冲, 或者逐个脉冲地计算接收机通道的输入和输出, 最大可能地消除。

8.13　利用 $s \pm \mathrm{j}d$ 的处理器

如图 8.14 所示, 这项技术中, 按照通常的方法, 通过比较器形成和差信号 s 和 d, 然后合成 $s + \mathrm{j}d$ 和 $s - \mathrm{j}d$。在保护相位的同时, 很难保证这两个信号的幅度恒定。用 $2\phi_0$ 表示它们的相对相位, 由相位检测器[①]测量。一个可选择的附加步骤是取 1/2 相对相位角的正弦值。角度本身或其正弦值都可以作为单脉冲输出, 因为它们用不同的校准函数提供了等价信息。为便于跟精确处理器比较, 以下假设使用了正弦函数。

相位检测器输入硬性限制的原因是输出不仅依赖于相对相位, 而且依赖于两个输入的幅度。对 $s + \mathrm{j}d$ 和 $s - \mathrm{j}d$ 的限制使得在保护它们相位的同时幅度恒定, 进而使相位检测器的输出仅仅是它们相对相位的函数。

在图 8.14 中, 假设 s 和 d 初始同相, 跟它们在比幅单脉冲中 (理想条件下) 一样, 后者在比较器中使用了 "魔 T" 或其他保护相位的合成器。框

---

① 相位检测器跟鉴相器是有着严格区别的。前者响应两个输出的相对相位; 后者响应它们的点积。对任一函数, 可以应用某些物理装置, 但应用方法不同。

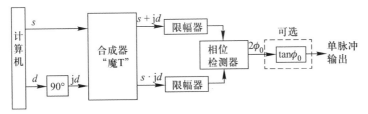

图 8.14   利用 $s \pm jd$ 的处理器

图中, d 通过 90° 相移产生 jd, 相位保护混合器, 如 "魔 T" 产生了 s 与 jd 的和与差。作为选择, s 也能代替 d 进行 90° 相移。另一变化是使用正交混合器 (3 dB 定向耦合器, 4.4.2 节) 代替 "魔 T", 并对其中的一个输出而不是对输入进行 90° 相移。

这类处理器提供瞬时归一化。它在某些雷达系统中非常有用, 即雷达不需要对单个目标进行连续跟踪, 但需要对不同回波强度的多目标保持交错跟踪。在这些条件下, 自动增益控制就显得太慢而不能实现对差信号的归一化。这类处理器的另一个有用的特征是: 由于对信号进行了限幅, 它不会因信号太强而饱和。这类处理器应用于 "哨兵" 弹道导弹防御的制导雷达中。该雷达设计应用于 20 世纪 70 年代。当测量同一波束内其他几个目标的相对位置时, 该雷达被设计用来对一个目标进行闭环跟踪。

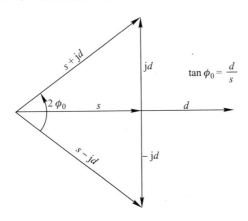

图 8.15 s 和 d 同相时 $s \pm jd$ 的矢量图

假设 s 和 d 初始同相, 图 8.15 所示为它们的相位关系。$\pm j$ 使 d 产生了 $\pm 90°$ 的相移。$s + jd$ 和 $s - jd$ 的夹角 $2\phi_0$ 与归一化的差信号有关, 且

$$\tan \phi_0 = \frac{d}{s} \tag{8.39}$$

符号 ϕ_0 的下标暗示着: 只有当 d 和 s 相对相位为 $0°$ 时, 式 (8.39) 才是正确的。这种情况下, 该处理器与精确处理器相同。为了估计角度, d/s 可通过测量 $2\phi_0$ 并由式 (8.39) 计算得到, 然后, 由校准函数转换成偏置角, 或者校准可直接表述为相位检测器输出与偏置角之间的关系。

如果雷达设计成比相而不是比幅, 或者比较器使用了正交混合器, 那么当 d 和 s 从比较器出来时就已经相位正交了。这种情况下, 除了 d 和 s 的加与减没有如图 8.14 所示的 $90°$ 相移外, 处理相同。

有时不使用 $s+\mathrm{j}d$ 和 $s-\mathrm{j}d$, 其中任意一个与 s 结合起来使用亦可, 因为 s 与 $s+\mathrm{j}d$ 或 $s-\mathrm{j}d$ 的相对相位是 ϕ_0, 这种情形下的矢量图仅仅是图 8.15 的上半部分或下半部分。

然而, 正如已经指出的那样, 由于雷达的缺陷或者多径等外部因素的影响, d 和 s 之间的相对相位一般来说要偏离标称值 $0°$。假设 d 相对于 s 的实际相位为 δ, 则图 8.15 变化为图 8.16。令 ϕ_1 表示 $s+\mathrm{j}d$ 相对于 s 的相位, ϕ_2 表示 s 相对于 $s-\mathrm{j}d$ 的相位, 则

$$\tan\phi_1 = \frac{|d|\cos\delta}{|s| - |d|\sin\delta} \tag{8.40}$$

分子分母同除以 $|s|$, 并利用式 (3.9) 和式 (3.10), 得

$$\tan\phi_1 = \frac{|d/s|\cos\delta}{1 - |d/s|\sin\delta} = \frac{\mathrm{Re}(d/s)}{1 - \mathrm{Im}(d/s)} \tag{8.41}$$

同样地

$$\tan\phi_2 = \frac{|d/s|\cos\delta}{1 + |d/s|\sin\delta} = \frac{\mathrm{Re}(d/s)}{1 + \mathrm{Im}(d/s)} \tag{8.42}$$

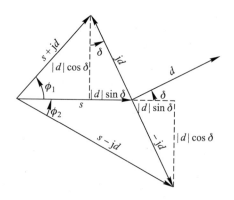

图 8.16　s 和 d 相对相位为 δ 时 $s\pm\mathrm{j}d$ 的矢量图

精确处理器的输出为 $|d/s|\cos\delta$ 或 $Re(d/s)$。

式 (8.41) 和式 (8.42) 表明, $\tan\phi_1$ 和 $\tan\phi_2$ 均与精确处理器的输出不同 (除 $\phi_0 = 0°$ 或 $180°$ 外), 一个略大, 另一个略小, 这依赖于 $\sin\phi$ 的符号。因此, 某些平均形式比 $\tan\phi_1$ 和 $\tan\phi_2$ 更能使输出更加接近于精确处理器的输出。一种平均形式是测量 ϕ_1 和 ϕ_2, 然后求取 $\tan\phi_1$ 和 $\tan\phi_2$ 的平均。另一种需要较少设备的平均形式是如图 8.14 所示的结构。它包括测量 $s + \mathrm{j}d$ 和 $s - \mathrm{j}d$ 的相对相位 $\phi_1 + \phi_2$, 然后计算 $\tan\left(\dfrac{\phi_1 + \phi_2}{2}\right)$。

图 8.17 比较了图 8.14 所示处理器与精确处理器的输出。同前面章节的比较一样, 这里采用了如图 6.4 所示, 式 (6.8) 和式 (6.9) 描述的雷达天线方向图。当 s 和 d 具有相同相位时, 两种处理器输出相同, 如 $\delta = 0°$ 时的曲线所示。$\delta = 30°$ 时, 输出不同, 但差别并不太大。$\delta = 10°$ 时的曲线被略去了, 因为它跟 $\delta = 0°$ 时的曲线几乎相同。

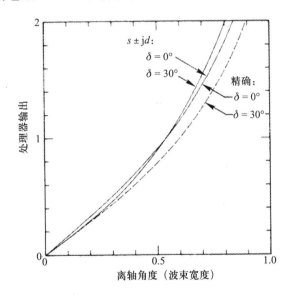

图 8.17　两个相对相位值下 $s \pm \mathrm{j}d$ 处理器与精确处理器的输出

这种系统中, 有必要将距离波门限制在接收脉冲信号的峰值附近。如果波门超越了这一区域, 限幅将会使输出附加了其他区域的噪声, 且噪声水平与信号功率相当。因此, 如果波门是信号波束的两倍宽, 那么不管脉冲有多强, 最大有效信噪比仅为 1。这种系统适用于角度测量, 在检测或距离跟踪中并不必要, 检测或跟踪可能在分离的和通道进行而不受限幅影响。

8.14　利用 $s+d$ 与 $s-d$ 的双通道单脉冲

普通二坐标单脉冲的一个缺点是需要 3 个精心匹配的接收机通道。业已提出不同的方法以减少接收机通道的数量。通常，有必要牺牲数据率或其他性能，但对于特定种类的使用，这种牺牲可能不太重要。

Chuff、Huland 和 Moblit[11] 描述了一种实用的双通道系统，Noblit[12] 进一步介绍了该系统的细节和变化。除了减少接收机通道数量外，当两个通道中的一个失效时，该系统通过圆锥扫描或波瓣转换，提供 "适度的衰减"。然而，在同样的脉冲重复频率下，数据率要比三坐标单脉冲的低，并且在某些系统中，信噪比也有点儿低。

图 8.18 给出了文献 [11] 所描述的技术原理框图。和信号、横向和俯仰差信号通过比较器来形成。这两个差信号在正交空间 (如正交极化) 中被注入微波分解器，该分解器包含带有电动机驱动、另一端旋转角度率为 ω_s 的钩形探测器的圆形波导。分解器输出是被探针旋转调制的幅度。被调制的差信号，图中用 d_{m} 表示，正比于 $d_{\mathrm{tr}} \cos \omega_s t + d_{\mathrm{el}} \sin \omega_s t$，$d_{\mathrm{tr}}$、$d_{\mathrm{el}}$、$\omega_s t$ 分别为横向差信号、俯仰差信号、旋转角。

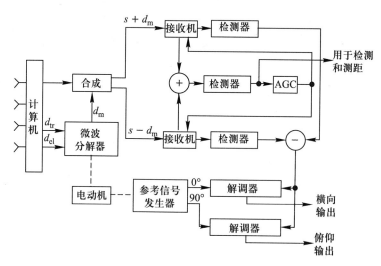

图 8.18　使用微波分解器的双通道单脉冲

s—和信号; d_{m}—$d_{\mathrm{tr}} \cos \omega_s t + d_{\mathrm{el}} \sin \omega_s t$ (调制差信号); ω_s—分解器扫描频率; d_{tr}—横向差信号;

d_{el}—俯仰差信号。

分解器输出是混合接头的输入，另一个输入是来自比较器的和信号 s。

这种混合产生的输出正比于 $s+d_\mathrm{m}$ 和 $s-d_\mathrm{m}$。$s+d_\mathrm{m}$ 和 $s-d_\mathrm{m}$ 信号仍然在射频, 现在通过不同的接收机, 中频输出相加, 然后视频检测为 AGC、检测和测距提供和信号。AGC 被用于两个接收通道以实现归一化。

两个接收机的中频输出分别进行视频检测, 然后相减, 可以对消和信号, 只剩下归一化的差信号。

这里归一化的差信号是一串带正弦包络的脉冲 (或 "矩形" 脉冲)。包络的幅度近似正比于目标偏离天线射束轴的角度矢量, 包络的相位依赖于横向和俯仰分量的比值。信号去往一对解调器 (同步检测器)。每一个解调器的另一个输入是受同样电动机 (驱动旋转探针) 驱动的信号源产生的参考信号。输入到其中一个解调器的参考信号经过了 $90°$ 的相移。解调器的输出经滤波后分别产生归一化的横向和俯仰差信号。图中省略了矩形波束产生、放大和滤波步骤。数据率不大于两倍的分解器旋转率。

$s+d_\mathrm{m}$ 和 $s-d_\mathrm{m}$ 相加以获得用于检测、测距和 AGC 的和信号, 与在射频处理相比, 在视频 (检测后) 处理能够简化部分结构, 但由于非相参求和, 仍会有一些损失。损失量依赖于信噪比, 但典型值不会大于 1 dB。

在该技术的一种变形中, 微波分解器被转换装置取代, 转换装置导致 d_m 在一定脉冲重复频率的脉冲串上, 按照 $+d_\mathrm{tr}$、d_el、$-d_\mathrm{tr}$、$-d_\mathrm{el}$ 的次序循环。被调制 (转换) 的差信号 d_m 按照前面所述的方法与 s 加减后, 为两个接收机通道提供输入。对输出进行加减运算以获取和信号和变换后的差信号。另一个同步转换 (解调器) 遵照后者把脉冲 1 和 3 的横向输出与脉冲 2 和 4 的俯仰输出分离开, 并且反转脉冲 3 和 4 的输出的符号。这样, 横向和俯仰通过交替脉冲而不是同步获取。这类系统在单脉冲雷达中的应用实例如 AN/MPS-36 和 AN/TPQ-27。

当四喇叭单脉冲系统中运用了该技术的转换形式时, $s+d_\mathrm{m}$ 和 $s-d_\mathrm{m}$ 的连续结合等价于形成了同步接收天线方向图, 即在奇数目脉冲的左右一对波束和在偶数目脉冲的上下一对波束。因此, 这种技术与 1.2 节描述的一般 (非单脉冲) 的波瓣转换有一些类似, 但有以下三个优势: ① 数据率高达 2 倍, 1/2 而不是 1/4 的脉冲重复频率; ② 可避免由于目标幅度在转换循环频率处起伏引起的误差; ③ 发射路径 (未在框图中显示) 经过和通道, 因而并不泄漏比率或者转换的存在, 除非比较器－分解器网络的不匹配容许调制漏入和通道。如果转换循环被敌方拦截机检测到, 那么系统很容易被干扰。对于使用 5 个或更多喇叭的单脉冲天线, $s+d_\mathrm{m}$ 和 $s-d_\mathrm{m}$ 的方向图与四喇叭相同, 尽管各波束辐射方向图的关系会复杂一些。

该技术的微波分解器形式类似于圆锥扫描, 但与转换形式 (该情形下,数据率是扫描频率的两倍, 而圆锥扫描中, 数据率与扫描频率相同) 具有相同的优点。

如果两个接收机通道的其中一个在任一形式下失效, 那么将不可能再进行单脉冲处理, 但雷达继续在波瓣转换或圆锥扫描接收模式中运行, 并发射和方向图。

由于常规 AGC 相对较慢, 如果需要对每个脉冲进行精确的归一化, 则可以使用以下两种快速方法之一: ① 使用 AGC 仅是为保证信号在接收机动态范围内, 然后数字化两个通道的输出并由计算机进行归一化 (除法); ② 在 $s + d_m$ 和 $s - d_m$ 通道中使用对数放大检测器进行归一化, 如 8.12 节描述的那样, 代替利用 AGC 的线性放大器。

正如 8.10 节和 8.11 节所阐述的那样, 该系统的任何一种形式, 对接收机通道的相位不一致性不敏感①。然而, 它对 s 和 d_m 的相对相位是敏感的。因此, 应当尽可能早地形成信号 $s + d_m$ 和 $s - d_m$, 且应尽可能地降低 s 和 d_m 的相位不一致性。

8.15 相位 – 幅度单脉冲

该技术[13] 为二坐标单脉冲提供两个馈源喇叭、一个合成连接器和两个接收机通道。两个反射器, 在一个固定装置中彼此紧靠, 提供横向上的比相单脉冲。馈源分别放置于它们各自反射器焦距的上方和下方, 产生一对斜视波束, 用于提供俯仰上的比幅单脉冲 (这两个坐标当然可以通过旋转天线装置 90° 进行互换)。

图 8.19 所示为简化框图。合成器产生两个馈源喇叭输出的和差信号。5.4 节已经指出, 差信号的比幅和比相分量相对于和信号的相对相位分别是 0° 和 90°。因此, 它们承载于一个单独的接收机通道, 理想情况下二个坐标之间没有任何耦合。另一个接收机通道承载和信号。归一化通过 AGC 或其他方式完成。

接收机通道输出的组合的和差信号被等量分割成两个相位敏感检测器的输入, 一个首先要进行 90° 相移。这两个相位敏感检测器提供横向和俯仰的单脉冲输出。

为了简化这种系统, 有必要作出一定的牺牲。由于每个馈源只有两个

---

① 如果 $s + d_m$ 和 $s - d_m$ 相干叠加以获取和信号, 那么这种说法并不确切; 这种情形下, 相位不平衡略微减小了和信号。

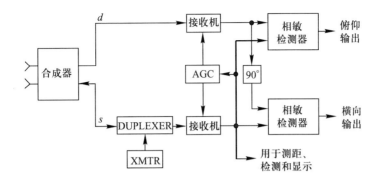

图 8.19　相位 – 幅度单脉冲系统

喇叭, 可利用的自由度非常少, 所以跟踪精度系数 (和信号增益与差信号斜率的乘积, 参见 6.4 节) 不能与具有多个喇叭的系统相比拟。

另一个缺点是和差通道的相位不一致性所导致的横向 – 俯仰耦合, 其后果是当天线射束轴偏离目标时, 伺服倾向于驱动方向轴沿螺旋形的而不是直线路径靠近目标。即使没有接收机通道的相位不一致性, 在某些情形下也会发生严重的耦合, 如由于多径等外部干扰的存在, 差信号会包含相当的正交相位分量。对于一般的单脉冲, 来自平面的多径反射可使小角度目标的俯仰跟踪变得不稳定, 甚至不可能, 但仍能保持横向跟踪, 只有相对较小的恶化。在相位 – 幅度单脉冲中, 横向通道会对由多径导致的俯仰差信号正交相位分量产生响应, 从而导致两个角坐标下的较大误差。

这里描述相位 – 幅度单脉冲是为了本书内容的完备性, 因为它们只在 19 世纪 60 年代由通用电气公司进行了一些初步发展, 之后在天线和处理技术中并没有实际应用。这些包含了文献 [13] 所述的试验机载雷达以及为 Atlas 弹道导弹提供引导的系列雷达。

8.16　多路单脉冲接收机

一种使接收机复杂度最小化且在 3 个接收机通道中缺少精确增益和相位跟踪的方法是联合和差信号, 在射频或转换至中频, 利用时域多路传输技术。Leonov 和 Fomichev[14,7.6节] 在数种多路传输方法中对此进行了讨论。图 8.20 所示为射频延迟多路传输系统的简化框图。在与 s 相加作为混频器输入之前, d 经过了一个延迟器。放大和检测后, 在输出端的减法处理前, 对 s 进行了补偿延迟。归一化通过对数放大 – 检测器的两个输出在时域上重新排列之后相减实现。

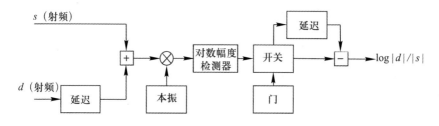

图 8.20 使用射频延迟多路器的处理器

这种射频延迟方法有两个缺陷: ① 相距不超过两个脉冲宽度的目标不可分辨, 因为它们在处理器中会因为时间延迟而重叠; ② 系统易遭受来自被处理器延迟分离的一对脉冲的干扰。

类似的处理可以应用于下变频之后的中频第一级延迟。混频器和中频预放大器必须被复制 (或二坐标系统的三重复制), 但单个的对数放大器 – 检测器在普通路径上提供接收机的大部分增益。

频率多路传输技术是另一种最小化接收机硬件和由低增益与相位跟踪所导致的误差的方案。文献 [14] 探讨了这种方案, 文献 [15] 则描述了其在末制导中的应用。在需要多普勒处理的导引头应用中, 使用了受和通道 AGC 控制的线性主中频放大器。归一化由一般的增益控制主中频放大器产生。每个通道必须有自己的混频器和带通放大 – 滤波器, 但大部分增益来自于主中频放大器, 其增益或相位变化等同地作用于 3 个通道。多路输出在进入鉴相器提取两个单脉冲输出之前被带通滤波器分开。

文献 [16] 描述了一种类似的称为单通道单脉冲处理器 (SCAMP) 的多路技术。事实上, 该系统使用了 3 个通道, 频率分路进入主中频放大器, 通过带通滤波器进行多路分离。图 8.21 所示为单个角坐标下的简化框图。和差信号按一般方式形成, 从射频与各自的本振混频后转换成两个接近的中频 f_s 和 f_d, 然后求和, 并在宽带主放大器中放大, 随后硬限制。而后, 和差信号被两个带通滤波器分离开来, 并被调制到各自的频率。

文献 [17] 中, 利用文献 [4] 的分析结果, 当两个不同频率的信号相加和硬限幅时, 带通滤波器在较强信号 (这种情形下是和信号) 频率处的输出有一个恒定的幅度, 该幅度正比于限制电平且独立于原信号强度, 在较弱信号 (这种情形下是差信号) 频率处的输出的幅度正比于两个原始信号的幅度比。换言之, 限制完成了差信号相对于和信号的归一化。为了保证和信号在可用的波束内总是比较大的那一个, 它可能会在与差信号相加之前被额外地放大。

　　和差信号经滤波分离后, 与具有 $f_d - f_s$ 频率的信号 (通过两个本振混频得到) 混频, 和信号被转换成与差信号具有相同频率的信号。经转换后, 和差信号具有与射频时相同的相对相位。这两个信号用作鉴相器的输入以获取单脉冲输出。

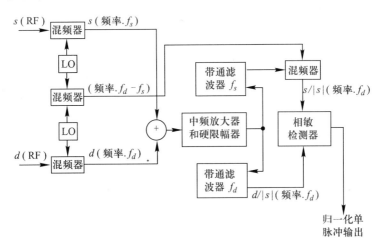

图 8.21 　 "单通道" 单脉冲处理器

　　海军研究实验室的工程师在文献 [18] 中讨论了 SCAMP 处理器的交叉调制问题, 其中, 指出了即使 3 个输入信号的频谱不重叠, 其相互之间的交叉调制能够使系统产生严重的指向误差。当和通道被赋予多路合成器的中心频率时, 在限制器中, 俯仰和方位通道之间会产生无法容忍的交叉调制。当和通道位于合成器的末端时, 这种影响可以改善但不能被消除。海军研究实验室的工程师还指出, 为最小化射频电路和混频器的宽带噪声及干扰的影响, 应当在限制器之前使用 3 个中频通道 (图 8.21 中未绘出) 的窄带滤波器。这一要求意味着, 为最小化滤波器损耗的影响, 匹配的中频预放大器、前述的滤波器应当先于图中所示 3 个通道的和。在其他频分多路处理器中存在类似的问题, 除非主中频放大器工作于线性模式。

8.17　圆锥脉冲

　　原理上, 单脉冲不受目标幅度起伏导致误差的影响, 但通常需要 3 个接收机通道。另一方面, 圆锥扫描仅需要一个单通道接收机, 但易遭受目标幅度起伏导致误差的影响。

Peebles 和 Sakamoto 提出了一种称为圆锥脉冲的混合系统, 该系统使用了两个接收机通道。他们声称, 系统基本概念可回溯至 1958 年或更早的公开文献中, 但当时并未引起足够的重视。它不仅包含了特殊的处理形式, 而且包含了独特的使用两个波束的二坐标角跟踪方法。作者描述了该系统的不同版本。

1964 年, 俄罗斯雷达教材[22,p537] 讨论了同样的技术, 名为补偿扫描。该技术被视为 "瞬时比幅器"(单脉冲) 的一种可能替代, 可减少由于目标起伏造成的误差, 同时提供抗干扰能力。

图 8.22 所示为 Peebles 和 Sakamoto 提出的一种应用的简化框图。天线产生了一对斜视波束, 从而得到和差信号。差信号利用瞬时 AGC (来自和通道, 作用于和差信号) 归一化, 然后通过鉴相器。鉴相器的另一个输入是增益控制的和信号。这一对斜视波束围绕天线射束轴旋转 (如通过旋转反馈装置), 归一化差信号被目标偏移角的大小和方向调制。一对鉴相器提取出相对于扫描频率正弦信号调制的同相和正交分量。这些分量为目标偏离天线射束轴的正交的两个分量, 可用作角度伺服的输入以实现闭环机械角跟踪。数据率受限于圆锥扫描频率。该技术与 8.14 节所述的微波分解器技术类似。

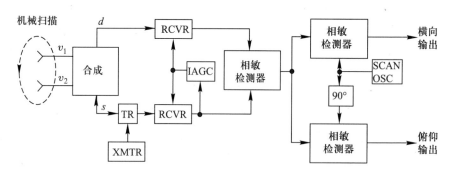

图 8.22　圆锥脉冲系统的一种可能形式

归一化使得利用两个同步波束消除目标起伏导致的圆锥扫描误差成为可能 (假设归一化是完美的)。圆锥单脉冲相对于一般单脉冲的优点是: 把接收机通道数量从 3 减少至 2, 把馈源喇叭从 4 个减少到 2 个, 同时简化了比较器。另一方面, 所需的旋转波束对 (最好没有极化旋转) 增加了设计难度。

8.18 单脉冲处理器总结

单脉冲处理器处理来自于天线的电压信号, 以产生归一化的单脉冲输出。这些待处理的电压信号可能是波束独立分量, 但通常是每个角坐标下的和差信号。和差信号来自比较器, 名义相对相位为 0° 或 90°, 这依赖于天线和比较器的类型。为避免分别对待两种情形, 我们采取了一种简便的方式, 即认为相对相位是 0°, 否则, 假设其通过相移或等价步骤被转换成 90°。

作为比较的标准, 定义了一个精确处理器, 并按照不同的等价方式对其进行了描述:

(1) 差信号与和信号的复数比的实部 $\mathrm{Re}(d/s)$。

(2) 差信号与和信号的大小比与相对相位余弦值的乘积 $|d/s|\cos\delta$。

(3) 差信号在和信号方向上的投影除以和信号的大小 $(|d|\cos\delta)/|s|$。

作为选择, 精确处理器可用来产生 d/s 的虚部 (或 $|d/s|\sin\delta$)。除非特别声明, 一般认为精确处理器的输出是 $\mathrm{Re}(d/s)$。

正在使用的单脉冲处理器有多种不同类型。某些与精确处理器性能接近, 仅受有限动态范围、量化 (如果是数字化处理过程)、设备性能或校准缺陷的限制。另外, 有些处理器只有当虚部为零且 $|d/s|$ 不超过 1 时才接近精确处理器性能。还有一些处理器在所有条件下的输出都偏离精确处理器的输出, 但在偏离射束轴的角度较小和虚部为 0 的情形下与后者非常接近。

处理器的选择依赖于雷达对精度的需求和所使用的类型。一般来说, 设计的处理器越接近精确处理器, 造价越昂贵, 设计和校准的要求越精细。在许多设计用于连续闭环跟踪单个目标的雷达中, 对于目标靠近射束轴的情形, 简化的处理器就足够了。

在分析和仿真单脉冲雷达性能时, 应当考虑实际处理器的特性而不是假设精确处理器。如果目标并不靠近射束轴, 或者由于不可分辨目标、多径及雷达失配而导致 d/s 虚部不为零时, 差信号会非常重要。噪声和干扰的响应也会有所不同。

表 8.1 对本章所描述的各处理器与精确处理器进行了比较。表中, 假设每一个处理器按照其基本概念完美地工作; 换言之, 忽略了由于有限动态范围、量化和设备、校准或校正缺陷所导致的误差, 仅留下那些处理方法所固有的偏离精确处理器的特性。所有处理和差信号的处理器可使用比

幅或比相天线。处理各波束幅度分量的处理器限于比幅天线。

对于二坐标单脉冲,表中列出的处理器一般需要 3 个接收机通道。8.14 节 ～ 8.17 节中,描述了能够将接收通道数目减至 2, 甚至 1 的特殊技术。每一种技术要么增加了设计难度,要么损失了部分性能,如降低了数据率或信噪比。在那些技术中,8.14 节所描述的转换形式已应用于某些雷达,为了简化设计,数据率的降低是一种可以接受的替换方式。8.16 节讨论的频分多路技术已经应用于美国已经生产的数以千计的末制导导引头中。其他特殊技术在实际应用中并未出现。

在选择单脉冲处理器设计时,必须考虑与系统中其他信号处理功能的兼容性。例如,如果采用了多普勒滤波,它需要线性处理直至杂波被滤除。因此,它与非线性的单脉冲处理器,如对数放大器或限幅器,并不直接兼容。为了在使用了这种单脉冲处理器的系统中实现多普勒滤波,有必要提供并行的线性通道。

表 8.1 单脉冲处理器比较

处理器	节	下列条件下等价于精确处理器 (理想运算)	应用于比幅或比相
s 与 d 的相位和幅度	8.5	所有条件	两者
I 和 Q	8.6	所有条件	两者
s 与 d 的相位和对数幅度	8.7	所有条件	两者
带有 AGC 的点积检测器	8.8	所有条件	两者
近似点积检测器	8.9	$\delta = 0°$, $|d/s| \leqslant 1$	两者
$(|v_1| - |v_2|)/(|v_1| + |v_2|)$	8.10	v_1 和 v_2 同相,目标在两个斜视波束的主瓣内	比幅
$(|s+d| - |s-d|)/(|s+d| + |s-d|)$	8.11	$\delta = 0°$, $|d/s| \leqslant 1$	两者
$\log|v_1| - \log|v_2|$	8.12	不等价,但在 v_1 和 v_2 同相且目标靠近射束轴时相接近	比幅
$s \pm jd$	8.13	$\delta = 0°$, 任意 $|d/s|$	两者

参考文献

[1] Mehuron, W. O., "Passive Radar Measurements at C-Band Using the Sun as a Noise Source," *Microw. J.*, Vol. 5, No. 4, April 1962, pp. 87–94.

[2] J. T. Kennedy and J. W. Rosson, "The Use of Solar Radio Emission for the Measurement of Radar Angle Errors," *Bell Sys. Tech. J.*, Vol. XLI, No. 6,

November 1962, pp. 1799–1812.

[3] J. T. Nessmith, "New Performance Records for Instrumentation Radar," *Space/Aeronautics*, December 1962, pp. 86–93. Reprinted in *Radars*, Vol. 1, *Monopulse Radar*, D. K. Barton, (ed.), Dedham, MA: Artech House, 1974.

[4] S. N. Van Voorhis, (ed.), *Microwave Receivers*, Vol. 23 of MIT Radiation Laboratory Series, New York: McGraw-Hill, 1948, pp. 583–606. Reprint, CD-ROM ed., Norwood, MA: Artech House, 1999.

[5] J. Croney, "A Simple Logarithmic Receiver," *Proc. IRE*, Vol. 39, No. 7, July 1951, pp. 807–813.

[6] S. J. Solms, "Logarithmic Amplifier Design," *IRE Trans. on Instrumentation*, Vol. I-1, No. 3, December 1959, pp. 91–96.

[7] S. N. Rubin, "A Wideband UHF Logarithmic Amplifier," *IEEE J. Solid-State Circuits*, Vol. 1, No. 2, December 1966, pp. 74–81.

[8] B. Loesch, "A True Logarithmic IF Amplifier," *IEEE Trans. Aerospace and Electronic Systems*, Vol. AES-9, No. 5, September 1973, pp. 660–664.

[9] J. H. Dunn and D. D. Howard, "The Effects of Automatic Gain Control Performance on the Tracking Accuracy of Monopulse Radar Systems," *Proc. IRE*, Vol. 47, No. 3, March 1959, pp. 430–435.

[10] D. D. Howard, "Predicting Target-Caused Errors in Radar Measurements," *IEEE Eascon-76 Record*, September 26–29, 1976, pp. 30A–30-H.

[11] C. F. Chubb, B. L. Hulland, and R. S. Noblit, "Simplified Monopulse Radar Receiver," U.S. Patent No. 3, 239, 836, March 8, 1966.

[12] R. S. Noblit, "Reliability Without Redundancy from a Radar Monopulse Receiver," *Microwaves*, December 1967, pp. 56–60.

[13] W. Hausz and R. A. Zachary, "Phase-Amplitude Monopulse System," *IRE Trans. on Military Electronics*, Vol. MIL-6, No. 2, April 1962, pp. 104–146. Reprinted in *Radars*, Vol. 1, *Monopulse Radar*, D. K. Barton, (ed.), Dedham, MA: Artech House, 1974.

[14] A. I. Leonov and K. I. Fomichev, *Monoimpul'snaya Radiolokatsiya, (Monopulse Radar)*, Moscow: Radio I Svyaz, 1984. Translation, Norwood, MA: Artech House, 1986.

[15] A. Ivanov, "Improved Radar Designs Outwit Complex Threats," *Microwaves*, April 1976, pp. 54–71. Reprinted, *Radar Electronic Counter-Counter-Measures*, S. L. Johnston, (ed.), Dedham, MA: Artech House, 1979, pp. 457–462.

[16] W. B. Davenport, Jr., and W. L. Root, *An Introduction to the Theory of Random Signals and Noise*, New York: McGraw-Hill, 1958, p. 288.

[17] W. L. Rubin and S. K. Kamen, "SCAMP—A New Ratio Computing Technique with Application to Monopulse," *Microwave J.*, December 1964, pp. 83–90. Reprinted in *Radars*, Vol. 1, *Monopulse Radar*, D. K. Barton, (ed.), Dedham, MA: Artech House, 1974.

[18] J. E. Abel, S. F. George, and O. D Sledge, "The Possibility of Cross Modulation in the SCAMP Signal Processor," *Proc IEEE*, Vol. 53, No. 3, March 1965, pp. 317–318c.

[19] H. Sakamoto and P. Z. Peebles, Jr., "Conopulse Radar," *IEEE Trans. on Aerospace and Electronic Systems*, Vol. AES-14, No. 1, January 1978, pp. 199–208.

[20] P. Z. Peebles, Jr. and H. Sakamoto, "On Conopulse Radar Theoretical Angle Tracking Accuracy," *IEEE Trans. on Aerospace and Electronic Systems*, Vol. AES-16, No. 3, May 1980, pp. 399–402.

[21] P. Z. Peebles, Jr. and H. Sakamoto, "Conopulse Radar Angle Tracking Accuracy," *IEEE Trans. on Aerospace and Electronic Systems*, Vol. AES-16, No. 6, November 1980, pp. 870–874.

[22] P. A. Bakut and G. P. Tartakovskiy, *Problems in Statistical Radar Theory*, Moscow: Soviet Radio, Vol. 1, 1963, Vol. 2, 1964. Translation, Foreign Technology Division, Wright-Patterson Air Force Base, June 28, 1966, DDC document AD 645,755.

第9章

不可分辨目标响应

第 8 章中，我们假设在限定角度空间 (或正弦空间) 内只存在一个目标或只出现一个点。但是，有时候单脉冲处理器接收的信号不是来源于单目标，而是两个或更多不可分辨目标。甚至单目标也可能会有多个散射点，相当于多个不可分辨目标。多径也可当成不可分辨目标的一种特例，由地面或海面反射产生的镜像相当于分辨单元内的多余目标。相同波束内的干扰发射机也可以看作与不可分辨目标具有相同作用的目标。

当目标不可分辨时，雷达产生基于合成和差信号的单一指示角。一般情况下，雷达指示角与任何不可分辨目标或散射点的角度并不对应。由于起伏、相对运动或其他原因，指示角随着目标相对幅度和相位的变化而抖动。有时指示角在目标相对于雷达的角度范围以外。这种误差可能很大，以致引起跟踪丢失。在距离和多普勒测量中，也会出现这一问题，这里我们只讨论对角度的影响。

不可分辨目标会引起差电压 d 与和 (或参考) 电压 s 的相对相位的改变，这样，即使所有其他条件都是理想化的 (没有噪声，没有设备缺陷)，d/s 也不再是单纯的实数或虚数，而是复数。

除引起角度测量误差外，不可分辨目标也会影响检测，检测是雷达在跟踪之前必须进行的一项工作。和信号强度随目标相对相位的变化而起伏。合成能量是接收到的所有目标信号能量之和，但是部分时间的瞬时合成能量比期望的单个目标能量要小。检测概率可能会严重下降。对所有雷达来说，不可分辨目标对检测的影响都是普遍存在的，这在其他雷达文献中论述得比较详细，这里不再赘述。

本章首先回顾点目标的单脉冲雷达响应，然后分析两个不可分辨点目

标响应 (在 "不可分辨目标" 的完整定义之后)。现实中, 双目标问题比较普遍, 数学和物理概念都很容易处理。对于三目标, 确定性的数学描述 (如关于目标位置、幅度和相位的详细说明) 就复杂得多了, 而多于 3 个目标时, 则不能进行确定性的数学描述。然而, 对两个目标的物理分析有助于解释多目标问题。对任意数量的目标, 可以进行振幅和相位作为随机变量的统计分析。与确定性分析相比, 统计分析有时能提供更多的有用信息。

一般情况下, 雷达跟踪或尝试跟踪多个目标中的一个, 但是相同的分辨单元内同时出现的另一个目标 (或雷达辐射源) 会引起第一个目标的测量误差。已经提出和研究了很多方法去减少这类误差并尽可能获取两个目标的角度信息。其中一些方法来自同一个理论观点, 但在实际应用中会受到限制或存在一些问题。本章对此进行讨论, 因为它们在一些特殊应用中非常有效, 或者有助于理解原因。无论何种情况, 它们提供某种条件下电磁测量系统的基本限制, 也就是到达接收天线的任意电磁场波前的扭曲, 如第 5 章一个例子所述。当详细说明给定雷达的性能指标并在设计雷达时满足这些指标时, 需要理解这一主题以利于预测误差。

当 d/s 是复数时, 可将其实部和虚部视为目标复数角度所致, 也就是复指示角。这两个部分分别与穿过天线孔径的回波相位和幅度梯度相关。业已提出的同时利用实部和虚部的特定技术, 主要用于检测不可分辨目标引起的单脉冲输出的 "污染物"。理论上可以应用 d/s 的复值来确定两个不可分辨目标的位置, 但会存在实际困难和限制。

为简化分析, 做如下假设。去除这些假设的影响将在后面进行分析。

(1) 比较器产生的单个点目标的和差电压具有 0° (或 180°) 的相对相位, 因此单脉冲 d/s 是实的。雷达的相对相位是 90° (d/s 是纯虚数), 通过交换实部和虚部 (同相和正交分量) 或对复平面上的图形进行 90° 旋转, 很容易修改结果。假设 d/s 是纯实数 (或纯虚数), 仅适用于单个目标, 而不适用于不可分辨目标。

(2) 单脉冲处理器是 8.4 节定义的精确处理器。也就是说, 它的输出通常是 d/s 的实部, 但如果需要的话, 也可以叠加另一个同样的处理器, 其中的一个输入移相 90°, 以测量虚部。由于 "非精确" 处理器类型的不同, 将不会讨论它们对不可分辨目标的响应, 但会概述分析和计算响应的方法。

(3) 单个目标的归一化差信号与其角度成比例。角度比例特性不受精确单脉冲处理器假设的约束。精确处理器的典型响应是角度的函数, 从图 1.6 的 d/s 曲线或图 8.7 标记 $\delta = 0°$ 的虚线可以看出这一点。这些曲线是基于 AN/FPS-16 雷达方向图所绘, 但是大多数单脉冲雷达的 d/s 曲线形状大致相同。斜率一般不固定,但随角度的增加而略有增加。对靠近轴线的方向,轴上切线给出近似拟合。超出一个宽角度范围,如在两个半功率点之间,曲线能够用一个通过原点的大斜率的最适合直线进行近似。除非角度较小,雷达偏轴测量应使用实际曲线。然而,对于误差分析,直线近似就足够了。用实际的曲线是很必要的,利用本章后面所述的方法,可以修正直线响应的结果。

(4) 假设各目标回波的幅度比和相对相位对于实际位置来说是指定的,那么每个角坐标下的响应独立于在另一个坐标系中的目标位置。在实际的雷达工作中,即使坐标系间的耦合需要二维校准,误差分析时这一假设也是适合的。

(5) 噪声和其他误差源 (不可分辨目标引起的误差除外) 可忽略不计。

9.1 回顾点目标的单脉冲响应

点目标是在角度空间 (或正弦空间) 的一个点。在距离上,没有必要限制为单个点[①];然而,如果在距离上扩展,物体旋转将把平行扩展转换为横向扩展,从而导致不再具有点目标的形式。

大多数感兴趣的目标具有多个散射点。这些点通常是侧面区域的不连续点,或其派生物,是沿着目标扩展的距离函数。不连续包括最主要的和拖尾的边界。一般而言,散射点相对于雷达的角度并不相同。每个散射点仅仅对和差信号有贡献,并且整个目标作为不可分辨目标簇以相同的方式影响雷达,引起角抖动,如闪烁 (将在第 10 章详细讨论)。因此,大多数目标并非是点目标。事实上,如果目标相对于雷达的张角 (每个坐标) 相对于其他因素造成的雷达测角误差较小时,可以认为是点目标。在足够远的距离上,每个目标相对于雷达都可看成是点目标。尽管散射点相对相位改变所引起的散射点之间的干涉会造成回波幅度的起伏,但幅度起伏并不影响单脉冲雷达的角度测量。

依照上述假设,不考虑噪声和其他干扰源,每个角坐标 (横向或俯仰) 下的单脉冲输出为

$$d/s = k_{\mathrm{m}}\theta \tag{9.1}$$

式中: d/s 为在所选坐标系中的归一化差信号; θ 为以 (和波束) 波束宽度表示的坐标系下的偏轴角; k_{m} 为相同的坐标系下与角度相对应的单脉冲

─────────

[①]术语 "点目标" 有时也应用于距离上的单个目标。本文仅指角度上的。

响应曲线斜率, 表示为伏特每伏特每波束宽度 (见 6.4 节)。

选择波束宽度作为单位角度比较方便, 因为 k_m 在很多单脉冲雷达中有一个粗略的值 (≈ 1.6)。k_m 的值在两个坐标系中并不相等, 但是它们通常相近。对实际雷达进行计算时, 如果角度和斜率单位一致, 那么绝对角单位 (度或毫弧度) 可能被代替。

雷达产生单脉冲比 d/s 和除以已知的 k_m 可以获得指示角, 用 θ_i 表示为

$$\theta_i = \frac{1}{k_m} \frac{d}{s} = \theta \tag{9.2}$$

以此设计得到的雷达指示角等于在理想条件下单个目标的实际几何角度。

9.2 不可分辨的概念

本书没必要为关于分辨的多种定义进行一般性概括, 我们仅需在特定的角度测量背景下阐述不可分辨目标的含义: 如果由于其他目标的存在而导致每个目标的角度测量存在严重误差, 那么这些目标就是不可分辨的。必要时, "严重误差" 可用定量准则定义。要解决这个问题, 目标必须至少在一个坐标上充分分开 (横向角、仰角、幅度或多普勒), 使得它们对其他目标测量的干扰可以忽略不计。

需要注意的是, 不可分辨目标必须在所有坐标内都很接近, 而不仅是在角坐标内。根据经验, 如果目标处于同一个分辨单元, 这一分辨单元具有标称尺寸的射束宽度、脉冲长度以及多普勒滤波器带宽 (如果使用了多普勒), 那么目标通常被称为不可分辨的; 但是它们可能会引起相互干扰, 即使间隔较大, 按照此处的定义, 它们也是不可分辨的, 因为拥有显著边界的分辨单元是假想。即使它们的间隔足够大, 能够被雷达识别为个体目标并加以测量, 但仍可能存在重叠, 导致角度测量的误差。然而, 通常情况下, 雷达无法识别不可分辨目标, 仅能给出单个目标的检测与测量结果。

当然, 可分辨性不仅仅取决于目标, 还取决于雷达的特性, 包括其处理类型。

9.3 叠加近似

一般认为, 叠加适用于由多个目标散射形成的电磁场, 但严格来说, 这并不正确; 在解决边界问题时, 每次只考虑部分边界 (即一个目标), 电磁场

的简单叠加并不正确, 好像其他目标并不存在。每个目标的入射场被来自其他目标的散射场所改变。一个不太严谨但更简单的表达同样想法的方式是采用 "多次反射" (从一个目标到另一个目标, 一次或多次, 然后再反射到雷达)。

然而, 大多数的实际情况下, 可以忽略多次反射的贡献, 我们可以假设应用了叠加。下面的例子将阐述这一事实: 尽管在某些条件下可能非常大, 但这个假设的误差一般非常小。

考虑各向同性的两个目标 (目标向各个方向辐射和散射的平面波都是相同的)。设其雷达散射截面积为 σ_a 和 σ_b, 空间距离为 R_{ab}。雷达照射到第一个目标并再次辐射的能量正比于 σ_a。相同地, 雷达照射到第二个目标并再次辐射的能量正比于 σ_b; 对于第一个目标, 这个能量可表示为 $\sigma_a/(4\pi R_{ab}^2)$。因此, 二次反射能量 (第二个目标反射雷达的电磁波照射到第一个目标, 而后再反射到雷达) 与单次反射能量 (雷达直接照射到第一个目标, 而后反射回雷达) 比为

$$\frac{\sigma_a \sigma_b}{4\pi R_{ab}^2} \div \sigma_a = \frac{\sigma_b}{4\pi R_{ab}^2} \tag{9.3}$$

举个例子, 令 $\sigma_b = 1 \text{ m}^2$、$R_{ab} = 10 \text{ m}$, 则二次反射能量比单次反射能量小 31 dB, 因此, 在多数应用中, 可以忽略二次反射。

对于特殊的瞬时几何体, 它是电磁场, 而不是能量叠加。因而在这个例子中, 二次反射场强与单次反射场强的比等于式 (9.3) 能量比的平方根 0.028, 相对相位可能取任意值, 这由两个物体的位置决定。所以, 合成能量可能比单次反射能量更大或更小。然而, 在所有可能的相位上平均, 合成能量是两个能量的和。因此, 二次反射使得第一个目标的平均视在散射截面积增加了 1.0008 倍。

按照类似的方式, 可以计算出 3 次反射能量 (雷达照射到第一个目标, 而后反射到第二个目标, 再反射到第一个目标, 最后反射回雷达) 为 $\sigma_a/(4\pi R_{ab}^2)$。这一修正对于可忽略的二次反射而言无关紧要。

由于分析中 "第一个目标" 和 "第二个目标" 是任意的, 所以同样的分析也适用于另一个目标, 仅需互换 σ_a 和 σ_b。

然而这种粗略的计算方法仅仅为一个数量级的例证, 由此得到的结果与来自两个不可分辨球体的雷达后向散射的精确分析结果一致[1]。如果两个不可分辨目标的每一个的雷达散射截面积远小于这两个目标距离的平方 (如前者小于后者 1/100), 那么就可以忽略多次反射的影响, 并进行叠加假设。这是双目标问题的一般情况, 因此, 分析基于叠加假设。这意味

着, 从两个或更多不可分辨目标接收到的合成信号电压可以用从各目标接收到的信号电压 (不考虑其他目标影响) 的矢量叠加计算得到。

然而, 应该知道, 用于多个雷达目标的叠加只是近似, 当目标距离的平方并不远大于较大的雷达截面积时, 需谨慎使用。

9.4 双目标问题

在单目标情况下, 和差电压 s 与 d 是同相的, 且归一化差信号 d/s 是实数。然而, 在不可分辨目标情况下, s 和 d 可能具有任意的相对相位, 因此, 它们的比是复数。

用一个简单的方法证明这一点[2,3], 考虑某时刻波束内不同角度的两个不可分辨目标, 并限定为一个角坐标系。在相位图 9.1 中, s_a 和 d_a 是来自第一个目标的单脉冲和与差信号, s_b 和 d_b 是来自第二个目标的单脉冲和与差信号。尽管两个目标在同一距离分辨单元内, 但它们的距离一般并不相等, 此时 s_a 和 s_b 之间存在相位差。即便距离相等, 也有可能因为两个目标不同的后向散射相位特性而产生相位差。所有信号的和是 s。假设两个目标在射束轴相对的两侧, 第一个目标在 d_a 与 s_a 同相的一侧; d_b 与 s_b 相位相反。总的差信号是 d_a 和 d_b 的合成。

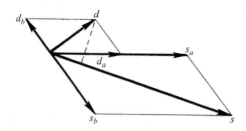

图 9.1　两个不可分辨目标的和与差相位

由图 9.1 可以清楚地看到, d 有一个和 s 正交的分量, 如虚线所示, 也有一个同相分量。换句话说, d/s 是复数。很容易看出来, 如果 s_a 和 s_b 相位差 180° 且大小几乎相等, d/s 将会非常大。前述结果并不限定于两个目标位于射束轴相对两侧的情形 —— 这是相当普遍的。

为从数学上表示这一结果, 令 θ_a 和 θ_b 表示两个目标距离选定坐标轴

的角位移。由式 (9.1), 有

$$d_a = k_m \theta_a s_a \tag{9.4}$$

$$d_b = k_m \theta_b s_b \tag{9.5}$$

合成的指示角为

$$\theta_i = \frac{1}{k_m} \frac{d}{s} = \frac{1}{k_m} \frac{d_a + d_b}{s_a + s_b} = \frac{\theta_a s_a + \theta_b s_b}{s_a + s_b} \tag{9.6}$$

这个等式说明, 指示角 θ_i 是目标实际角度的加权平均, 权值正比于各自的和信号。然而, 由于 s_a 和 s_b 的相位一般不等, 所以权值是复数。

令

$$s_a/s_b = p e^{j\phi} \tag{9.7}$$

式中: $p = gr$ 为两个目标回波和信号的幅度比, g 为两个目标方向上的天线和方向图电压增益比, r 为两个目标后向散射电压系数比 (它们雷达散射截面积比值的平方根); ϕ 为两个目标回波和信号的相对相位。

g 和 r 的比值与相对相位 ϕ 被定义为第二个目标 (在角 θ_b) 相对于第一目标 (角 $c - d/s$) 的比值与相对相位, 反之不然。被动雷达目标的一般情况下, g 的意义是双程电压增益比。在有源或信标情况下, g 指单程电压增益, r 是源强度 (电压) 之比, ϕ 是相对相位。g 和 r 定义为非负实数, p 亦如此。

把式 (9.6) 右边的方程分子分母都除以 s_a, 利用式 (9.7), 得

$$\theta_i = \frac{\theta_a + \theta_b p e^{j\phi}}{1 + p e^{j\phi}} \tag{9.8a}$$

用两个目标的中分角 θ_{mid} 和夹角 Δ_θ 表示的等价形式为

$$\theta_i = \theta_{mid} - \frac{\Delta\theta}{2} \frac{1 - p e^{j\phi}}{1 + p e^{j\phi}} \tag{9.8b}$$

式中: $\theta_{mid} = \dfrac{\theta_a + \theta_b}{2}$ 为中分角; $\Delta\theta = \theta_a - \theta_b$ 为夹角。

这个公式还可以写成第三种形式, 即指示角等同于第一个目标的真实角度 θ_a, 加上一个误差; 这种方式便于确定特殊目标的角度测量误差:

$$\theta_i = \theta_a + \Delta\theta \frac{p e^{j\phi}}{1 + p e^{j\phi}} \tag{9.8c}$$

式 (9.8a)、式 (9.8b) 和式 (9.8c) 都是等价的, 除了形式上有所差别, 它们共同构成式 (9.8)。选择何种等式, 取决于分析、计算和绘图是否便捷。

9.5 复指示角

式 (9.8) 左边的变量 θ_i 被命名为 "复指示角" 或简称为 "复角"[2,3]。当 $p = 0$ (移除第二个目标) 时, 等式右边简化为 θ_a, 指示角则等于几何角。当 p 无穷大 (移除第一个目标) 时, 指示角变为 θ_b。当 $\theta_a = \theta_b$ (考虑两个目标在同一坐标系相同的角度下) 时, 不论两个目标的幅度和相位如何, 指示角等于几何角度。然而, 一般认为指示角是个复数。

由于单脉冲处理器通常只提取指示角的实部, 所以针对双目标问题的一般分析方法是仅处理式 (9.8) 的实部。在式 (9.8) 分子和分母同时乘以 $1 + pe^{-j\phi}$ (注意 $e^{\pm j\phi} = \cos\phi \pm j\sin\phi$), 然后得到等式右边的实部。这个结果可以表达成多种等价形式。对于式 (9.8a)、式 (9.8b)、式 (9.8c), 相应的实部表达式分别为:

$$\mathrm{Re}(\theta_i) = \frac{\theta_a + p\cos\phi(\theta_a + \theta_b) + p^2\theta_b}{1 + 2p\cos\phi + p^2} \tag{9.9a}$$

$$\mathrm{Re}(\theta_i) = \theta_{\mathrm{mid}} - \frac{\Delta\theta}{2}\frac{1 - p^2}{1 + 2p\cos\phi + p^2} \tag{9.9b}$$

$$\mathrm{Re}(\theta_i) = \theta_a + \Delta\theta\frac{p\cos\phi + p^2}{1 + 2p\cos\phi + p^2} \tag{9.9c}$$

尽管虚部经常被忽略, 但在需要它的时候还是可利用的。后面将讨论其物理重要性和可能的应用。虚部可由式 (9.8) 得到:

$$\mathrm{Im}(\theta_i) = \Delta\theta\frac{p\sin\phi}{1 + 2p\cos\phi + p^2} \tag{9.10}$$

和差信号相对相位 δ 与实部和虚部的关系如下:

$$\tan\delta = \frac{\mathrm{Im}(\theta_i)}{\mathrm{Re}(\theta_i)} = \frac{p\sin\phi}{\theta_a + p\cos\phi(\theta_a + \theta_b) + p^2\theta_b} \tag{9.11}$$

用复数形式表达, 则数学表达式更加简洁。式 (9.8) 中的任一表达式等价于式 (9.9) 与式 (9.10) 的组合。尽管需要数值计算的时候有必要把复数分解成实部和虚部, 但是复数形式通常便于数学运算和绘图。也便于分析缺陷, 如雷达设备中的幅相不一致性的影响。

为考察复杂指示角作为目标参数的函数的性质, 定义一个辅助量 w:

$$w = pe^{j\phi} \tag{9.12}$$

代入式 (9.8a), 得

$$\theta_i = \frac{\theta_a + \theta_b w}{1 + w} \tag{9.13}$$

θ_i 和 w 均为复数。如果 θ_a 和 θ_b 值保持不变, 那么式 (9.13) 表明, θ_i 由一个以 w 为变量的线性函数除以另一个以 w 为变量的线性函数得到。根据复变函数理论, 这是 w 的双线性变换, 它具有这样的性质 (参见任何一个复变函数的教科书): w 平面的直线和圆被变换成 θ_i 平面的直线和圆。在特殊情况下会出现直线, 相当于圆的半径无限大。

如果双目标的相对相位 ϕ 是变化的, 那么当幅度比 p 和它们的角度 θ_a 和 θ_b 保持不变时, w 描绘出以 p 为半径原点为圆心的在 w 平面上的圆, 双线性变换则将其变换成 θ_i 平面上的一个圆。不同值的 p 在 θ_i 平面产生圆族。

数种幅度比 p 值下的圆如图 9.2 实线所示。图中, 把原点放在 θ_a 和 θ_b 的正中央, 并以 $\theta_a - \theta_b$ 为单位角, 实现了归一化。换言之, 绘出的复数量是归一化指示角 θ_{in}, 可以借助式 (8.8b) 得到:

$$\theta_{in} = \frac{\theta_i - \theta_{mid}}{-\Delta\theta} = \frac{1}{2}\frac{1 - pe^{j\phi}}{1 + pe^{j\phi}} \tag{9.14}$$

$\Delta\theta$ 之前的负号是任选的, 主要是为了画图方便。

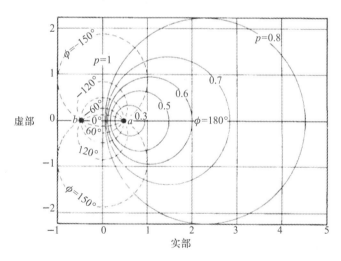

图 9.2　双目标的复指示角 (同一坐标系下)

归一化以使原点位于中分角处及角单位为目标角度间隔。第一个目标在 a 点, 第二个目标在 b 点

一旦认为这些曲线必须是圆, 且圆心必须在实轴上, 就很容易绘出这些曲线, 这是因为用 ϕ 替换 $-\phi$ 只改变了虚部的符号, 对实部没有影响。令 $\phi = 0$ (左边交叉点) 和 $\phi = \pi$ (右边交叉点), 容易计算得到圆与实轴交

叉的两个点。画圆时, 以两个交叉点的中点为中心, 以它们间距的 1/2 为半径。根据式 (9.9) 和式 (9.10), 以 ϕ 为变量, 用同样的方法可逐点画出 $Im(\theta)$ 与 $Re(\theta_i)$ 的关系图。

$p < 1$ 的圆靠近第一个目标 (下标为 a)。$p > 1$ 的圆靠近第二个目标。p 的倒数产生关于虚轴对称的成对的圆。$p = 1$ 的圆退化成虚轴。$p = 0$ 和 ∞ 的圆退化成点 a 和 b, 分别代表第一个目标和第二个目标。如果 ϕ 匀速变化, 在 θ_{in} 圆上的相应点不是匀速的; 当 ϕ 接近 $0°$ 时变化慢, 当 ϕ 接近 $180°$ 时变化快。

如果幅度比 p 变化而相对相位角保持不变, 那么在 w 平面, w 的轨迹输出为直线, 在 θ_i 平面 (或 θ_{in} 平面) 上变换成圆。不同的 ϕ 值产生一组恒定的 ϕ 族, 正交于 p 族。如图 9.2 断续线所示。每个断续的圆由两个弧组成, 其中一个在实轴以上, 另一个在实轴以下, 它们的相位差为 $180°$。对于 $\phi = 0°$, 弧 (半径无穷大) 是在 a 和 b 之间实轴的一部分, 而对 $180°$, 弧是实轴的其他部分。

必须注意, 图 9.2 适合于单个角坐标。如果坐标是横向的, 图中垂直坐标代表指示横角的虚部, 而不是指示仰角。相同系列的归一化曲线也适用于俯仰。

如果已知幅度比、相对相位以及两个目标相对于射束轴的角度, 那么可以按照下面的方法利用图 9.2 很快地读出复指示角。令实轴和虚轴上的单位距离为归一化尺度, 表示两个目标在坐标系中的角度间隔。向左边或右边移动原点直至原点到点 a 和点 b 的距离分别等于它们偏离轴线的归一化角度。p 圆和 ϕ 圆的交叉点是复指示角在归一化形式下的值。为去除归一化, 须乘以两个目标的角度间隔。

如果 d/s 相对于角度是线性的, 那么若 p 保持恒定, 则相对于两个目标的波束指向角中的移位意味着图 9.2 中对应数量的原点水平移位。然而, 实际上, 随着波束指向的改变, 式 (9.7) 所定义的和方向图电压增益比 g 改变, 导致 p 改变。因此, 必须用到实际波束位置的正确的 p 值。

图 9.3 所示为 $Re(\theta_{in})$ (归一化指示角实部) 的曲线, 对不同 p 值, 它是 ϕ 的函数, 分别利用式 (9.9) 和式 (9.14) 进行计算和归一化。曲线的形式已在图 9.2 中显示。由于曲线关于 $180°$ 均匀对称, 所以该图仅给出了左边一半。

式 (9.9b) 和图 9.3 是含义相同的方程和曲线, 它们来自雷达文献中不同的论文和书籍 (例如文献 [4, p87; 5, p169])。有意思的是, 复平面上的曲线簇具有较简单的形式 (圆)。这种复平面绘图方式有助于发现因雷达自身

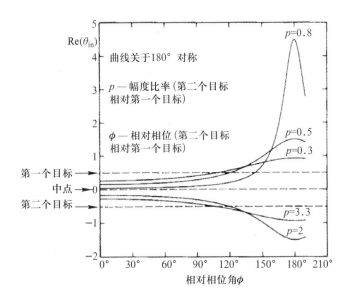

图 9.3 对于两个不可区分目标相对相关相位的复角实部

缺陷而导致的和差通道相位不一致性。其影响是图 9.2 关于代表轴线的位置的旋转, 旋转角度等于不一致相位, 导致实部和虚部之间的耦合。

令式 (9.9c) 的 $\mathrm{Re}(\theta_i) > \theta_i$, 则两个目标的角范围以外的指示角所占比例为 $(\arccos p)/\pi$。例如, 若 $p = 0.5$, 则该比例为 $1/3$。

图 9.2 和图 9.3 以及相应的方程式, 表明了天线轴固定情况下所得到的开环单脉冲响应。在普通闭环跟踪模式下, 天线波束移动的目的是为了使指示角的实部趋向于零。这样, 目标幅度比改变。闭环响应将在后续章节中讨论。

9.6 物理解释

据称[6], 任何跟踪雷达, 不只是单脉冲, 其轴线往往垂直于相位波前。如果解读和限定合适, 那这将是一个有用的规则。对于单脉冲, 这意味着当天线孔径平面①与到达波相位波前匹配时, 每个角坐标下的指示角实部变为零。对于远距离点目标, 平面波情况下, 确实如此。然而, 不可分辨目标扭曲了到达波相位波前, 使其成为非平面, 还会导致相位平面上的幅度变化。不可能使孔径平面与非平面的相位波前匹配。和差信号导致孔径区

---

① 在电控阵列中, 文中的孔径平面被解释为 "控面" 而不是物理阵列平面。

域每个阵元的到达波矢量的积累分别被和差方向图的孔径照度函数加权。因此, 跟踪雷达会调整其轴线垂直于 "加权平均" 的相位波前, 这一般与垂直于孔径中心实际相位波前不同。两个单脉冲跟踪雷达, 一个比幅, 另一个比相, 会调整其轴线与各自加权平均相位波前的法线一致, 但这两个方向可能会由于孔径照度函数的不同而略有不同。

当轴线所指的方向使指示角实部为零时, 一般仍然存在虚部。

当轴线指向零方向以外时, 指示角的实部和虚部都以一种相当复杂的方式取决于孔径[2,7]回波的幅度和相位分布。然而, 如果假定和差照度函数在孔径上具有恒定的相位, 那么就很容易分析到达波的两种特殊情形[7]:

(1) "均匀幅度", "线性相位锥度" ("斜平面波"): 指示角是纯实数, 等于垂直相位波前的角度。

(2) "恒定相位" ("平面相位波前垂直于射束轴"), "线性幅度锥度": 指示角是虚数, 正比于以中心幅度归一化的幅度锥度。

在这两种特殊情形中, 相位锥度造成指示角的实部, 幅度锥度造成虚部。然而, 一般而言, 这两个因素是不可分割的; 实部和虚部均依赖于到达波的相位和幅度分布, 这些是不可分辨目标的偏轴角、幅度和相位的函数。

虽然理想上精确处理器只响应实部, 但是雷达和差通道之间的相位不一致性会导致虚部的一部分耦合到实部上, 从而影响单脉冲输出。某种程度上, 不一致性不仅发生在接收机中, 而且发生在天线方向图中。例如, 在反射型比幅天线中, 和差方向图的相位中心略微不同[8], 它们的照度函数在孔径上的相位并非恒定; 尽管对轴线附近目标的效果可以忽略不计, 但如果一个或两个目标接近或越过波束边缘, 那么就可能导致相对相位的显著失真。

虚部也很有意义, 因为像第 8 章阐述的那样, 某些类型的单脉冲处理器不单纯地响应 d/s 的实部, 而是实部和虚部的非线性组合。在分析对不可分辨目标的性能时, 应同时考虑这两部分。

9.7 虚部 (正交相位) 分量的测量

由于精确处理器 (如 8.4 节定义) 响应与和信号同相的差信号分量, 并测量指示角的实部, 虚部能够利用另一个精确处理器测量。例如, 如果实部能够从 8.8 节所述的点积检测器获得, 那么虚部能够从与第一个并行的另一个点积检测器获得, 两个检测器的输入相同, 但其中一个 (和或差) 具有 90° 的相移。为在两个角坐标下测量实部和虚部, 将需要 4 个这样的处理器。如果处理器使用计算机以从和差信号的幅度和相位测量中获得 Re(d/s) (参见 8.5 节或 8.7 节), 虚部的计算并不需要额外硬件, 仅需在计算中用正弦代替余弦。如果处理器利用式 (9.8) 从 I 和 Q 测量来计算实部, 那么也可以利用式 (3.20) 计算虚部。

尽管精确处理器是理想化的, 但第 8 章描述的某些实际的处理器只是逼近于精确处理器的性能, 仅受有限动态范围和由设备缺陷、量化和校准所导致的误差的限制。

图 9.2 所示的理论圆已经得到实验证实。实验中, 用一个额外的点积检测器改造单脉冲雷达, 以测量除同相输出之外的横向正交输出。两个处理器输出与 $X - Y$ 坐标的输入相连。两个信标喇叭天线缚在校靶塔顶端, 仰角相同但横向分离。喇叭指向雷达并利用信号发生器从雷达获得脉冲同步。一个可变移相器和可变衰减器插入其中一个信标天线的直线中。允许雷达在一定距离内锁定信标脉冲, 但天线固定, 并不使用其伺服系统以抑制角度跟踪。通过改变相位同时保持衰减恒定, 反之亦然, 可以获得图 9.2 所示的圆。

即使设备和校准很完美, 某些处理器也不能像精确处理器那样工作。然而, 在有限条件下, 它们产生的输出与精确处理器的输出相同, 或近似于后者。例如, 8.9 节描述的近似点积检测器的输出在实部于 −1 到 1 之间、虚部为零时等于实部。与之不同的是, 根据式 (8.19), 输出为指示角实部和虚部的非线性函数。第二个与相同输入 (s 和 d) 相连的同样装置, 其中一个输入相移 90°, 如式 (8.22) 所示, 它产生的输出是第一个装置输出的实部和虚部互换。反转等式对, 理论上能够从两个处理器的输出计算出实部和虚部。然而, 由于图 8.7 和图 8.8 所示饱和的影响, 当实部或虚部极大时, 结果可能不确定或不精确。

类似的结论适用于利用 $|v_1|$ 与 $|v_2|$ 或 $|s+d|$ 与 $|s-d|$ 的和差的非相参处理器 (参见 8.11 节)。对于这些情形, 由于图 8.10 和图 8.11 曲线的反向, 结果是模糊的。

前面两点并没有暗示 "非精确" 处理器的任何不足。它们结构简单、造价低廉, 已广泛应用于某些单脉冲雷达, 并在靠近轴线目标的闭环跟踪应用中性能极佳。然而, 在需要精确测量或需要测量虚部的情形下, 它们并不合适。

9.8 本振频率的影响

在雷达接收机中, 来自天线的射频信号通常与本振混频转换成中频。本振是射频的频率偏移以使差分频率等于所需中频。本振频率既可高于射频, 也可低于射频。

如果本振频率低于射频, 和差信号的相对相位在中频与射频上相同。如果本振频率高于射频, 射频相对相位 ϕ 在中频就变成 $-\phi$。这一变化对实部没有影响, 但它改变了虚部的符号; 因此, 图 9.3 是无负载的, 但在图 9.2 中, 实轴上方和下方的断续圆弧的相位互换。11.12 节将会讨论对多径响应曲线的影响。

9.9 不可分辨目标的存在性检测

由于单个目标很少产生或没有指示角虚部, 所以理论上来讲, 如果存在超过阈值的虚部就表示存在多个目标[2]。必须设置阈值, 以保证噪声、杂波和其他干扰的误报概率不会超过某一定值。超过某个阈值的信息可用于目标分析或计算, 或者说, 抛弃 “受到污染” 的测量值可能比缺失的测量值危害更大。

针对这种技术[9] 的分析结果表明, 中等信干比条件下, 单目标和多目标之间的单个脉冲差别很小, 但是通过数个独立脉冲虚部 (正交分量) 的积累可将识别可靠性提高到可用水平。还发现, 稳定目标比起伏目标的正确识别概率要高。例如, 对于两个具有相同平均散射截面积的独立 Swerling2 型①目标, 其间隔为 1/4 波束宽度, 合成平均信干比为 24 dB, 分析结果表明, 5 个脉冲积累后的检测概率为 0.9 (识别多个目标存在的概率), 虚警概率为 0.17 (检测结果是存在多个目标但实际上只有一个目标的概率)。在相同条件下, 稳定目标相应的概率分别为 0.95 和 0.01。

文献 [10] 描述了在多波束天线中使用的另一种方法。不可分辨目标或多径干扰所产生的虚部可能是一个真正的比率, 该方法采用广义似然比检验来检测是否存在这样的干扰, 以杜绝受到污染的角度测量。

---

① Swerling2 型目标的雷达散射截面积具有负指数分布 (幅度瑞利分布), 脉冲间独立起伏。

9.10 指示角的均值和方差

有时很想知道指示角的均值, 它是多次测量的平均值, 而相对相位 ϕ 为时间的线性函数或随机均匀分布。假设各目标反射相位特性保持恒定, 则相位随时间的线性变化导致两个目标间恒定的速率差别, 或者脉冲间的射频步进。由于目标方向或距离差别的随机变化, 或由于雷达伪随机脉间频率截变, 相对相位也会随机变化。

首先, 假设两个目标的幅度比和偏轴角在平均时间内保持恒定。对于实部, 从 $\phi = 0$ 到 $\phi = 2\pi$ 积分①并除以 2π, 可以求得式 (9.9b) 中 $(1 - p)^2/(1 + 2p\cos\phi + p^2)$ 的均值, $p < 1$ 时为 1, $p > 1$ 时为 -1。将这些值代入式 (8.8b), 可以得到指示角均值, $p < 1$ 时为 θ_a, $p > 1$ 时为 θ_b; 换句话说, 均值等于较强目标的角度[11]。如果 $p = 1$, 均值对应中点, 但这是理论情况, 实际上完全相等的概率为零。

参照式 (9.10) 和图 9.2 可知, 虚部的均值为零。

尽管假设条件下通过实部的定积分可以直接计算均值, 但当幅度比 p 不是恒定的或存在两个以上目标 (后面将讨论这种情况) 时, 这种方法就显得笨拙或不切实际。更有效、更适合这种情况的方法是复积分。这里, 将首先将其应用于具有恒定幅度比的简单情况, 而后推广至一般情况。

为便于分析, 首先求取复方程式 (9.8c) 的均值:

$$\overline{\theta_t} = \theta_a + \frac{\Delta\theta}{2\pi} \int_0^{2\pi} \frac{pe^{j\phi}}{1 + pe^{j\phi}} d\phi \tag{9.15}$$

定义一个复变量 w, 并求微分:

$$w = pe^{j\phi} \tag{9.16}$$

$$dw = jpe^{j\phi}d\phi \tag{9.17}$$

于是

$$\overline{\theta_i} = \theta_a + \frac{\Delta\theta}{2\pi} \int_C \frac{1}{j} \frac{dw}{1 + w} \tag{9.18}$$

字母 C 代表复平面内的积分围线。在恒定幅度比情况下, 围线是圆心为原点、半径为 p 逆时针圆。

如果 $p < 1$, 围线积分不包括或与点 $w = -1$ 相交。因此, 根据 Cauchy-Goursat 定理[12], 该积分在圆周或内部没有奇点, 积分为零。这意味着实部和虚部都为零。因此, 如果 $p < 1$, 均值等于 θ_a (较强目标的角度)。

---

①在各种不同版本的表中可以找到这种定积分。

如果 $p > 1$, 围线为圆, 包含点 $w = -1$。

根据 Cauchy 积分公式[12], 如果 w_0 是复平面上的任意点, 包括 w_0 点的 $f(w)/(w - w_0)$ 围线积分是 $j2\pi f(w_0)$。$w_0 = -1, f(w) = 1/j$。因此式 (9.18) 化简为

$$\overline{\theta_i} = \theta_a + \frac{\Delta\theta}{2\pi} j2\pi \frac{1}{j} = \theta_a + \Delta\theta = \theta_b \tag{9.19}$$

这里的结果与实部积分结果一致。

然而, 复积分的优点是没必要限制围线为圆, 它可能是任意闭合路径。因此, 幅度比 p 可能变化。只要围线不包含点 $w = -1$ (条件是只要当 $\phi \neq 180°$ 时允许 $p > 1$), 指示角均值是 θ_a。类似地, 如果 $\phi = 180°$ 时 $p < 1$, 那么指示角均值是 θ_b。如果幅度比和相对相位按照围线路径变化, 那么该围线为了闭合必须围绕原点取 n 条圆周, 各个圆周的 Cauchy 积分 (±1) 是求和并除以 n。

如果幅度比和相对相位均随机独立变化, 那么若平均时间足够长就可假设围线闭合。如果有这样两个目标, 它们相对于波束轴有恒定的角度, 且其幅度变化始终满足一个目标比另一个目标强, 那么在所有相对相位上的指示角均值是较强目标的角度。如果一个目标不总是强于另一个目标, 那么指示角均值是两个目标角度的加权平均。如果目标符合起伏目标的标准分析模型, 如 Swerling 模型, 并且平均信号强度是特定的, 那么容易计算相应的权值。例如, 对于幅度瑞利分布、相位均匀分布的两个独立目标 (功率负指数分布), 平均指示角是 "功率质心" —— 也就是说, 其各自信号功率决定了两个目标角度对于均值的权重[13]。这种幅度分布类型可描述 Swerling1 型和 (或) 2 型目标, 对于噪声干扰机是合理模型。因此, 结果适用于两个这样的目标: 两个干扰机或同一分辨单元的目标。

单个目标的单脉冲输出与角度不是严格的比例关系。不过, 倘若在归一化单脉冲输出测量转换为角之前而不是之后求平均, 上述结果仍然正确。然而, 结果仍依赖于测量 $\text{Re}(d/s)$ 精确处理器的假设。并且, 由于假设求平均期间内射束轴相对于目标的角度位置保持恒定, 所以此结果仅适用于开环测量或长时间常数的闭环跟踪。

文献 [14] 分析了指示角的方差 (指示角偏离均值的均方偏差)。对恒定的幅度比, 实部和虚部具有相同的方差:

$$\text{var}[\text{Re}(\theta_i)] = \text{var}[\text{Im}(\theta_i)] = \frac{p^2(\Delta\theta)^2}{2(1 - p^2)} \tag{9.20}$$

式中: p 为弱信号和强信号的幅度比, 因此 $p < 1$。

如果一个目标远远小于另一个目标 ($p \ll 1$)，方差近似为 $p^2(\Delta\theta)^2/2$。如果 $p = 1$，根据式 (9.20)，方差为无穷大，但这一结果是理论上的，因为雷达电路有限的动态范围使得方差是有限的，且在任何情况下，观测时间内保持幅度相等的概率为零。

对于起伏目标情形下的变量 p，式 (9.20) 的结果必须在功率比 p^2 上平均，与概率密度一致。如果目标并不总是较强，方差必须参考指示角均值，计算如上。计算每个目标的方差，较强的一个乘以时间分数，两部分相加。

事实上，平均的结果一般不完全等于上面计算的均值，即使目标角度恒定、相对相位线性或随机变化假设正确，且噪声和其他误差可忽略不计。一个原因是，测量为离散采样的 (在各脉冲或脉冲串上) 而非连续的；如果用求和代替式 (9.15) 中的积分，那么分析结果将改变。另外一个原因是：理论结果基于在相对相位线性变化条件下整数圈的平均或者相位线性或随机变化条件下有限时间的平均。现实中，这两个条件都得不到满足。

9.11 指示角的加权平均值

上一节得到平均值是未加权的，也就是说，所有指示角测量的权值相等。本节考虑单次测量加权的影响，权值为单次测量的和信号功率与全部测量的和信号功率之和的比率。

如式 (9.9a)，考虑指示角的实部。分母是用第一个目标信号功率归一化的总和信号功率。乘以第一个目标信号功率可将其转换为绝对功率。然后，分子乘以相同的量，结果不变。因此，可把第一个目标信号的功率作为单位值。

假设测量是连续的而非离散采样的，且目标相对于轴线的角度在求平均的时间内是恒定的。最初，还假设振幅比 p 是恒定的。由式 (9.9a)，实部在相对相位 ϕ 上的加权平均值为

$$\overline{\text{Re}(\theta_i)_{\text{wp}}} = \frac{\displaystyle\int_0^{2\pi} [\theta_a + p\cos\phi(\theta_a + \theta_b) + p^2\theta_b]\mathrm{d}\phi}{\displaystyle\int_0^{2\pi} [1 + 2p\cos\phi + p^2]\mathrm{d}\phi} \tag{9.21}$$

式中：下标 wp 表示在每次测量中，加权与总和信号的功率成比例。

由于 $\cos\phi$ 在一个周期内的积分是零, 其结果为

$$\overline{\text{Re}(\theta_i)_{\text{wp}}} = \frac{\theta_a + p^2\theta_b}{1 + p^2} \tag{9.22}$$

这是两个目标的 "功率质心"。结果适用于所有的 p 值, 无论 $p < 1$ 或 $p > 1$。因子 p^2 是目标雷达散射横截面的比率乘以两个方向上 (单程或双程增益, 这取决于雷达工作模式) 的天线功率增益比率。如果存在多普勒差异, 那么这也可能影响 p^2 的值。由于两个不可分辨目标的距离几乎相等, 所以距离的影响通常可忽略不计。

虚数部分的均值, 无论加权或不加权, 都是零。注意到式 (9.10) 中 $\sin\phi$ 在一个周期内的积分为零, 结论是显而易见的。

如果 p^2 由于目标散射横截面的起伏而发生变化, 却与 ϕ 变化无关, 则式 (9.22) 中得出的功率质心可以用适当的概率密度函数在 ρ^2 上求平均。n 个脉冲的功率加权平均可以写为

$$\overline{\text{Re}(\theta_i)_{\text{wp}}} = \frac{\displaystyle\sum_{k=1}^{n} \frac{|d_k|}{|s_k|}|s_k|\cos\delta_k}{\displaystyle\sum_{k=1}^{n} |s_k|^2} \tag{9.23}$$

暴力计算方法是在每个脉冲上形成单脉冲输出 $|d_k/s_k|\cos\delta_k$, 将它乘以 $|s_k|^2$, 对 n 个脉冲的乘积求和, 并除以 n 个脉冲和信号功率总和。然而, 可以通过简化分子减少计算量:

$$\overline{\text{Re}(\theta_i)_{\text{wp}}} = \frac{\displaystyle\sum_{k=1}^{n} |d_k||s_k|\cos\delta_k}{\displaystyle\sum_{k=1}^{n} |s_k|^2} \tag{9.24}$$

例如, 考虑 8.6 节中所述的 I 和 Q 处理器, 其中由式 (8.9) 计算每个单脉冲输出。为了计算功率加权平均, 忽略了每个脉冲的除法。相反, 计算每个脉冲的分子并在 n 脉冲求和, 同样计算每一个脉冲的分母并求和。然后计算两个和的商。

上一节的结论指出了实际条件下求平均区别于理论加权平均的原因。

9.12　确定不可分辨目标角度的可能性

有这样一个问题, 即指示角实部和虚部测量值能否为求取两个不可分

辨目标的角度提供足够的信息。根据已测得的 $\text{Re}(\theta_i)$ 和 $\text{Im}(\theta_i)$，我们希望使用式 (9.10) 和式 (9.9) 中的一个求取 θ_a 和 θ_b (分别为第一个和第二目标的角度)，牢记 θ_{mid} 和 $\Delta\theta$ 与式 (9.8b) 定义的 θ_a 和 θ_b 相关。对于每一个角坐标系，有 2 个方程和 4 个未知数: θ_a, θ_b, p (这两个目标的幅度比)，ϕ (它们的相对相位)。因此，如果仅在一个角坐标[1]内测量，基于单一脉冲 (或来自一系列脉冲的单测量) 的解决方案是不可能的。

如果同时在两个角坐标内同时测量，则有 4 个方程和 6 个未知数: 横向与俯仰上的 θ_a 和 θ_b、p 值和 ϕ 值。同样，无解。

由于解决方案不可分，所以主要关注目标角度而非幅度比或相对相位的事实并没有帮助。

除和与两个差信号外，四喇叭馈源单脉冲雷达有一个比较器未使用的副产品 —— 在虚载荷终结的对角差信号 (参见 4.4.3 节)。该信号的同相和正交分量的测量值，利用和信号归一化后可以提供解决上述问题所需要的额外方程。然而，在 15.2 节将会看到，这个信号是没有用处的，因为它在射束轴的周边或沿主平面的横向和俯仰上为零或对目标方向的灵敏度很低。

因此，两个任意目标和传统单脉冲天线方向图的一般情况下，单个脉冲是不可能解决不可分辨目标问题的。这一结论仍保留了单脉冲解决方案的可能性，即在镜面多径的特殊情况下，低角度目标及其镜像之间的关系已知; 这种情况将在第 11 章进行讨论。

要讨论的下一个问题是两个或多个连续脉冲[2]测量能否解决上述问题。理论上，两个脉冲就可以了。为了提供独立的方程，必须改变脉冲间的雷达参数或目标参数，这样，独立可测量的个数就会超过未知数的个数。

脉间可能存在不同类型的变化 —— 例如，雷达的波束指向方向、频率或极化的变化，或者目标的某些变化。由于两个目标存在相对运动，而其他参数保持恒定，所以这里描述的方法是基于时间间隔内相对相位 ϕ 的变化。此方法为指示角虚部中具有潜在有用信息的例证，但由于误差和限制，其实际应用受一定条件限制。

为了阐述目标相对运动产生的变化，假设雷达波长 10 cm，且在脉冲时间间隔内，例如 0.01 s，两个目标距离差的变化为 1 cm。这样，ϕ 的变化

---

　　[1] 这适用于单脉冲的一般形式，其中，每个坐标下有两个可用的天线方向图 —— 或者是和与差或者是一对合成方向图，不必适用于能够提供两个以上方向图的特殊结构;

　　[2] 这里，词语 "脉冲" 或可解释为测量来自单个脉冲或者脉冲串。

为 72°, 而在这样短的间隔内, 可认为 θ_a 和 θ_b 在角坐标中是恒定的。即使目标方向变化很快, 假设天线波束随其移动, 由于角度是相对于射束轴测量的, 这依然正确。对于稳定或慢起伏目标, 也可以认为目标幅度比 p 是恒定的。

如果相对相位以稳定的速率变化, 将存在一个多普勒差异, 这个特殊情况下等于 1m/s。有可能会引起争议, 对于这种类型的问题, 已经存在利用多普勒滤波分辨两个目标的方法。然而, 平均相对相位的变化率可能太小, 只能使用特殊雷达提供多普勒分辨力, 或者雷达的多普勒分辨力达不到区分目标的要求。此外, 脉间变化可能是随机的或短暂的, 而不是稳定的, 因此, 多普勒分辨是不可能的。例如, 保持恒定距离的两架飞机的相对多普勒频率平均为零, 但在它们位置的随机扰动会导致脉间相对相位的变化。将要描述的方法适用于随机以及均匀相位变化。

必须从两个脉冲所获得的数据中计算出 5 个未知量 (对单个角坐标): 两个目标角度 θ_a 和 θ_b、相对相位 ϕ_1 和 ϕ_2、目标幅度比 p。为了确定这些未知数, 要从两个脉冲得到 5 个测量值: x_1、y_1 和 x_2、y_2 (分别表示从第一个和第二个脉冲测得指示角的实部和虚部) 和两个脉冲的接收功率之比 r_p。求解步骤如下:

令 x_c 表示圆心的 x 坐标, ρ 表示半径。圆方程为

$$\begin{cases} (x_1 - x_c)^2 + y_1^2 = \rho^2 \\ (x_2 - x_c)^2 + y_2^2 = \rho^2 \end{cases} \tag{9.25}$$

求解圆的参数 x_c 和 ρ, 得

$$x_c = \frac{x_2^2 - x_1^2 + y_2^2 - y_1^2}{2(x_2 - x_1)} \tag{9.26}$$

$$\rho = \sqrt{(x_1 - x_c)^2 + y_1^2} \tag{9.27}$$

然后, 由式 (9.8a), 在圆与实轴相交的点 x_0 和 $x_{180}(\phi = 0°$ 和 $180°)$ 可用目标角度和幅度比表示为

$$\begin{cases} x_0 = \dfrac{\theta_a + p\theta_b}{1 + p} \\ x_{180} = \dfrac{\theta_a - p\theta_b}{1 - p} \end{cases} \tag{9.28}$$

由式 (9.28) 的另一对等式, 与目标角度和幅度比相关的 x_c 和 ρ 为

$$\begin{cases} x_c = \dfrac{\theta_a - p^2\theta_b}{1 - p} \\ \rho = \dfrac{p(\theta_a - \theta_b)}{1 - p^2} \end{cases} \tag{9.29}$$

这些表达式允许用圆参数和未知的幅度比 p 表示目标角度:

$$\theta_a(p) = x_c - p\rho \tag{9.30}$$

$$\theta_b(p) = x_c - \frac{\rho}{p} \tag{9.31}$$

使用式 (9.9a), 两个相位角现在可以用圆参数和未知的幅度比 p 表示为

$$\cos[\phi_{1,2}(p)] = \frac{\theta_a(p) - x_{1,2} + [\theta_b(p) - x_{1,2}]p^2}{[2x_{1,2} - \theta_a'(p)x_{1,2} - \theta_b(p)x_{1,2}]} \tag{9.32}$$

功率比 r 是 p 和相位角的函数:

$$r = \frac{|s_2|^2}{|s_1|^2} = \frac{1 + 2p\cos\phi_2 + p^2}{1 + 2p\cos\phi_1 + p^2} \tag{9.33}$$

因此, 所有 5 个未知数可以用 4 个测量值和未知 p 来表示。最后一步使用常见数学程序中的寻根过程去计算 (如 Mathcad) 出 p, 其他未知解为

$$p = \mathrm{root}_p(R_p - r_p) \tag{9.34}$$

式中: R_p 为测量功率比; r_p 为从式 (9.33) 所获得的值; $p = \mathrm{root}_p(\cdot)$ 表示使 $(\cdot) = 0$ 的值。

举个数例, 假设由两个脉冲测得的实部和虚部为

$$x_1 + \mathrm{j}y_1 = 0.09 + \mathrm{j}0.13$$
$$x_2 + \mathrm{j}y_2 = 0.34 + \mathrm{j}0.22$$

并假设两个脉冲的总和信号的功率比是

$$R_p = |s_2|^2/|s_1|^2 = 0.35$$

由式 (9.26) 和式 (9.27), 圆参数为

$$x_c = 0.278, \quad \rho = 0.229$$

用式 (9.34) 求根, 得

$$p = 0.415$$

由此, 由式 (9.30) 和式 (9.31), 可给出目标偏轴角

$$\phi_a = 0.183, \quad \theta_b = -0.272$$

信号相位角为

$$\phi_1 = 1.305 = 74.1°, \quad \phi_2 = 2.542 = 145.3°, \quad \phi_2 - \phi_1 = 1.241 = 71.1°$$

θ_a 和 θ_b 的单位与 x_1, y_1 和 x_2, y_2 相同。例如, 量纲可能为度或波束宽度, 或者它们以没有转化为角度的单脉冲电压比形式存在。

还有另一个 p 值满足式 (9.33), 即式 (9.34) 所示值的倒数。然而, 当式 (9.30) 和 (9.31) 用倒数值代替时, 仅仅交换了 θ_a 和 θ_b。因此, 至少在这个例子中, 该解决方案是独一无二的。

指示角测量中这一过程对小误差的灵敏度实验表明, 实部或虚部变化 0.01 所引起的目标偏轴角度变化约 0.02, 脉间相移 71°。全部 5 个测量值中均方根水平为 0.01 的随机噪声会导致目标角度的均方根误差约 0.04。这表明, 即使两个脉冲之间的相位变化近似最佳, 双目标测量需要 12 dB 以上的信噪比才能保证只有一个目标时的精度。这与分辨率的改善是一致的[15], 表明, 提高 2 : 1 的分辨率在理论上约增加 10 dB 的信噪比, 但进一步增加需要更强的信号。

x 坐标上相距比较近的两个点与相距比较远的两个点相比, 针对该问题的解是不够精确的。然而, 当这两个点的 x 坐标相同时, 存在以下几个误差源:

(1) 两个不可分辨目标与一个目标相比, 热噪声一般导致更大的角度估计误差。

(2) 正如式 (9.33) 所要求的, 假设两个目标不仅保持相同的幅度比, 而且在两个脉冲上保持相同的绝对幅度, 这一般不太现实; 脉间幅度起伏可能会导致严重的误差。然而, 如果脉冲间隔较小, 假设是成立的。

(3) 和差通道的幅相不一致性以及有缺陷的归一化和处理, 将导致 x_1, y_1 和 x_2, y_2 的测量误差。和信号功率比 $|s_1|^2/|s_2|^2$ 的测量也将有误差。为了获得有用的结果, 有必要比一般要求设计和维护容限更高的设备。

(4) 实际目标通常不是点目标, 但有多个散射点, 散射点的相对相位随目标运动而变化。这种变化不仅导致幅度起伏, 而且导致视在位置的角度

漂移 (如角闪烁), 这与脉内目标角度不变的假设相反。除非每个目标的角度扩展相对于两个目标的角度间隔比较小, 或者角闪烁仅缓慢变化, 否则会有显著误差。

(5) 该解决方案是基于不存在两个以上目标的假设。如果只有一个目标, 仍然可以得到正确的结果, 因为此时 (不考虑噪声) $x_1 = x_2, y_1 = y_2$, $|s_1|^2/|s_2|^2 = 1$, 这样, 可以得到第一个目标的正确角度和第二个目标的零幅度。然而, 如果存在两个以上目标, 其结果将是错误的。

然而, 所描述的方法并不依赖于单脉冲输出随角度线性变化的假设。方法中所使用的 x_1, y_1 和 x_2, y_2 值应当是在转换成角度之前的 "原始" 形式的单脉冲比率。解为各目标的单脉冲比率。利用实际校准函数转换成目标角度是最后一步。

使用两个以上的脉冲, 结果可能在一定程度上得到改善, 但目标的脉间幅度起伏为限制的误差源时则不然。两个角坐标的同步测量可以提供更多的可测量值, 这样, 有多种因素决定解决方案, 基于这样的事实, 也可以获得一些优势。第二个坐标具有两个额外的未知数 —— 两个目标在该坐标下的角度 θ_a 和 θ_b, 但它提供了 4 个额外的测量值 —— x_1, y_1 和 x_2, y_2。

因此, 理论上, 使用两个或更多脉冲上的指示角的实部和虚部提供了确定两个任意目标 (一般不可分辨) 角度的可能性。然而, 根据实用的观点, 任何潜在应用均被限制在稳定或慢起伏目标 (不超过两个)、高信噪比和非常精确的设备。

9.13 由实部导出的信息

在上一节的相同条件下, 但不需要单脉冲比率的虚部, 两个不可分辨目标的部分信息理论上可从两个脉冲的单脉冲测量导出[11]。测量包括每个脉冲的实部和两个脉冲的功率比。可由两个脉冲推导出的信息包括每个坐标下两个目标的中分角以及目标连接线的斜率。

在前面的章节中, 对于每个角坐标, 用 x_1 和 x_2 表示实部、$|s_2|^2/|s_1|^2$ 表示和信号功率比、θ_{mid} 表示中分角、$\Delta\theta$ 表示角度间隔。由式 (9.9b), 有

$$x_1 = \theta_{\mathrm{mid}} - \frac{\Delta\theta}{2}\frac{1-p^2}{|s_1|^2} \tag{9.35}$$

$$x_2 = \theta_{\mathrm{mid}} - \frac{\Delta\theta}{2}\frac{1-p^2}{|s_2|^2} \tag{9.36}$$

θ_{mid} 为

$$\theta_{\text{mid}} = \frac{x_2 |s_2|^2 / |s_1|^2 - x_1}{|s_2|^2 / |s_1|^2 - 1} \tag{9.37}$$

当测量值 x_1、x_2 和 $|s_2|^2/|s_1|^2$ 代入该方程时, 可以得到每个坐标下的中分角。

此外, 式 (9.36)-式 (9.35), 得

$$x_2 - x_1 = \frac{\Delta\theta}{2}(1 - p^2)\left(\frac{1}{|s_1|^2} - \frac{1}{|s_2|^2}\right) \tag{9.38}$$

该式可分别适用于横向和俯仰。等式右边的 p、s_1 和 s_2 在两个坐标下相同, 但 $\Delta\theta$ 不同。用下标 tr 和 el 表示两个坐标, 可得

$$\frac{\Delta\theta_{\text{el}}}{\Delta\theta_{\text{tr}}} = \frac{(x_2)_{\text{el}} - (x_1)_{\text{el}}}{(x_2)_{\text{tr}} - (x_1)_{\text{tr}}} \tag{9.39}$$

这是两个目标连线的斜率。

同单个目标角度的两脉冲解决方案 (上一节所述) 一样, 这种方法受相同类型误差的影响, 但受影响程度较小, 因为所包含的未知量和测量值较少。

进一步地,9.10 节指出, 假定在求平均时间内: ① 相对于雷达轴线的两个目标的角度是恒定的; ② 两个目标的相对相位在 0 到 2π 上均匀分布; ③ 目标幅度保持恒定或变化时一个目标始终强于另一个目标, 那么多个脉冲的指示角实部的平均指向较强目标的角度。

较强目标的角度与中分角决定了较弱目标的角度。不过, 对目标的假定条件和 9.10 节所讨论的误差限制了该方法的实用性。

9.14　去除初始假设

为简化分析, 本章开始提出了 4 个假设。现在将研究去除这些假设的影响, 分析仍基本有效但可能需要一些限定。

第一个假设是点目标的和差电压信号具有 0° (或 180°) 相对相位。事实上, 由于天线的固有特性或元件缺陷或校准缺陷, 可能存在小的相位差。正如第 5 章阐释的那样, 在某些雷达设计中出现的 90° 相对相位是无关紧要的。由于它是可预测的, 所以可利用移相器消除, 或在处理时也可以完成等价的变换。我们关心的是小的残留相位偏差。如图 9.2 所示, 两个目标的恒定幅度比和恒定相对相位的复平面点迹仍是圆, 但代表两个目标的

点代替了实轴, 圆心在某种程度上分别偏离了实轴和虚轴。如果已知雷达的差和相对相位特性 (相位一般是偏轴角的函数), 可以再进一步的分析中考虑之。或者, 为了误差分析, 可以计算指定相位偏差的影响。

第二个假设是单脉冲处理器能够测量 d/s 实部, 如果需要虚部, 可以通过另一个相同的处理器获得, 该处理器的一个输入相移 90°。如第 8 章所述, 许多处理器并非是 "精确" 类型。在跟踪靠近轴线的单目标时, 它们可能按照近似等价的方式工作, 但它们对不可分辨目标, 或者甚至靠近波束或波束以外的单目标的响应有很大不同。在某些情况下, 它们的输出能够通过计算变换为等价于精确处理器的输出。例如, 一对近似的点积处理器 (见 8.9 节), 其中一个的一个输入相移 90°, 能够产生一对可计算出 Re(d/s) 和 Im(d/s) 的输出。然而, 当这样处理器工作在饱和区域时, 不能恢复丢失信息。可利用第 8 章的公式分析任何类型处理器的双目标响应, 但是这种分析一般更加复杂, 其结果不能像精确处理器那样表示成一个简单、归一化、参数化的形式。有鉴于此, 许多公开研究基于精确处理器的绝对假设; 尽管有用, 但在应用时应当考虑其限制。

第三个假设是单目标的归一化差信号正比于偏轴角, 这样, 从归一化差信号变换到角度 (反之亦然) 只需要乘以或除以一个固定的因子。此假设简化了物理解释, 但并非必要。很容易按照以下方式去除之。无论符号 θ_a 和 θ_b 出现在方程中的何处, 它们并不被分别解释为第一个目标和第二目标的偏轴角, 而是各自的归一化差信号。因此, 如果给定角度, 通过特定雷达已知的标校函数, 可将其转换成归一化差信号, 然后代入方程。相反地, 如果 θ_a 和 θ_b 未知, 需要求解之, 那么问题的解将被视为归一化差信号, 然后将其转换为角度。同样的规则也适用于指示角 θ_i, 以及方程中表示角度的任意其他符号。当目标角度和指示角较小时, 成比例的假设通常是可靠的。然而, 应当牢记, 指示角可能大于任一目标角度。如果分析的目的是误差预测, 标校函数的最佳线性近似一般就足够了。

第四个假设是每个角坐标下的响应是独立于目标在另一个坐标下的位置。工程实践上, 在分析误差时, 实际雷达工作中的交叉耦合一般不能忽略, 但在分析不可分辨目标的误差时可以忽略 (区别于由于耦合的单目标误差分析)。如必要, 可以使用二坐标校准。

9.15　单脉冲技术扩展和基本限制

除传统单脉冲外, 已经研究了各种各样的技术以确定不可分辨目标的指示角[16-20]。这些技术与传统单脉冲的不同之处在于, 它们在每个角坐标下同时需要多于两个天线接收方向图。由于这些技术需要更加复杂的同步接收方向图的比率, 所以可将它们看作是单脉冲的扩展形式。这些方向图可以通过多个馈源喇叭或者连接到反射天线的馈源获得, 或者从阵列中的各阵元或成组的阵元 (子阵) 获得。来自于各阵元或者子阵的同步信号的使用一般称为 "孔径采样"。

利用来自两个以上方向图的附加信息, 理论上可以从单个脉冲求解不可分辨目标的角度, 因而避免了 9.12 节两脉冲测量方法中目标幅度起伏所引起的误差。尽管如此, 其他误差原因仍然存在。业已分析了由热噪声引起的单个脉冲误差下限①, 并绘制了参数图[21]。结果表明, 随着两个目标的角间距减小到波束宽度以下 (它们在距离和多普勒上不可分辨), 指定精度的单脉冲角度估计所需的信噪比急剧增加。根据经验, 当每个目标的误差标准差超过目标角间距时, 可以认为分辨率无效; 典型信噪比情况下, 当角间距仅仅比波束宽度小一点时, 才会出现这种情况。

除热噪声误差外, 当然还有其他误差, 如由设备自身造成的误差。

单脉冲两目标角度估计主要基于目标数量绝对是两个的假设, 这成为其应用的另一个限制。不仅多于两个目标时有误差, 只有一个目标时也会有误差。对于后一种情形, 设计从测量值中提取两个目标位置的估计器也会如此, 但与设计从测量值中提取单个目标位置的估计器所估计的一个角度相比, 它所估计的两个角度会更加偏离真实角度,

上述结论适用于单个脉冲估计。可以利用多脉冲来改善其性能, 即: 或者通过平均或平滑每个脉冲的估计值, 或者在形成估计前按照某种方式把粗糙的单个脉冲测量值组合起来。

上面提到的热噪声误差下限并不能直接应用于 9.12 节的两脉冲角度估计方法。对该方法噪声灵敏度的分析仅是近似的, 但为了保持单个目标的精度要求, 需要约 12 dB 的信噪比增益。

9.16 闭环跟踪

前面章节中的分析适用于不可分辨目标的 "开环" 单脉冲响应。假定天线射束轴的指向固定, 只有开环指示角 (相对于射束轴) 随目标相对相

---

① 下限由估计理论中的 Cramer-Rao 不等式确定。对于给定的天线孔径, 没有任何处理形式的误差比下限更低, 或者达到下限。

位、幅度比和 (或) 角位置的变化而变化。

在 "闭环" 跟踪中, 分析更为复杂。当天线波束转动以使雷达指示角实部为 0 时, 它改变了两个目标的相对照度。从而, 式 (9.7) 所定义的 g, p 和可能的 ϕ 值将随着射束轴的移动而变化, 即使目标绝对位置固定且雷达散射截面积和相位恒定。因此, 闭环跟踪角一般与开环指示角不同。

利用天线方向图和单脉冲处理器特性等先验知识, 通过迭代求解, 可以计算出稳定跟踪的波束指向。求解的方法是搜索使指示角实部为 0 的射束轴指向。受目标角间距、相对幅度和相对相位的影响, 可能仅仅存在一个稳定的平衡指向或者两个指向间不稳定的平衡指向。①在不稳定平衡点, 单脉冲角度响应斜率的符号是错误的, 因此射束轴偏移产生的输出驱动波束远离而不是靠近正确指向。

如果是机扫天线, 由于天线不能同步响应, 问题将更加复杂。在目标位置、幅度和 (或) 相位都在变化 (相位可能变化很快) 的典型情况下, 必须考虑整个伺服环路的动态特性。

影响因素如此之多, 包括时间独立目标特性, 不能将结果表示为像开环等式和 9.4 节、9.5 节曲线图那样简单的归一化形式。

已经有人发表了利用某种特定雷达特性 (包含天线方向图、单脉冲处理器和伺服环路) 分析该问题的论文[22]。文章给出了两个不可分辨目标不同的角间距、幅度比和相对相位下相应的结果。类似分析可适用于其他雷达。对于大多数单脉冲跟踪雷达, 结果在本质上是相似的。分析和经验表明, 同等条件下, 天线会不规律地振荡, 有时导致跟踪丢失。

9.17　多于两个目标

如果不可分辨目标的个数超过 2, 可通过直接扩展 9.4 节和 9.5 节的分析方法进行单脉冲响应 (对每个指定目标的幅度、相位和位置) 的确定性分析。尽管如此, 随着目标个数的增加, 数学计算会变得越来越复杂[2,3]。由于在任意时刻都不太可能已知目标的位置、幅度和相位, 所以这种分析方法的应用是有限的。可以绘出图 9.2 和图 9.3 那样的参数图, 但由于参数数量的增加, 它们将包括多个系列曲线。

给定从一个脉冲或多个脉冲的一组测量值, 求解单个目标角度的逆问

---

①在旁瓣范围内可能存在其他的稳定指向 (即使在只有一个目标的情况下), 但这并不是问题, 因为它所产生的信号强度更小, 雷达并不会锁定它。

题不仅包含费力的数学计算, 而且对两个目标来说, 考虑到获取可用精度的难度, 这似乎有些脱离实际。

例如, 将 9.12 节所描述方法扩展到 3 个目标, 则需要 6 个脉冲的复指示角以及和信号幅度比的测量值, 以获取 17 个未知数的 17 个方程[2]。

对多目标问题的统计分析比确定性分析通常更容易处理, 且更实用。假定目标数量无穷多, 那么对独立不可分辨目标的单脉冲响应的统计分析是最方便的。从而能够得到至少 5 ~ 6 个大概相似的目标的近似值, 并且能够指示出至少 3 个目标的定性趋势。

对于由无穷多数量、散射截面积相同、均匀排列在垂直于雷达视线的直线上的独立散射点组成的复杂目标, 文献 [2, 23] 已经分析了其波束内的单脉冲输出统计特性。指示角位于目标联合体角度扩展以外的时间百分比为 13%。对于无穷多数量、等强度、均匀分布于圆形区域的独立散射点组成的目标, 相应的分析结果表明, 雷达指向大概有 20% 的时间位于圆形以外。

在这两个分析案例中, 目标模型是人为假定的且雷达性能是理想化的。不过, 分析结果和实验测量结果是一致的, 即: 对于复杂的目标, 如船舶或者飞机, 雷达大概有 10% ~ 20% 的时间是指向目标之外的[24]。对于多种类型的飞机, 已经有许多角度偏移 (角噪声) 的测量方法[25]。用目标横向距离表示的标准差与目标反射区域的雷达散射截面积分布的回旋半径成比例。对于大多数飞机, 标准差大概在 $0.15L$ 和 $0.25L$ 之间 (L 为目标在关注坐标内的投影宽度), 这和目标的主要散射区域 (如发动机、机翼、油箱等类似的东西) 的分布相关。对于一个小型单引擎飞机, 从正面看, 标准偏差可以小至 $0.1L$; 对于拥有舷外发动机、可能有机翼油箱的大型飞机, 或者从侧面观察的飞机, 可以大到 $0.3L$。更糟糕的情形, 如目标由两个不可分辨飞机编队组成, 则标准差更大。

9.10 节给出的两个目标的平均指示角的推导过程可以扩展到以任何方式分布的任何数量的目标。复平面中使用的围线积分法的分析表明, 如果某个目标的幅度总是大于其他目标的幅度和, 那么平均值是这个目标的角度。另一有意思的结果是[13], 对于任意数量、任意排列和任意反射强度的独立目标和 (或) 干扰机, 它们均具有独立瑞利分布的幅度和均匀分布的相位 (Swerling 1 型或 2 型目标和 (或) 噪声干扰机), 其平均指示角度是"功率质心", 即各目标或干扰机的平均角度以其各自的平均功率进行加权平均, 这就是 9.10 节中两目标的相应结论的扩展。

9.18　非独立目标

在前面的几节中, 目标可以是任意的、独立的。然而, 当不可分辨目标是一个刚体上的一些散射点时, 它们不是独立的。它们的位置、运动和幅度是相关的。它们的相对相位取决于刚体构造及相对于雷达视轴的方位, 并且随方位的变化而变化。此外, 如果刚体不受除重力以外的其他外力的作用 (如卫星), 那么物理约束包括移动和转动。

相对于雷达角度很小的卫星或其他远距离目标在本质上为点目标, 单脉冲测量很少或不能反映的目标构造信息。然而, 如果目标方位相对于雷达视轴方向有规律的变化, 那么散射点的相对相位也这样变化, 从而导致回波信号的合成幅度和相位起伏。在这种情况下, 关于刚体目标的大小、形状和转动的大量信息一般可以从分析一段随时间变化的和信号幅度 (有或者没有相位信息) 推导出来, 在这段时间内 (通常数秒或数分钟), 目标方位相对于雷达视轴是有规律变化的[26,27]。这种分析方法有各种称谓, 包括 “雷达信号特征分析”, “目标识别”, “空间目标识别”。

在这种应用中, 单脉冲的主要价值在于它能使射束轴指向非常接近目标方向并与雷达强制调制无关 (如圆锥形扫描所施加的调制)。这样, 有效调制完全由目标决定, 并且可进行相应的分析。

非独立不可分辨目标的另一种情况是镜面多径。在这种情况下, 反射面产生物理目标的镜像, 使得目标和镜像表现的像一对不可分辨目标一样, 反射面的几何形状和电磁散射特性与它们的幅度、相位和位置相关。多径效应将在第 11 章中讨论。

参考文献

[1] J. H. Bruning and Y. T. Lo, "Electromagnetic Scattering by Two Spheres," *Proc. IEEE*, Vol. 56, No. 1, January 1968, pp. 119–120.

[2] S. M. Sherman, "Complex Indicated Angles in Monopulse Radar," Ph.D. Dissertation: University of Pennsylvania, December 1965. Reprinted in *Radars*, Vol. 4, *Radar Resolution and Multipath Effects*, D. K. Barton, (ed.), Dedham, MA: Artech House, 1975.

[3] S. M. Sherman, "Complex Indicated Angles Applied to Unresolved Targets and Multipath," *IEEE Trans. on Aerospace and Electronic Systems*, Vol. AES-7, No. 1, January 1971, pp. 160–170.

[4] D. K. Barton, *Radar System Analysis*, Englewood Cliffs, NJ: Prentice-Hall, 1964. Re-printed: Dedham, MA: Artech House, 1976.

[5] M. I. Skolnik, *Introduction to Radar Systems*, 2nd ed., New York: McGraw-Hill, 1980.

[6] D. D. Howard, "Radar Tracking Angular Scintillation in Tracking and Guidance Systems Based on Echo Signal Phase Front Distortion," *Proc. National Electronics Conf.*, Vol. 15, 1959, pp. 840–849. Reprinted in *Radars*, Vol. 4, *Radar Resolution and Multipath Effects*, D. K. Barton, (ed.), Dedham, MA: Artech House, 1975.

[7] D. D. Howard, J. T. Nessmith, and S. M. Sherman, "Monopulse Tracking Errors Due to Multipath: Causes and Remedies," *IEEE Eascon '71 Conf. Record*, Washington, D.C., Oc-tober 6–8, 1971, pp. 175–182 (see Appendix).

[8] J. T. Nessmith, and S. M. Sherman, "Phase Variations in a Monopulse Antenna," *IEEE 1975 International Radar Conf. Record*, Washington, D.C., April 21–23, 1975, pp. 354–359.

[9] S. J. Asseo, "Detection of Target Mu ltiplicity Using Monopulse Quadrature Angle," *IEEE Trans. on Aerospace and Electronic Systems*, Vol. AES-17, No. 2, March 1981, pp. 271–280.

[10] R.. J. McAulay and T. P. McGarty, "Max imum-Likelihood Detection of Unresolved Radar Targets and Multipath," *IEEE Trans. on Aerospace and Electronic Systems*, Vol. AES-10, No. 6, November 1974, pp. 821–829.

[11] R. S. Berkowitz and S. M. Sherman, "I nformation Derivable from Monopulse Radar Mea-surements of Two Unresolved Targets," *IEEE Trans. on Aerospace and Electronic Systems*, Vol. AES-7, No. 5, September 1971, pp. 1011–1013. Reprinted in *Radars*, Vol. 4, *Radar Resolution and Multipath Effects*, D. K. Barton, (ed.), Dedham, MA: Artech House, 1975.

[12] R. V. Churchill, *Complex Variables and Applications*, New York: McGraw-Hill, 1960, pp. 106, 118.

[13] I. Kanter, "Varieties of Average Monopulse Responses to Multiple Targets," *IEEE Trans. on Aerospace and Electronic Systems*, Vol. AES-17, No. 1, January 1981, pp. 25–28.

[14] S. J. Asseo, "Effect of Monopulse Signal Thresholding on Tracking Multiple Targets," *IEEE Trans. on Aerospace and Electronic Systems*, Vol. AES-10, No. 4, July 1974, pp. 504–509.

[15] G. J. Buck and J. J. Gustincic, "Resolution Limitations of a Finite Aperture," *IEEE Trans. on Antennas and Propagation*, Vol. AP-15, No. 3, May 1967, pp. 376–381. Reprinted in *Radars*, Vol. 4, *Radar Resolution and Multipath*

Effects, D. K. Barton, (ed.), Dedham, MA: Artech House, 1975.

[16] G. E. Pollon and G. W. Lank, "Angular Tracking of Two Closely Spaced Radar Targets," *IEEE Trans. on Aerospace and Electronic Systems*, Vol. AES-4, No. 4, July 1968, pp. 541–550. Reprinted in *Radars*, Vol. 4, *Radar Resolution and Multipath Effects*, D. K. Barton, (ed.), Dedham, MA: Artech House, 1975.

[17] T. P. McGarty, "The Effect of Interfering Signals on the Performance of Angle of Arrival Estimates," *IEEE Trans. on Aerospace and Electronic Systems*, Vol. AES-10, No. 1, Janu-ary 1974, pp. 70–77.

[18] F. G. Willwerth and I. Kupiec, "Array Sampling Techniques for Multipath Compensation," *Microwave J.*, June 1976, pp. 37–39.

[19] T. Thorvaldsen, "Maximum Entropy Spectral Analysis in Antenna Spatial Filtering," *IEEE Trans. on Antennas and Propagation*, Vol. 28, No. 4, July 1980, pp. 556–560.

[20] B. H. Cantrell, W, B. Gordon, and G. V. Trunk, "Maximum Likelihood Elevation Angle Estimates of Radar Targets Using Subapertures," *IEEE Trans. on Aerospace and Electronic Systems*, Vol. AES-17, No. 3, March 1981, pp. 213–221.

[21] J. R. Sklar and F. C. Schweppe, "On the Angular Resolution of Multiple Targets," *Proc. IEEE*, Vol. 52, No. 9, September 1964, pp. 1044–1045. Reprinted in *Radars*, Vol. 4, *Radar Resolution and Multipath Effects*, D. K. Barton, (ed.), Dedham, MA: Artech House, 1975.

[22] M. R. Ducoff, "Closed-Loop Angle Tracking of Unresolved Targets," *1980 IEEE Interna-tional Radar Conf. Record*, Washington, D.C., April 28–30, 1980, pp. 432–437.

[23] R. H. Delano, "A Theory of Target G lint or Angular Scintillation in Radar Tracking," *Proc. IRE*, Vo. 41, No. 12, December 1953, pp. 1778–1784.

[24] D. K. Barton and H. R. Ward, *Handbook of Radar Measurement*, Englewood Cliffs, NJ: Prentice-Hall, 1969. Reprint: Dedham, MA: Artech House, 1984, p. 167.

[25] J. H. Dunn and D. D. Howard, "Target Noise," Chapter 28 of *Radar Handbook*, M. I. Skol-nik, (ed.), New York: McGraw-Hill, 1970, pp. 28-8–28-15.

[26] D. K. Barton, "Sputnik II as Observed by C-Band Radar," *IRE National Conv. Record*, Part 5, March 23–26, 1959.

[27] C. Brindley, "Target Recognition," *Space/Aeronautics*, June 1965.

第 10 章

单脉冲测角误差

和其他的所有测角系统一样，单脉冲受多种误差源的影响。需要指出的是，特定类型的误差在本书其他章节中专门介绍：

(1) 由不精确单脉冲处理方法引起的误差在第 8 章介绍。

(2) 不可分辨目标引起的误差在第 9 章介绍。

(3) 多径是另一种特殊的情况，目标和它在地面上的反射波都被视作不可分辨目标，在低仰角时往往成为主要误差，第 11 章对此进行详细描述。

(4) 在军用雷达系统中，主动干扰 (ECM) 是主要的误差来源，它和减少影响的方法 (ECCM) 将在第 12 章讨论。

本章分析其他章节没有提到的那些误差，介绍实用的方案、分析的方法和其他有用信息。

雷达角度测量中的误差可以采用不同的方法分类：

(1) 分为偏差和随机误差，或更完整地依据频谱和相关函数。

(2) 依据其成因，分为雷达相关、目标相关和传播误差。

(3) 依据其系统中的起点，分为跟踪误差 (偏离射束轴的角度或测得的偏轴角) 和角度坐标转换所引起的误差。

如果能够对目标位置数据求微分得出速度和加速度分量，则误差的频谱特性起到决定性的作用，因为修正的偏差对导出数据的影响很小，而时变误差会随依赖于位置误差谱的乘性因子出现。

通常会遇到的角度误差源在表 10.1 中列出，那些明确与单脉冲测角相关的部分用粗体标示出来，并在本章或第 11 章和第 12 章讨论。

表 10.1　测角误差源

误差类别	偏离率成分	噪声成分
雷达相关的跟踪误差	光轴设置和漂移 归一化误差 伺服紊乱和漂移 风力扭矩和重力扭矩	热噪声 杂波 多径 (第 11 章) 人为干扰 (第 12 章) 伺服噪声 阵风扭矩 天线加速时的偏差
目标相关的跟踪误差	动态迟延	回波起伏 动态滞后变化 调制引起的载频变化或信标调制 交叉极化响应
雷达相关传递误差	底座平衡 方位校准 轴线正交性 轴架弯曲 日光加热引起的轴架弯曲	方位摆动 数据设备非线性和齿轮间隙 数据输出非线性和数据粒度 加速时底座的偏斜 移相器误差
传播误差	平均对流层折射 平均电离层折射	对流层折射不规律 电离层折射不规律
视在误差/表观误差 (使用测试仪表)	望远镜或者参考设备的稳定性 胶卷或者乳胶的稳定性 视差	读取误差 粒度误差 视差变化

10.1　噪声导致的误差

　　在远距离低信噪比情况下, 噪声是角误差 (跟踪丢失) 的主要原因, 所有的接收机都会产生热噪声, 而其他噪声从外部产生。在 1.4 节中提到, 相对于有相同发射功率和天线尺寸的其他雷达, 单脉冲雷达连续扫描的一个好处是由噪声产生的角度误差更少。

本章中描述了噪声误差的计算分析方法, 并导出了实用的公式。

10.1.1 分析模型

我们希望确定由噪声引起的目标角度估计误差。既然在每个角坐标中单脉冲最基本的输出是角度坐标的 d/s, 那么我们先测定 d/s 中的误差, 接下来将其转换为角度误差。

分析从 8.4 节所定义的一个设想的精确单脉冲处理机开始, 这个处理机能够产生精确 d/s 的实数部分, 并且如果需要, 可以任意得到虚数部分 (定义中并不需要输出是角度的线性函数)。当时已经考虑过其他条件的影响。分析将在单个脉冲上实现; 对于多脉冲的估计一般是单个脉冲估计除以脉冲数的平方根, 但是在一定情况下, 脉冲间的相关性不允许这种简化。

在分析噪声带来的误差时, 我们假定一个点目标 —— 只有一个散射点的目标。有多个散射点的目标 (称为目标闪烁) 的误差在 10.5.1 节中处理。

用 s 和 d 表示无噪声情况下的和差矢量电压 (如 2.7 节中介绍的复包络), 用 n_s 和 n_d 表示各自通道附加的相位噪声电压, 那么噪声污染的和差电压分别为

$$s' = s + n_s \tag{10.1}$$

$$d' = d + n_d \tag{10.2}$$

在多路径、不可分辨目标或闪烁目标的情况下, d 和 s 的相位一般不同, 并且它们的比是一个复数。对于单目标来说, 这里假定雷达中没有相位失真的分析就变得简单了, 因为 d 和 s 有 $0°$ 或 $180°$ 的相对相位, 并且无噪声情况下的单脉冲比率 d/s 是实数[①]。

10.1.2 噪声统计

由接收机产生的和噪声与差噪声为随机变量, 既然它们来自不同的接收机通道, 所以相互统计独立。然而, 在某些情况下, 可能会存在相关噪声分量。这可能产生于外部噪声源如干扰机, 或雷达内部噪声源如本机振荡

[①] 如前面指出的, 在一些单脉冲雷达里 d 和 s 出现在比较器中, 并且有 $90°$ 的相对相位, 这里假设其中一个移相 $90°$ 以使它们相位同轴。如果不这样, 那么结果会相同, 除非实数部分和虚数部分互换。

器。考虑到有可能存在相关性, 我们分别将 n_s 和 n_d 写成两部分的和:

$$n_s = n_{su} + n_c \tag{10.3}$$

$$n_d = n_{du} + cn_c \tag{10.4}$$

式中: n_{su} 和 n_{du} 是不相关分量; n_c 和 cn_c 是各自的相关分量; 系数 c 表示和通道与差通道中的相关噪声分量可能不相等, 它可能有不同的值 —— 正数或负数, 甚至复数 —— 这取决于噪声源和其他因素。相关噪声分量与不相关噪声分量统计独立。

噪声电压被看作是复变量, 每个噪声分量的实部和虚部服从零均值和等方差的独立高斯分布[①]。

如果 n_c 来自外部噪声源, 例如单个干扰机, 那么系数 c 是实数 (正或负), 并且与相同位置非干扰目标的 d/s 相同。如果 n_c 来自于本地振荡器, 那么可以推测出 c 也是实数, 因为假定电路都是匹配的, 本地振荡器为和差通道提供了相同的电压 (包括噪声)。

由式 (10.3) 和 式 (10.4), 可以得到受噪声影响的单脉冲比率为

$$\frac{d'}{s'} = \frac{d + n_{du} + cn_c}{s + n_{su} + n_c} \tag{10.5}$$

令 $\varepsilon_{d/s}$ 表示单脉冲比的误差:

$$\varepsilon_{d/s} = \frac{d'}{s'} - \frac{d}{s} \tag{10.6}$$

利用式 (10.5), 式 (10.6) 可简化为

$$\varepsilon_{d/s} = \frac{n_{du} - (d/s)n_{su} + (c - d/s)n_c}{s + n_{su} + n_c} \tag{10.7}$$

$\varepsilon_{d/s}$ 一般为复数。如果只对实数部分感兴趣, 那么一般情况下, 式 (10.7) 可以分为实部和虚部, 并且后者在其余的分析中可以忽略。然而, 实部的数学表达式比复数表达式更加复杂。因此, 这里所采用的方式将使用复数, 除非确有必要为最终结果提取实部。如果需要的话, 这也使提取虚部信息成为可能。

10.1.3　电压到功率的转换

迄今为止的分析包括和、差与噪声电压。常用功率和角度的关系来绘制天线方向图, 并且计算由噪声引起的误差公式一般表示成功率的形式

---

① 随机变量的方差是均值的均方偏差, 方差的平方根是标准偏差。

(在计算检测概率和其他性能特性时也一样)。由电压关系转换成功率关系的方法如下：

正如前节所提到的，每个噪声分量的实部和虚部都有零均值和等方差的独立高斯分布，用 N_s, N_{su}, N_d, N_{du} 和 N_c 表示各噪声分量每个实部和虚部的方差。举例来说，和噪声 n_s 的方差是其实部和虚部方差的和，也就是 $2N_s$。因为 $|n_s|$ 是中频电压的"包络幅度"(并不是均方根值)，所以和噪声的平均电功率是 $2N_s$ 的 $1/2$, 即 N_s, 同样地，其他噪声分量的平均电功率是带有适当下标①的 N。

和信号的功率用 S 表示，是均方根电压幅度的平方，即为电压幅度平方的 $1/2$。

$$S = |s|^2/2 \tag{10.8}$$

后面的章节将会用到这些关系。

10.1.4 d/s 误差到角误差的转换

如 2.8 节所述，机扫天线的方向坐标用角度表示。对于固定阵列天线，方向用阵列坐标表示 (正弦空间)。以下推导都是在角度空间进行的，但是用正弦空间替代角度空间，它们可应用于固定阵列天线上。

如 15.1 节所述，有可能设计这样的和差方向图，它们可以产生正比于单脉冲比率的偏轴角正弦值，且在几度范围内近似正比于角度值。尽管如此，除非有特殊需求，一般不设计具有这种性质的方向图，因为这样会牺牲掉其他所需特性。

如图 1.6 所示，单脉冲比率与偏轴角典型关系曲线的形状类似于正切函数。在主瓣中，它从轴线一侧和方向图第一个零值处的负无穷到轴线另一侧的正无穷。在旁瓣中，值是重复的，所以从单脉冲比率到角度的转换理论上是模糊的。然而，在工程实际中，指示角被解释为主瓣中的角度，并且由于目标也被假定在主波瓣中，所以角度误差不能超过主瓣的零 — 零宽度。此外，在某些系统中，大于指定限值 (相应的，比方说，比偏离轴线的半波束宽度大一点) 的单脉冲比率测量值要么被当作错误丢弃，要么被截断至限值。

因此，即使设备能够产生无穷大的单脉冲比率，相应的角度估计也不会是无穷大的，故角误差的均方根是有限的，而且它的最大可能值约为波

---

①功率是电压均方根的平方除以一个适当的电阻。假定两个通道中的负载电阻相同，两个功率相比时会消掉，因此可以忽略。

束宽度。

为进行误差分析, 倘若目标方向偏离视轴方向的角度 θ 小于波束宽度, 那么 d/s 相对于角度的非线性函数可以关于目标角度线性化。于是, 作为波束宽度一部分的角误差可以通过单脉冲比率误差除以单脉冲斜率得到, 即

$$\frac{\varepsilon_\theta}{\theta_{\mathrm{bw}}} = \frac{\varepsilon_{d/s}}{k_{\mathrm{m}}} \quad \text{或} \quad \varepsilon_\theta = \frac{\theta_{\mathrm{bw}}\varepsilon_{d/s}}{k_{\mathrm{m}}} \tag{10.9}$$

式中: $\varepsilon_\theta, \varepsilon_{d/s}$ 分别为角误差和单脉冲比率误差; θ_{bw} 为单程和方向图的 3 dB 波束宽度, 其单位和 ε_θ 的相同; k_{m} 为单脉冲斜率, 单位是伏特/(伏特·波束宽度); 换言之, 是 d/s 相对于角度 (以波束宽度为单位) 的曲线斜率。通常, $\varepsilon_{d/s}$ 为复数, ε_θ 也是。然而, ε_θ 一般仅仅代表实部。

k_{m} 为目标角度处的斜率。如果目标偏离轴线, 那么这将与视轴斜率差别很大。举例来说, 在 AN/FPS-16 雷达中, 由式 (6.8) 和式 (6.9) 得出的 d/s 为

$$\frac{d}{s} = \sqrt{2}\tan(1.14\theta) \tag{10.10}$$

斜率为

$$k_{\mathrm{m}}(\theta) = \frac{\theta_{\mathrm{bw}}}{s(0)}\left|\frac{\mathrm{d}}{\mathrm{d}\theta}\mathrm{d}\theta\right| = 1.14\sqrt{2}\theta_{\mathrm{bw}}\sec^2(1.14\theta) \tag{10.11}$$

式中: 绝对值用于表示正斜率值。在视轴上 $(\theta = 0)$, 斜率是 1.62 伏/(伏·波束宽度)。偏轴半波束宽度为 1.42 伏/(伏·波束宽度)。

10.1.5 单脉冲比率的偏差

尽管每个噪声变量都服从零平均值的圆正态分布, 但它们所导致的误差均值不是 0。相关噪声有 "拉升" 的效果, 类似于第二个不可分辨目标的效果, 且低信噪比时不相关和噪声对偏差的贡献也比较大。

单脉冲比率 d/s 的偏差是 $\varepsilon_{d/s}$ 在噪声变量分布上的均值。根据式 (10.7), n_{du} 对误差的贡献由 $n_{du}/(s + n_{su} + n_c)$ 得出。如果这是 n_{du} 分布的均值, 而其他两个噪声变量为常量, 根据对称性, 结果为零, 并且由于这对所有其他变量值的组合都适用, 所以得出结论: 差噪声中不相关的成分不会对偏差造成影响, 即

$$\text{由 } n_{su} \text{ 造成的偏差} = 0 \tag{10.12}$$

在确定 n_{su} 和 n_c 对偏差的影响时, 进行简化分析, 首先分别处理其中的一个而假设另一个不存在可得出结论 (不相关差噪声存在与否并不重

要)。首先考虑相关分量 n_c，再根据式 (10.7)，并将 n_{du} 和 n_{su} 设为零，n_c 产生的误差为

$$\varepsilon_{d/s} = \frac{(c-d/s)n_c}{s+n_c} = \frac{(c-d/s)(n_c/s)}{1+n_c/s} \tag{10.13}$$

与 9.10 节对由第二个不可分辨目标造成偏差的分析进行对比，可以发现，如果 $|n_c/s| < 1$，在均匀分布相位上的平均误差是零，如果 $|n_c/s| > 1$，平均误差是 $c-d/s$。后者的是干扰机 (或者等效噪声源) 和目标的单脉冲比率之差，这个差近似正比于它们的角距。由相关噪声引起的偏差是 $c-d/s$ 乘以 $|n_c|$ 超出 $|s|$ 的概率。

由于 n_c 是圆正态分布，其幅度为瑞利分布，概率密度公式为

$$p(|n_c|) = \frac{|n_c|}{N_c} \exp\left(-\frac{|n_c|^2}{2N_c}\right) \tag{10.14}$$

$|n_c|$ 超出 $|s|$ 的概率是概率密度函数从 $|s|$ 到正无穷的积分，即

$$P(n_c > |s|) = \int_{|s|}^{\infty} p(|n_c|)\mathrm{d}|n_c| = \exp\left(-\frac{|s|^2}{2N_c}\right) \tag{10.15}$$

$$\text{仅由 } n_c \text{ 造成的偏差} = \left(c-\frac{d}{s}\right)\exp\left(-\frac{s}{N_c}\right) \tag{10.16}$$

式中：N_c 为和噪声 n_c 中相关分量的平均功率。对于稳定的目标和外部点噪声源，在分别产生单脉冲比率 d/s 和 c 的角度上，这与文献 [1,Eq.(40)] 中得到的结果相当。如果目标和点源在相同角度上，则不会产生误差。另外，有这样一个 "拉升" 效果，它近似正比于角距，反比于信号功率和平均噪声功率比值的指数。注意到，偏差要小于偶尔使用的功率加权质心逼近的预测值。例如，如果信号功率和噪声功率相等，近似值给出了半间矩偏差，而式 (10.15) 给出 0.37 倍间矩偏差。

如果 c 或者 d/s 碰巧是复数，那么单脉冲平均比率是复数，并且偏差也是复数。除非某些特殊应用同时需要实部和虚部，一般只会使用实部。

再来看式 (10.7)。假设 n_c 为零 (但 n_{du} 不必为 0)，研究不相关和噪声 n_{su} 的影响。这和分析 n_c 的方法一样，唯一不同的是系数。结果为

$$\text{仅由 } n_{su} \text{ 造成的偏差} = -\left(\frac{cN_c}{N_s}\right)\exp\left(-\frac{s}{N_{su}}\right) \tag{10.17}$$

式中：N_{su} 为和噪声 n_{su} 中不相关分量的平均功率。

在系统误差分析中，一般假定内部产生的和差噪声不相关，基于此，任何相关分量都是可以忽略的。在这种情况下，偏差由式 (10.17) 得出。对

于轴线上的目标, d/s 是 0, 由对称性, 偏差也是 0, 这和料想的相同。对于 $d/s = \pm 1$ 的角度上的目标 (偏离视轴略大于半个波束宽度), 信噪比为 10, 由式 (10.17) 得出的偏差小于 5 ± 10^{-5} V/V, 这可以完全忽略。信噪比为 4=6 dB 时, 偏差为 0.018 V/V, 或大约是 0.01 倍的波束宽度, 这不能被忽略, 在信噪比为 1=0 dB 时, 偏差为 0.37 V/V, 或大约是 1/6 倍的波束宽度。

式 (10.16) 和式 (10.17) 在单独理解和计算 n_c 或 n_{su} 的影响时很有用, 但当它们都存在时, 结果不是叠加的。由 Kanter[2] 计算出的全部偏差的精确结果为

$$\text{总的斜率} = \left(\frac{cN_c}{N_s}\right)\exp\left(-\frac{s}{N_s}\right) = \left(\rho\sqrt{\frac{N_d}{N_s}} - \frac{d}{s}\right)\exp\left(-\frac{S}{N_s}\right) \quad (10.18)$$

式中: N_s 为和通道总噪声功率; ρ 为和差通道噪声的相关系数。

注意, 不同通道中的不相关分量不会影响偏差。

10.1.6 d/s 概率密度函数的精确解

测量误差的期望是均方根 (root-mean-squared, rms) 值, 即平均误差 (偏差) 和标准偏差的联合作用。与由式 (10.18) 给出的简单精确的偏差相比, 不存在描述噪声污染的单脉冲比率的标准偏差的精确公式。实际上, 从数学上来讲, 标准偏差并不存在。噪声污染的单脉冲比率的概率密度函数 (probability density function, pdf) 的准确表达式由 kanter[2] 推导得出。其分析一般足以处理波束内任意位置的稳定目标、和差通道中不相等的噪声功率、和差通道任意的相关度以及任意的信噪比等情况。他认为, 分布有一定的偏差 (与前面小节中的相同), 是歪斜的 (不对称的), 而且理论上它具有无穷的标准偏差。其结果不仅适用于单个脉冲估计而且适用于 n 个 "测量" 或者脉冲的平均。即使对于单个脉冲估计, 计算其概率密度函数的方程式也是相当复杂的。

标准偏差无穷的原因是对于大值比率, 概率密度函数以比率的负三次幂的速度减少。当 pdf 乘以比率的平方, 并且在无穷空间中进行积分来计算其方差时, 被积函数以比率的倒数衰减且积分以比率的对数增加。

为了代替标准偏差, 可以定义一个替换的分布测度, 比如符合某些场景实际分布的高斯分布的标准偏差。举例来说, 在 "$1-\sigma$" 值 (在平均值上下的标准偏差) 内的高斯随机变量的概率是 0.68, 在分布每一边拖尾的概率是 0.16。对于实际的噪声误差分布, 可以定义一个 "等价 σ" 作为间隔的

1/2, 在这之间的 pdf 积分是 0.68。这个定义允许限度可以滑动到在 pdf 曲线下 0.68 的区域, 所以必须要强加一个额外条件。因为分布是偏斜的, 所以无论选择哪种间隔, 都无法同时满足以下条件: 均值上下对称的限度; 均值和每个限度之间的相等区域, 为 0.34; 或者每个拖尾的相等区域。"等价 σ" 会根据选定的间隔而变化。此外, 结果会不同, 例如将 "等价 σ" 重新定义为间隔的 1/4, 此时高斯分布的 2 个 σ 间隔的相应概率为 0.95。为了与通过近似公式计算的标准偏差相比, Kanter 选择了这样的分布测度, 1/2 间隔包含了 0.68 的区域, 在其每边都有 0.16 的区域。

实际情况下, 单脉冲比率的标准偏差不会是无穷的。由于装备和计算的有限动态范围, 单脉冲比率的测定值总是有限的。即使单脉冲比率可能是无限的, 也不会有无限的角度与之相对应。正如 10.1.4 节所解释的那样, 误差角的标准偏差是有限的, 它的最大可能值会接近波束宽度。

尽管精确分析并没有产生实用的标准偏差公式, 高信噪比时, Kanter 采用的分布测度和标准偏差的近似公式吻合得很好, 正如 Kanter 论文中一系列比较曲线所示。因此, 精确值只适用于部分情况。另外, 这导出了简单精确公式用于式 (10.18) 所给出的偏差。

10.1.7 $S/N \gg 1$ 的一阶近似

由经验可知, 如果说明和使用恰当, 还算简单的近似公式能够胜任所需的性能预测。在其最简单的形式中, 基于一阶近似, 在高信噪比时 (高于 10 dB) 它们能够和准确结果近似一致。加入二阶项, 在接近 0 dB 的低信噪比时也可以使用。

式 (10.7) 中, 将分子分母除以 s, 并且用 v (带有适当的下标) 表示归一化的噪声变量: $v_{du} = n_{du}/s$ 等, 那么

$$\varepsilon_{d/s} = \frac{v_{du} - (d/s)v_{su} + (c - d/s)v_c}{1 + v_{su} + v_c} \tag{10.19}$$

一阶近似是基于如下假设: 和通道中的信噪比足够高, 以致包含相关和不相关分量的全部和通道噪声的幅度远小于和信号的幅度。因此, 可以忽略式 (10.7) 分母中的噪声项, 有

$$\varepsilon_{d/s} = \frac{n_{du}}{s} - \frac{d}{s}\frac{n_{su}}{s} + \left(c - \frac{d}{s}\right)\frac{n_c}{s} \tag{10.20}$$

将式 (10.20) 转换成包含一系列关系和代数步骤的更加可用的公式, 这里省略了转换过程的细节, 但是可以略述如下:

(1) 3 个噪声变量的每一个都有零均值, 所以 $\varepsilon_{d/s}$ 为零均值。因为在高信噪比假设下, 偏差 (10.1.5 节) 在这个近似中并没有出现 (它确实出现在稍后讨论的高阶近似中)。

(2) 符号 s、d 和 n (带有适当的下标) 代表着电压幅度。为了得到期望公式, 每个电压幅度被转换成平均功率, 变为电压幅度均方根值的 1/2, 如 10.1.3 节所示。

(3) 每个噪声变量都是圆正态分布, $\varepsilon_{d/s}$ 也是圆正态分布, 并且由于 3 个噪声分量互不相关, 所以式 (10.20) 右侧各项的均方值之和是 $\varepsilon_{d/s}$ 的均方值。

(4) 尽管式 (10.20) 适用于 c 和 d/s 为复数的情况, 但它们在正态分布中是实数, 并且会这样处理。

(5) 在从电压到功率的转换过程中, 平方并展开圆括号中的量 $(c - d/s)$。叠加了相关的和不相关的和噪声功率 n_{su} 和 n_c, 并且表示为全部的和噪声功率 N_s。类似地, 也叠加了差噪声功率分量 N_{du} 和 $c^2 N_c$, 表示为 N_d。

于是, 式 (10.20) 成为

$$\sigma_{d/s}^2 = \frac{N_d}{2S} + \left(\frac{d}{s}\right)^2 \frac{N_s}{2S} - \frac{d}{s}\frac{cN_c}{S} \tag{10.21}$$

式中: $\sigma_{d/s}$ 为单脉冲比率中误差的均方根值。

可以看出, 误差由 3 个分量组成: 反比于信号与差通道噪声比 s/N_d 的一阶噪声项、反比于信号与和通道噪声比 s/N_s 的偏轴测量项和反比于信号与相关噪声比 s/cN_c 的偏轴相关噪声项。

对式 (10.21) 两边求平方根并且重新整理, 可得:

$$\sigma_{d/s} = \frac{1}{\sqrt{2S/N_d}} \left[1 + \left(\frac{d}{s}\right)^2 \frac{N_s}{N_d} - 2\frac{d}{s}\frac{cN_c}{N_d}\right]^{1/2} \tag{10.22}$$

如果相关噪声来自于干扰机, 那么它会比信号大; 这种情形下, 不能使用这些公式, 因为它们基于高信噪比的假设。干扰机的问题会在第 12 章处理。如果相关噪声来自于本地振荡器, 那么它在匹配的和差通道内相等, 这意味着 $c = 1$; 不相关噪声功率在两个通道内也相等。因此, $N_s = N_d = N$, 式 (10.22) 可以简化为

$$\sigma_{d/s} = \frac{1}{\sqrt{2S/N}} \left[1 + \left(\frac{d}{s}\right)^2 - 2\frac{d}{s}\frac{N_c}{N}\right]^{1/2} \tag{10.23}$$

这一次, 3 个噪声分量都出现了, 其中的两个仅对偏轴目标出现。

实际上, 内部产生的相关噪声 (如产生于本地振荡器) 并不是独立测量的, 而是认为其小到可以简化为接收机噪声的一部分。这样, 式 (10.23) 中最后一项可以省略。

当在视轴上或者视轴附近跟踪目标时 (d/s 接近 0), 可以做进一步简化处理; 中括号内的量可视为 1, 且可以省略, 仅剩下一阶噪声的关系式。

最后一步, 将误差 $\varepsilon_{d/s}$ 转换成 10.1.4 节描述的角度误差。则式 (10.23) 可化为

$$\sigma_\theta = \frac{\theta_{\mathrm{bw}}}{k_{\mathrm{m}}\sqrt{2S/N}} \left[1 + \left(\overline{k_{\mathrm{m}}}\frac{\theta}{\theta_{\mathrm{bw}}}\right)^2 - 2\overline{k_{\mathrm{m}}}\frac{\theta}{\theta_{\mathrm{bw}}}\frac{N_{\mathrm{c}}}{N} \right]^{1/2} \tag{10.24}$$

如前所述, 通常会省略括号中的最后一个项。k_{m} 上面的短线表示从视轴到目标的角度均值。

对于式 (10.24), 无论有没有最后一项, 均是常用公式。在其他文献中, 通过在开始时采取必要的假设和近似, 可以用更简单的方式导出该式。这里给出了更加完整的推导过程, 显示了各噪声分量的影响, 并允许在非标准情况下应用, 例如, 如果已知和差噪声不相等的情况。特别地, 根号中的 S/N 表示和信号功率与差通道噪声的比值。

轴上和偏轴的误差分量常用不同的等式来表示。同轴跟踪中一阶噪声误差变为

$$\sigma_{\theta a} = \frac{\theta_{\mathrm{bw}}}{k_{\mathrm{m}}\sqrt{2S/N_d}} \tag{10.25}$$

偏轴测量中的第二个误差分量为

$$\sigma_{\theta b} = \frac{\theta}{\sqrt{2S/N_s}}\sqrt{1 - \frac{s}{d}\frac{2cN_{\mathrm{c}}}{N_s}} \tag{10.26}$$

这两个分量以如下方式联合起来, 表示成:

$$\sigma_\theta = \sqrt{\sigma_{\theta a}^2 + \sigma_{\theta b}^2} \tag{10.27}$$

不存在外部噪声点源时, 本地振荡器和混频器仅仅产生非常少的噪声, 一般假定相关性为 0。来自分布源 (比如天空) 的外部噪声在和差通道内本质上是不相关的。并且, 即使有一些相关性, 当目标位于轴的一侧时它会给均方误差加上一项, 并且当目标位于轴的另一侧相同角度时会减去相同的一项, 这样, 总均方误差与没有相关性时的均方误差相同。

10.1.8 $S/N > 1$ 时的高阶逼近

返回到式 (10.21), 假定和通道的信噪比不能高到足以忽略分母中的噪声项, 但是足够高到能够假定和噪声幅度与和信号幅度的比值几乎一直会比单位 1 小, 即

$$|v_s| = |v_{su} + v_c| < 1 \tag{10.28}$$

分数 $1/1 + v_s$ 可以展开为

$$\frac{1}{1 + v_s} = 1 - v_s + \cdots \tag{10.29}$$

仅使用展开式中的前两项, 并且用 $v_s = v_{su} + v_c$ 替代式 (10.19), 可得如下误差近似等式 (近似符号被省略):

$$\varepsilon_{d/s} = [v_{du} - (d/s)v_{su} + (c - d/s)v_c](1 - v_{su} - v_c) \tag{10.30}$$

每一个噪声变量被分解成实部和虚部, 执行所有乘法后, 合并实数项。产生的表达式被平方求平均。因为平方前每一项的平均值为 0, 所以均方值等于方差。过程与前面章节描述的相似, 除了现在的误差实部包含有高阶项, 高阶项包括噪声变量的向量积和平方。以下关系式被用来导出均值。

(1) 噪声电压的均方根值:

$$\overline{v_{dui}^2} = \frac{N_{du}}{2S}$$
$$\overline{v_{sui}^2} = \overline{v_{suq}^2} = \frac{N_{su}}{2S} \tag{10.31}$$
$$\overline{v_{ci}^2} = \overline{v_{cq}^2} = \frac{N_c}{2S}$$

(2) 独立随机变量乘积的均值就是它们均值的乘积, 如

$$\overline{v_{dui}v_{sui}^2} = \overline{v_{dui}}\,\overline{v_{sui}^2} = (0)\left(\frac{N_{su}}{2S}\right) = 0 \tag{10.32}$$

$$\overline{v_{dui}^2 v_{sui}^2} = \overline{v_{dui}^2}\,\overline{v_{sui}^2} = \frac{N_{du}N_{su}}{4S^2} \tag{10.33}$$

$$\overline{v_{sui}^2 v_{suq}^2} = \frac{N_{su}^2}{4S^2} \tag{10.34}$$

(3) 零均值的高斯随机变量的三阶矩是 0, 即

$$\overline{v_{ci}^3} = 0 \tag{10.35}$$

(4) 零均值高斯随机变量的四阶矩是其方差平方的 3 倍, 即

$$\overline{v_{ci}^4} = \overline{v_{cq}^4} = \frac{3N_c^2}{4S^2} \tag{10.36}$$

如果 c 和 d/s 是实数, 那么 $\mathrm{Re}(\varepsilon_{d/s})$ 的方差为

$$\sigma_{d/s}^2 = \frac{N_d}{2S}\left(1 + \frac{N_s}{S}\right) + \frac{c^2 N_c^2}{2S^2} + \left(\frac{d}{s}\right)^2 \frac{N_s}{2S}\left(1 + \frac{2N_s}{S}\right) - \frac{d}{s}\frac{cN_c}{S}\left(1 + \frac{2N_s}{S}\right) \tag{10.37}$$

乘积 cN_c 可以用等价形式 $\rho\sqrt{N_d N_s}$ 表述。如果舍弃高阶噪声项, 那么式 (10.37) 可简化为式 (10.21)。

作为高阶项作用的一个例子, 考虑近似在轴上的目标, 两个通道中的噪声功率相等 $(N_d = N_s = N)$, 那么

$$\sigma_{d/s}^2 = \frac{N}{2S}\left(1 + \frac{N}{S}\right) \tag{10.38}$$

或者

$$\sigma_{d/s} = \frac{\sqrt{1 + N/S}}{\sqrt{2S/N}} \tag{10.39}$$

如果信噪比是 10 dB ($N/S = 0.1$), 二阶项使方差增加了 10%, 标准偏差增加了大概 5%, 这在误差分析中并不显著。尽管如此, 如果信噪比只有 3 dB, 那么二阶项使方差增加了 50%, 使标准偏差增加了 22%。

如果目标在波束的边缘, $|d/s| \approx 1$, 那么可用下式代替式 (10.38):

$$\sigma_{d/s}^2 = \frac{N}{2S}\left(1 + \frac{N}{S}\right) + \frac{N}{2S}\left(1 + \frac{2N}{S}\right) = \frac{N}{S}\left(1 + 1.5\frac{N}{S}\right) \tag{10.40}$$

在这种情况下, 所包含的 $1.5N/S$ 项使标准偏差在 10 dB 和 3 dB 时分别增加了 7%和 32%。

对于轴上的情形, 式 (10.38) 中低信噪比修正因子 $1 + N/S$, 在别的雷达文献中也有所涉及, 解释方式略有不同。在文献 [3] 中, 它称为 "AGC 因数", 这是基于系统 AGC 会提供单脉冲归一化基准的事实,AGC 在和通道中会响应信号加噪声, 而在差通道中则不会。

尽管展开到二阶噪声项的式 (10.37) 比式 (10.21) 近似得更好, 但这仍然基于这一假设, 即和噪声与和信号的幅度比一直小于 1。忽略分布拖尾所造成的误差, 在尾部, 随着信噪比的下降, 噪声幅度超过了信号幅度。信噪比为 5 dB 时, 噪声强于信号的概率为 4%, 3 dB 时为 14%, 0 dB 时则为

37%, 公式在 0 dB 及以下时的有效性是个问题, 应该通过使用实际系统的特性进行分析和仿真来证实, 包括作为角度函数的单脉冲比率。

在使用了高阶近似的 d/s 中, 误差表达式按照如同 10.1.7 节那样的方式被转换成了角度误差, 表示为

$$\frac{d}{s} = \frac{k_{\mathrm{m}}}{\theta_{\mathrm{bw}}} \quad \text{和} \quad \sigma_{d/s} = \frac{k_{\mathrm{m}}}{\theta_{\mathrm{bw}}} \sigma_\theta \tag{10.41}$$

因此, 式 (10.39) 可以写成

$$\sigma_\theta = \frac{\theta_{\mathrm{bw}}\sqrt{1 + N/S}}{k_{\mathrm{m}}\sqrt{2S/N}} \tag{10.42}$$

10.1.9 多脉冲估计

上述分析仅仅考虑了基于单个脉冲的目标位置的单脉冲估计。然而, 在大多数单脉冲应用中, 估计是 n 个脉冲的平均:

$$n = f_{\mathrm{r}} t_0 = \frac{f_{\mathrm{r}}}{2\beta_{\mathrm{n}}} \tag{10.43}$$

式中: f_r 是脉冲的重复频率; $t_0 = 1/2\beta_{\mathrm{n}}$ 为平均的时间; β_n 为 (一侧) 跟踪环路的噪声带宽。

不存在相关噪声分量时, n 个脉冲平均的方差是单个脉冲方差的 $1/n$ 倍。这一关系对以下情形成立, 即噪声产生于各和差通道接收机中的分量, 或者外部环境中分布于整个和差方向图主瓣的噪声源为噪声提供了不相关的和差分量。此时, 将式 (10.24) 中的 c 设为 0, 并且在分母的根号中包含因子 n, n 个脉冲的误差可以表示为

$$\sigma_\theta = \frac{\theta_{\mathrm{bw}}}{k_{\mathrm{m}}\sqrt{2nS/N}} \left[1 + \left(\overline{k_{\mathrm{m}}} \frac{\theta}{\theta_{\mathrm{bw}}} \right)^2 \right]^{1/2} \tag{10.44}$$

$$\sigma_\theta \approx \frac{\theta_{\mathrm{bw}}}{k_{\mathrm{m}}\sqrt{2nS/N}} \quad \text{(目标在轴附近时)} \tag{10.45}$$

然而, 相关噪声分量的存在, 引起了式 (10.18) 中给出的偏移误差, 由式 (10.24) 和式 (10.37) 得出的加性噪声分量并不会因 n 个脉冲的平均而减小。常规本地振荡器或者空间上窄角度范围内的外部噪声源可以引入相关噪声。考虑噪声干扰机 (第 12 章) 时及杂波引起误差 (10.2 节) 的情形下, 都会出现这种效果。

对于高 S/N, 跟踪环路带宽 β_n 会保持在使用了如 AGC 或者点积检测器 (见 8.8 节) 的单脉冲处理器的设计值 β_n0 处保持恒定。然而, 当单个脉冲的信噪比接近 1 时, 带宽减小。在低 S/N 时, 两个因素降低了回路增益: ① 接收机中归一化方法未能使进入处理器形成 d/s 的和信号保持恒定; ② 处理器中的有用信号进一步被噪声压制[4,p467−472]。回路带宽随着 S/N 的减小而变化:

$$\beta_\mathrm{n} = \frac{\beta_\mathrm{n0}}{\left(1 + \dfrac{N}{S}\right)^2} \tag{10.46}$$

结果是, 积累脉冲数的增加使输出噪声趋平, 其依据为

$$\sigma_\theta = \frac{\theta_\mathrm{bw}}{k_\mathrm{m}\sqrt{(1 + S/N)(f_\mathrm{r}/\beta_\mathrm{n0})}} \tag{10.47}$$

随着 S/N 的增加而下降到 0 及其以下。跟踪丢失的发生, 并不是式 (10.44) 预测的噪声误差大量增加的结果, 而是回路不能跟上目标的动态变化 (参见 10.3 节)。在机扫单脉冲雷达实际运行中, 目标消失后天线的随机运动被控制在波束宽度的一个小范围内时, 可以观察到这一情况。

10.1.10 起伏目标

如果目标起伏, 那么和信号功率 S (正比于目标散射截面积) 为一随机变量。对于单个脉冲的角度估计, 如果使用其 S, 那么上述角误差公式仍是正确的。但是, 每个脉冲的 S 值是未知的; 只有平均值是假设已知的或确定的, 误差公式必须用 S 的平均值项来表示。这表明, 起伏目标比具有相同截面积稳定目标的标准偏差要大, 尽管如果使用合适的加权方法进行多脉冲平均的话, 起伏目标的误差会随着脉冲数的增加而近似于稳定目标的误差。

起伏对以前章节中推导出的任意误差的影响可以表示为

$$\sigma_\theta^2 = \frac{K(\theta)}{S} \tag{10.48}$$

式中, 对于式 (10.42) 表示的情形, $K(\theta)$ 为

$$K(\theta) = \frac{\theta_\mathrm{bw}^2(1 + N/S)}{2k_\mathrm{m}^2/N} \tag{10.49}$$

接下来, 假设只有功率达到阈值 T 的脉冲才能用于角度测量。于是, 误差

结果为

$$\sigma_{\theta f}^2 = K(\theta) \frac{\displaystyle\int_T^\infty \frac{1}{S} p(S) \mathrm{d}S}{\displaystyle\int_T^\infty p(S) \mathrm{d}S} \tag{10.50}$$

式中: $p(S)$ 为信号功率的概率密度函数。分母用方差归一化超过阈值的部分脉冲。(如果 $T=0$, 那么分母是单位 1)。如果两种情况下平均信号功率相等, 用式 (10.50) 除以式 (10.48), 可得到起伏目标方差和稳定目标方差之比。也可以把这个步骤应用到更一般的起伏目标模型[5] 中。

对于更一般的起伏目标, 信号功率 S 的概率密度函数可以使用卡方分布来表示:

$$p(S, K) = \frac{K}{(K-1)!} \left(\frac{SK}{S''}\right)^{k-1} \exp\left(-\frac{SK}{\bar{S}}\right) \tag{10.51}$$

式中: K 为自由度, $\bar{S}$ 是 S 的平均值。$K=1$ 和 $K=2$ 分别与 Swerling1 型和 3 型对应:

$$p(S, 1) = \frac{4S}{\bar{S}} \exp\left(-\frac{2S}{\bar{S}}\right) \quad (\text{Swerling1 型}) \tag{10.52}$$

$$p(S, 2) = \frac{4S}{\bar{S}} \exp\left(-\frac{2S}{\bar{S}}\right) \quad (\text{Swerling3 型}) \tag{10.53}$$

式 (10.50) 的积分结果如图 10.1 所示。对于 Swerling1 型, 当临界值降至平均信号功率以下时, 误差稳定增长, 而对于 Swerling3 型, 误差趋平于稳定目标误差的 $\sqrt{2}$ 倍。基本上, 对于起伏目标, 随着平均信号功率的增加, 精度的改善并不会与稳定目标同步。

文献 [6] 中, Connolly 比较了稳定目标和 Swerling1 型的误差, 误差用波束宽度归一化, 为 $\bar{S}/N$ 的函数。利用式 (10.50), 其曲线重现于图 10.2, 这里假定测量脉冲的阈值为 $T = \bar{S}N/(\bar{S} + N)$, 它从 $\bar{S} \to 0$ 时的 0 变化到 $\bar{S} \gg N$ 的 N。图 10.2 表明, $K=2$ (Swerling3 型) 和 $K=4$ 时的值 (可以用利用时间或频率分集所得到 Swerling4 型的 2 个独立样本或 Swerling2 型的 4 个独立样本来获得) 在形成比率 d/s 的过程中被平均。这种求平均的方法能够使误差减小到稳定目标的误差值附近。

最近单脉冲雷达才使用了单个脉冲测量, 在跟踪 Swerling1 型目标时, 损失可能比较显著。使用频率分集得到独立目标样本, 并应用 AGC 或者其他在多个脉冲上归一化 d/s 的处理方法, 倘若在每个波束驻留时间内有足够的时间来发射和接收的脉冲数目大于 1, 那么可以避免这种损失。

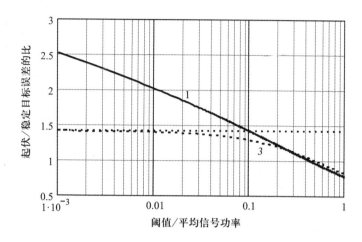

图 10.1　标准偏差的比: 起伏/稳定目标, 阈值的函数

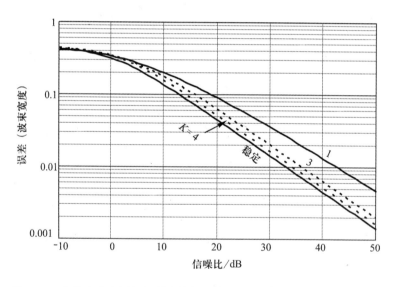

图 10.2　起伏和稳定目标角误差的标准偏差, 平均信噪比的函数, $k_m = 1.6$

8.6 节中描述的 "I 和 Q" 类型的处理器是取平均的应用实例。对于单个脉冲的角度估计, 这个处理器利用式 (8.9) 所示的算法来获得单脉冲比率。在式 (8.9) 中, 分数部分的分子是差与和的 "点积"; 分母是和信号功率。对于加权平均值, 每个脉冲的权重是其和信号功率除以所有脉冲和信号功率的总和。因此, 权重的分子与单脉冲比率的分母对消。简单地讲, 多脉冲估计为所有分子的和除以所有分母的和, 这样避免了每个脉冲上的除

法运算。然后, 利用单脉冲标校函数, 将这个结果转化为角度估计。

8.8 节所描述的相似处理器, 由处理每个脉冲的点积检测器和相对慢速 AGC 组成, AGC 时间常数的选择与期望多脉冲驻留时间一致。AGC 不应该比伺服响应慢, 它必须在噪声和滞后误差间折中。结果, 伺服滤波器对点积求和 (求平均), AGC 滤波器对脉冲功率求和 (求平均), 并且 AGC 将第一个和除以第二个和。结果与前面描述的 “I 和 Q” 处理器相似。

随着脉冲功率加权平均值使用脉冲数量的增加, 指定平均散射截面积的起伏目标的误差标准偏差接近于具有相同散射截面积的稳定目标的误差标准偏差, 倘若这两种情况使用了相同数量的脉冲。这样, 对于稳定目标的误差公式, 如式 (10.24) 或式 (10.42), 用 $\bar{S}$ 代替 S 并在平方根符号下插入因子 n (脉冲数量), 可以得到适用于起伏目标的误差公式。

工程中的加权实际上并不同于最优的加权方式, 这因为它正比于信号加噪声的功率而非信号功率。类似地, 如果存在阈值, 那么正如分析所假设的那样, 它会对信号加上噪声起作用而不仅仅对信号起作用。因此, 结果并不会跟上面描述的一样。尽管如此, 如果脉间起伏的原因主要是目标散射截面积的变化而不是噪声 (这在很大或者中等 $\bar{S}/N$ 时通常是正确的), 那么这种近似的影响很小。

为了计算起伏目标单个脉冲角度估计的偏移误差, 从稳定目标的偏差公式 (10.18) 开始, 但把 S 作为随机变量而不是常量。式 (10.18) 右边乘以 S 的概率密度函数并积分。如果有功率水平阈值 T, 那么积分是从 T 到无穷大。举个简单的例子, 考虑 Swerling1 型或 Swerling2 型目标, 其概率密度函数由式 (10.52) 给出。除平均信号功率被平均噪声功率所代替外, 该概率密度函数和噪声的相同。对于 $T = 0$, 转换成角度后可以得到以下结果:

$$\text{单个脉冲估计的偏差 (没有阈值)} = \frac{\theta_{\text{bw}}}{k_{\text{m}}} \frac{cN_c/N_s - d/s}{\bar{S}/N_s + 1} \tag{10.54}$$

对比式 (10.54) 和式 (10.18) 可知, 在相同角度上具有相同散射截面积的起伏目标比稳定目标具有更大的偏差。n 个脉冲的均匀加权平均估计和单个脉冲的估计偏差相等。如果求平均可以在产生独立样本的多个脉冲上进行, 且对信号功率具有理想的权重比例, 那么偏差会减小。公式为

$$n \text{ 个脉冲的加权平均估计的偏差} = \frac{\theta_{\text{bw}}}{k_{\text{m}}} \frac{cN_c/N_s}{(\bar{S}/N_s + 1)^2} \tag{10.55}$$

但在实际上, 每个脉冲的权重可以正比于信号加噪声功率但不能仅正比于信号功率。在分析[7] 中考虑到这一事实, 功率加权平均的偏差与式 (10.54)

给出的单个脉冲的偏差相同。

10.1.11 "不精确" 单脉冲处理器

分析假定单脉冲处理器的输出严格等于 (或正比于) 单脉冲比率的实部。第 8 章描述的部分实际处理器非常接近这一假定; 其他处理器仅在高信噪比且目标角度离轴线并不太远时接近 d/s 的真值。当不满足这些条件时, 需要使用第 8 章中为每一种处理器推出的公式, 进行更加详细的分析或仿真。

10.1.12 闭环与开环操作

本章公式基于开环操作, 就是说, 假定波束指向在响应偏轴角时并不改变。将测量的单脉冲比率转换为角度并叠加到已知射束轴指向角度上, 可估计目标角度。误差为指向角与真实角之间的偏差。

在闭环操作中, 伺服使用单脉冲比率作为误差信号, 并企图把射束轴指向目标以使它为 0。这种情况下的误差是射束轴与实际目标方向的偏差。当波束相对于目标运动时, 信号功率和单脉冲斜率变化, 所以波束指向误差与开环误差并不完全相同。高信噪比时, 这种差别很小, 如 10.1.9 节所述, 假如提供一个适当的 n 值 (被伺服时间常数有效平均的脉冲数量), 那么开环公式可以应用到闭环操作中。在低信噪比时, 必须考虑单脉冲斜率和伺服环路特性的变化[3,8]。

10.2　杂波引起的误差

一般假定杂波起源于一个或者两个角坐标内广域分布的散射点。面杂波在方位上分布于和差方向图的整个主瓣区域; 除了杂波下或上高度界限附近的跟踪, 雨雪气象杂波或者箔条同样也分布在整个俯仰方向图内。

10.2.1 波束内的杂波分布引起的随机误差

当杂波在差方向图主波瓣角度范围内或者在两个或更多旁瓣内均匀分布时, 和通道杂波与差通道杂波不相关。用 $\sigma_{\theta c1}$ 表示单次测量采样杂波误差的均方根, 其下标表示单个脉冲杂波引起的角度误差。表示单脉冲比率 d/s 均方根值的等式与表示不相关热噪声误差的式 (10.37) 相似, 使用相应的杂波功率代替噪声功率 N_s 和 N_d。考虑到和通道中低信杂比 S/C_s, 故包括二次项, 于是:

$$\sigma_{\theta c1} = \frac{\theta_{\mathrm{bw}}}{k_{\mathrm{m}}\sqrt{2S/C_d}}\sqrt{1 + \frac{C_s}{s} + \left(\frac{d}{s}\right)^2 \frac{C_s}{S_d}\left(1 + \frac{2C_s}{S}\right)} \tag{10.56}$$

式中: C_s 为和通道杂波功率; C_d 为差通道杂波功率; d/s 是对应于偏轴目标的单脉冲比率。

式 (10.56) 中大的根式前面的部分表示杂波误差的一次项。这个误差和根式中的第二项的乘积就是误差分量的二次项。一次项误差和大的根式中的第三项的乘积是偏轴误差分量, 包含了它的一次项和二次项成分。多普勒处理后, 可以计算出表达式中的杂波功率。多普勒通过和差通道中具有相同响应的线性电路实现。

当跟踪射束轴附近的目标时, 可能会忽略式 (10.56) 所包含的 d/s 项, 以得到包含一次和二次项的杂波误差:

$$\sigma_{\theta ca1} = \frac{\theta_{\mathrm{bw}}}{k_{\mathrm{m}}}\sqrt{\frac{C_d}{2S}\left(1 + \frac{C_s}{S}\right)} \tag{10.57}$$

式中: σ 的下标表示在单个脉冲情形下, 由杂波引起的轴上角误差, 与式 (10.25) 的轴上噪声误差 $\sigma_{\theta a}$ 类似。

与热噪声不同, 杂波回波的相关时间可能会延续连续若干个脉冲, 所以独立采样数由式 (10.43) 给出的 $n = f_r t_0$ 减小到 10.2.2 节给出的 n_i。由于 C_d 和 C_s 不相关, 式 (10.57) 的杂波误差在跟踪环路时间常数范围内平均后降低为 $\frac{1}{\sqrt{n_i}}$ 倍, 得到一个平均误差, 即:

$$\sigma_{\theta can} = \frac{\theta_{\mathrm{bw}}}{k_{\mathrm{m}}}\sqrt{\frac{C_d}{2Sn_i}\left(1 + \frac{C_s}{S}\right)} \tag{10.58}$$

差通道与和通道的杂波功率比值一般为 $0.63 = -2\,\mathrm{dB}$, 为和差功率方向图的乘积 $s^2(\theta)d^2(\theta)$ 的积分与双程和功率方向图 $s^4(\theta)$ 的比值。雨雪或箔条杂波下的俯仰测量是个例外, 这种情况下多普勒处理器输出的 C_d 可能会超过 C_s, 因为在俯仰差方向图中风剪应力能够产生更宽的杂波频谱。对于旁瓣中的杂波, 因为更高的不同旁瓣, 差、和通道功率比通常大于 1。

偏轴测量时, 式 (10.56) 中包含 d/s 的项增加了杂波误差, 热噪声情形下也是如此。单个脉冲偏轴杂波误差可被视为 $\sigma_{\theta ca1}$ 的和的平方根, 偏轴

误差分量可由式 (10.59) 得到:

$$\sigma_{\theta \text{cb1}} = \frac{\theta_{\text{bw}}}{k_{\text{m}}} \frac{d}{s} \sqrt{\frac{C_s}{2S} \left(1 + \frac{2C_s}{S}\right)} = \theta \sqrt{\frac{C_s}{2S} \left(1 + \frac{2C_s}{S}\right)} \qquad (10.59)$$

式中: θ (假定小于 $0.5\theta_{\text{bw}}$) 是被测目标的偏轴角。因为式 (10.59) 中的二阶项并不因取平均而减小, 所以平均偏轴误差分量的表达式为

$$\sigma_{\theta \text{cbn}} = \frac{\theta_{\text{bw}}}{k_{\text{m}}} \frac{d}{s} \sqrt{\frac{C_s}{2S} \left(\frac{1}{n_{\text{i}}} + \frac{2C_s}{S}\right)} = \theta \sqrt{\frac{C_s}{2S} \left(\frac{1}{n_{\text{i}}} + \frac{2C_s}{S}\right)} \qquad (10.60)$$

这是以和的平方根的形式叠加到式 (10.58) 所示的平均轴上误差上。

10.2.2　独立杂波的样本数量

和通道输出 $s + c_s$ 被用来作为差通道杂波 c_d (在双通道任意多普勒处理后) 的鉴相器参考。每个通道中的杂波相关时间为

$$t_{\text{c}} = \frac{\lambda}{2\sqrt{2\pi}\sigma_v} \qquad (10.61)$$

式中: λ 为波长; σ_v 为由内部运动、电波扫描和 (雨雪或者箔条) 风剪切力等因素产生的速度分布均方根。

因此, 跟踪环路时间常数内用于平均的独立杂波样本数量可能会变化, 这依赖于目标与杂波的相对速度, 样本数量的限制范围如下:

$$1 + \frac{t_{\text{o}}}{t_{\text{c}}} \leqslant n_{\text{i}} \leqslant f_{\text{r}}t_{\text{o}} = \frac{f_{\text{r}}}{2\beta_{\text{n}}} \qquad (10.62)$$

式中: $t_0 = 1/2\beta_{\text{n}}$ 为跟踪环路的时间常数。

例如, 对于跟踪地杂波背景下目标的 X 波段雷达, 其特性如下:

(1) 波长 $\lambda = 0.03$ m;

(2) PRF $f_{\text{r}} = 300$ Hz;

(3) 伺服带宽 $\beta_{\text{n}} = 3$ Hz;

(4) 无多普勒处理。

地杂波下的典型速度分布, 由式 (10.61) 得出 $\sigma_v \approx 0.5$ m/s。在雷达输入端, 杂波相关时间为 $t_{\text{c}} = 12$ ms。设 n_{c} 的下限为 15, 则跟踪环路带宽为 $\beta_{\text{n}} = 3$ Hz 的平均时间为 $t_0 = 0.167$ s。最高限为 $f_{\text{r}}t_0 = 50$, 得出 $15 \leqslant n_{\text{i}} \leqslant 50$。需要紧记的是, 残余杂波的相关时间会因多普勒处理而变小, 可能会下降到脉冲间隔时间 $1/f_{\text{r}}$ 以下, 在这种情况下应用 n_{i} 的上限。

当雷达进行脉间频率捷变时, 独立的杂波样本数为

$$n_{\mathrm{i}} = \min \left[(1 + \tau \Delta_{\mathrm{f}}), f_{\mathrm{r}} t_{\mathrm{o}} \right] \tag{10.63}$$

式中: τ 为脉冲宽度; Δf 为捷变带宽, 并且假定杂波密度在距离分辨单元宽度 $\tau c/2$ 内是均匀的; c 为光速。

10.2.3 波束中特定角度下杂波带来的随机误差

在主瓣范围内或者较低的一个旁瓣内, 给定距离波门内的面杂波会出现在跟踪轴下某个固定的仰角处。在这种情况下, C_s 和 C_d 是相关的。对于相关的和差杂波, 单个脉冲的误差可以用杂波代替式 (10.37) 中的噪声项得到, 于是, 转化成角误差:

$$\sigma_{\theta \mathrm{c1}}^2 = \left(\frac{\theta_{\mathrm{bw}}}{k_{\mathrm{m}}} \right)^2 \left[\frac{C_d}{2S} \left(1 + \frac{2C_s}{S} + \left(\frac{d}{s} \right)^2 \frac{C_s}{C_d} \right) - \frac{d}{s} \frac{cC_c}{S} \left(1 + \frac{2C_s}{S} \right) \right] \tag{10.64}$$

式中: 因子 $cC_{\mathrm{c}} = \sqrt{C_d C_s}$ 表示完全相关杂波。

对于跟踪波束轴附近目标的雷达, 可以忽略式 (10.64) 中包含 d/s 的项, 导出:

$$\sigma_{\theta \mathrm{ca1}} = \frac{\theta_{\mathrm{bw}}}{k_{\mathrm{m}}} \sqrt{\frac{C_d}{2S} \left(1 + \frac{2C_s}{S} \right)} \tag{10.65}$$

n_{i} 个杂波采样的时间平均减小了式 (10.65) 中的一阶项, 但和通道与差通道的相关性不允许二阶项的减小, 导出:

$$\sigma_{\theta \mathrm{can}} = \frac{\theta_{\mathrm{bw}}}{k_{\mathrm{m}}} \sqrt{\frac{C_d}{2S} \left(\frac{1}{n_{\mathrm{i}}} + \frac{C_s}{S} \right)} \tag{10.66}$$

当单脉冲雷达使用具有较大 n_i 的宽频捷变时, 在跟踪低仰角目标过程中, 会发现比预期更大的误差分量, 这时式 (10.66) 的意义重大。考虑具有下列特性的跟踪雷达:

(1) 波束宽度 $\theta_{\mathrm{bw}} = 1.7° = 30 \mathrm{\ mrad}$;

(2) PRF $f_{\mathrm{r}} = 2000 \mathrm{\ Hz}$;

(3) 伺服带宽 $\beta_{\mathrm{n}} = 3 \mathrm{\ Hz}$;

(4) 误差斜率 $k_{\mathrm{m}} = 1.6$;

(5) 脉冲宽度 $\tau = 1 \mathrm{\ μs}$;

(6) 捷变带宽 $\Delta f = 500 \mathrm{\ MHz}$。

不相关杂波样本的可能数量用频率表示为 $\Delta f\tau = 500$, 但从式 (10.62) 可以看出, 脉冲间不相关样本的最大值为 $n_{\text{if}} = 333$。假定地杂波下的跟踪中, $S/C = S/C_d = 10$, 且完全相关。由式 (10.57) 得出单个采样的误差为 $\sigma_{\theta ca1} = 4.4$ mrad。在不相关杂波的假定条件下, 错误地应用式 (10.58), 将导致平均值减小一个因子[18], 得 $\sigma_{\theta can} = 0.24$ mrad, 本质上都是从一阶项中得到的。尽管如此, 实际从式 (10.66) 中得出的误差为 $\sigma_{\theta can} = 1.3$ mrad, 比 5 倍还要大, 得出的二阶项并没有因平均而减小。

和通道与差通道杂波的相关性通常发生在特定距离波门内面杂波下的仰角测量中。距离波门集中在目标下方的单个仰角。当占主导地位的离散散射点在方位上偏离目标时, 表达式同样适用于方位跟踪。

10.2.4 杂波引起的偏移误差

相关的杂波同样会在测量中引起偏移误差 ε_{c}, 该误差与式 (10.18) 所给出的类似:

$$\varepsilon_{\theta c} = \frac{\theta_{\text{bw}}}{k_{\text{m}}} \left(\frac{cC_d}{C_s} - \frac{d}{s} \right) \exp \left(-\frac{S}{C_s} \right) \approx \frac{\theta_{\text{bw}}}{k_{\text{m}}} \frac{cC_d}{C_s} \exp \left(-\frac{S}{C_s} \right) \tag{10.67}$$

使用前面例子中的参数, 误差小于 1 μrad, 但对于 $S/C_s < 4 = 6$ dB, 偏差会变得更大。

10.3 动态延迟误差

1.4 节所列出的单脉冲雷达相对于顺序扫描方法的一个好处是每个接收脉冲的角度测量提高了数据率。设计跟踪雷达角度跟踪环路带宽时, 数据率是重要因素。在跟踪给定速度和加速度的目标时, 带宽依次控制动态延迟误差。

10.3.1 跟踪环路误差系数

动态延迟误差由速度、加速度和高精度测量坐标的相应分量组成。在方位角 A 处:

$$\varepsilon_{\text{lag}} = \frac{\dot{A}}{K_v} + \frac{\ddot{A}}{K_\alpha} + \frac{\dddot{A}}{K_3} \cdots \tag{10.68}$$

仰角坐标应用了相似的表述。在需要考虑的坐标系下, "误差系数" k_v, k_a, k_3, $\cdots$ 由跟踪伺服回路的开环、闭环频率响应确定 (参见文献 [3, p295-

301])。图 10.3 所示为典型天线伺服的开环伺服响应。为克服高速目标跟踪时的扭矩扰动和延迟, 低频处的高增益是必需的。具有 −20 dB/dec 斜率的区域, 在与单位增益交叉的地方扩展大约 2 个倍频程, 有必要提供稳定性。

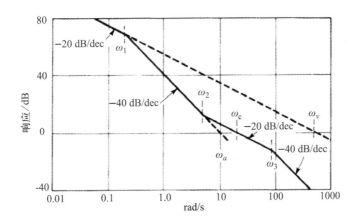

图 10.3   单个积分的一阶伺服系统的典型开环响应[3,p296]

开环响应 $(\omega_1, \omega_2, \omega_3)$ 的断点位置控制误差系数和闭环带宽。速度误差系数是低频 −20 dB/dec 斜线和在 $\omega_v = 500$ rad/s 时 0 dB 增益轴的交叉点, 得出 $k_v = 500$ s^{-1}。中频的 −40 dB/dec 斜线与 $\omega_a = 10$ rad/s 时 0 dB 增益轴的交叉点得出 $K_a = \omega_a^2 = 100$ s^{-2}。第二个 −20 dB/dec 斜线和 0 dB 增益轴的交叉点是 $\omega_c \approx 2\omega_a = 20$ rad/s, 伺服的噪声带宽 β_n 大概是这个值的两倍: $\omega_n = 4\omega_a = 40$ rad/s, 得出 $\beta_n = 40/2\pi = 6.4$ Hz。

速度误差系数 K_v 没有上限, 但是实际值受跟踪起始时的瞬时周期限制。加速度误差常量受闭环伺服带宽 β_n 的限制:

$$K_\alpha = \omega_\alpha^2 = \left(\frac{2\pi}{4}\beta_n\right)^2 = 2.5\beta_n^2 \tag{10.69}$$

加速度项通常占延迟误差的主导地位, 且可以忽略高阶项 (尽管需要的话可以用文献 [3] 的表达式计算出来)。

考虑一个飞行目标, 其地面距离为 30 km, 速度和加速度分别为 300 m/s 和 20 m/s^2, 均在水平面内, 且垂直于视线。若 $\beta_n = 3$ Hz, $K_a = 22.5$, $K_v =$

300, 那么方位延迟误差为

$$\varepsilon_{\text{lag}} = \frac{1}{K_v} \frac{v_t}{R} + \frac{1}{K_\alpha} \frac{\alpha_t}{R}$$

$$= \frac{1}{300} \frac{300}{30\,000} + \frac{1}{2.5 \times 10^3} \frac{10}{30\,000} = (33 + 30) \times 10^{-6} \text{ rad} = 0.063 \text{ mrad}$$

误差看起来很小, 但是在一个总误差 < 0.1 mrad 的精密雷达中, 该延迟对误差的影响很大。

10.3.2 过交叉点问题

雷达 (球形) 坐标中, 目标的角速率和角加速度依赖于目标的动态性及其与雷达的距离。典型的 "过交叉点" 问题在图 10.4 中进行说明。目标速度恒为 v_t, 沿着距离雷达地面距离为 R_c 的路径接近雷达 (交叉点)。方位角速率为

$$\omega_{\text{az}} = \dot{A} = \frac{v_t}{R} \sin A = \frac{v_t}{R_c} \sin^2 A \tag{10.70}$$

恒速目标的方位角加速度为

$$\dot{\omega}_{\text{az}} = 2 \left(\frac{v_t}{R} \right)^2 \sin^3 A \cos A \tag{10.71}$$

这种 "几何" 加速度要加上实际目标加速度在雷达 - 目标连线地面投影的法线方向上的任意分量。当 $A = 60°$ 和 $120°$ 时, 几何加速度为最大:

$$\dot{\omega}_{\text{az}} = \pm \frac{3\sqrt{3}}{8} \left(\frac{v_t}{R_c} \right)^2 \tag{10.72}$$

举例来说, 一个亚声速飞机以 $v_t = 300$ m/s 的速度沿交叉点距离为 $R_c = 10$ km 的路径飞行, 其在交叉点上时, 具有最大的方位角速度 $\omega_{\text{az}} = 0.03$ rad/s, 最大角加速度为 $\dot{\omega}_{\text{az}} = \pm 0.000585$ rad/s^2。假定某雷达和前面的例子具有相同的伺服响应, 这会导致 0.1 mrad 的速度延迟误差和 0.026 mrad 的加速度延迟误差。

3 Hz 的跟踪环路带宽, 如上面的例子所述, 通常可同时应用于圆锥扫描雷达和单脉冲雷达, 所以在这些例子中, 单脉冲雷达没有优势。但是, 在跟踪更高加速度的目标时, 如加速度为 $20\,g = 196$ m/s^2 的防空导弹, $R = 10$ km 时, $\beta_n = 3$ Hz 的误差为 0.9 mrad。带宽为 9 Hz 时, 误差减小为 0.1 mrad, 但是在圆锥扫描频率为 $30 \sim 60$ Hz 的雷达中, 这种带宽不可用。

如同 10.1.9 节提到的那样, S/N 降低到 6 dB 以下时, 伺服带宽会小于设计值 (在高 S/N 比时适用)。带宽的减小导致输出噪声随着 S/N 降低

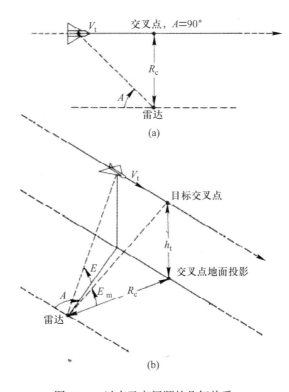

图 10.4 过交叉点问题的几何关系

(a) 飞行路径的地面投影; (b) 水平飞行目标的交叉点[4,p460]。

到单位 1 以下而趋平, 如式 (10.47) 所示。目标速度导致的动态延迟分量随 $1/\beta_n$ 而变化, 且加速度导致的动态延迟随 $1/\beta_n^2$ 而变化, 或者 $(1 + N/S)^4$。结果是当 $S/N <0\,dB$ 时, 对动态目标的跟踪丢失。

10.4 由雷达决定的误差

表 10.1 列出了与雷达设计相关的误差源。文献 [4] 对误差源进行了描述, 这里讨论与单脉冲相关的细节。单脉冲视轴的稳定性是偏移误差的主要因素。

10.4.1 单脉冲网络对视轴的影响

单脉冲网络和接收机的应用缺陷引起的视轴误差在文献 [8, p208–210]

中讨论。单脉冲比较器、接收器和处理器框图如图 10.5 所示, 图中 d_1 和 d_2 是比较器前后的网络误差。

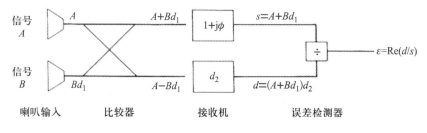

图 10.5　单脉冲网络误差 (参照文献 [8, p208])

在输入喇叭 (或者阵列元件) 和比较器之间的预比较器误差将和通道响应的一部分转换为

$$d_{21} = 1 + a_1 + j\phi_1 \tag{10.73}$$

式中: a_1 为幅度误差; ϕ_1 为相位误差, 单位是弧度, 均被转换赋值到 B 信号源。在比较器和误差检测器之间的后比较器误差, 将差通道响应的一部分从单位 1 转换到

$$d_2 = 1 + a_2 + j\phi_2 \tag{10.74}$$

式中: a_2 和 ϕ_2 是幅度和相位误差, 赋值于差通道。假定所有的误差相对于单位增益和单位弧度相位较小。比较器经常使用单脉冲零值深度 G_n 来表示, 定义为

$$G_n \equiv \left| \frac{s}{d} \right|^2_{\theta=0} \tag{10.75}$$

图 10.6 显示了用预比较误差形成的电压向量 s 和 d。

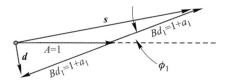

图 10.6　单脉冲和差信号的预比较器误差效果

用信号 $A = 1$ 和 $Bd_1 = (1+a_1)\angle\phi_1$ 表示 s 和 d, 有

$$G_n = \left(\frac{s}{d} \right)^2_{\theta=0} = \left(\frac{A + Bd_1}{A - Bd_1} \right)^2$$

$$= \frac{1 + (1+a_1)^2 - 2(1+a_1)\cos(\phi_1)}{1 + (1+a_1)^2 - 2(1+a_1)\cos(\pi - \phi_1)} \approx \frac{4(1+a_1)}{\sin^2\phi_1} \approx \frac{4}{\phi_1^2} \tag{10.76}$$

在最后的近似中, 令 $\cos\phi_1 \approx 1 - \left(\sin^2\phi_1\right)/2, \sin\varphi \approx \phi$, 假设 $\phi \ll 1$, 忽略包含 a_1^2 和 $a\sin\varphi_1$ 的二次项。例如, 一个 35 dB 的零深需要 $\phi_1 \leqslant 0.036$ rad = $2°$, 可以通过精确的馈源设计来满足这一要求。

视轴上归一化单脉冲比率 d/s 中的偏移误差可以用式 (10.76) 中的 d 和 s 构建, 表示为

$$\varepsilon_{d/s} = \mathrm{Re}\left(\frac{d}{s}\right)_{\theta=0} = \frac{-a_1}{2} - \frac{a_1 a_2}{2} + \frac{a_1^2}{4} + \frac{\phi_1\phi_2}{2} + \frac{\phi_1^2}{4} + \cdots \quad (10.77)$$

式中忽略了超过 2 阶的高阶项。这样可以用视轴角表述误差:

$$\varepsilon_\theta = \frac{\theta_{\mathrm{bw}}}{k_{\mathrm{m}}}\left(\frac{-a_1}{2} - \frac{a_1 a_2}{2} + \frac{a_1^2}{4} + \frac{\phi_1\phi_2}{2} + \frac{\phi_1^2}{4} + \cdots\right) \quad (10.78)$$

网络误差也可以将归一化的单脉冲斜率转换为一个新的值:

$$k_{\mathrm{m}}' = k_{\mathrm{m}}\left(1 + a_2 + \frac{a_1^2}{4} - \phi_1\phi_2 - \frac{3\phi_1^2}{4}\right) \quad (10.79)$$

通常情况下, 对于机扫雷达中的馈源系统, 通过仔细调整接收机可以获得 $a_2 = \phi_2 = 0$, 将射频零值置于垂直孔径平面的某个角度。这需要用下式的角度替换零值。

$$\varepsilon_{\theta 0} = \frac{\theta_{\mathrm{bw}}}{k_{\mathrm{m}}}\left(\frac{-a_1}{2} + \frac{a_1^2}{4} + \frac{\phi_1^2}{4}\right) \quad (10.80)$$

调整后, 接收机增益或者相位中的任意偏移都会引入一个偏移误差:

$$\varepsilon_{\theta r} = \varepsilon_\theta - \varepsilon_{\theta 0} = \frac{\theta_{\mathrm{bw}}}{k_{\mathrm{m}}}\left(\frac{\phi_1\phi_2}{2} - \frac{a_1 a_2}{2}\right) = \frac{\theta_{\mathrm{bw}}}{k_{\mathrm{m}}}\left(\frac{\phi_2}{\sqrt{G_{\mathrm{n}}}} - \frac{a_1 a_2}{2}\right) \quad (10.81)$$

谨记, a_2 是两个接收机单位增益比允许的偏差, ϕ_2 是它们的相对相位, 这个表达式定义了给定视轴误差的接收机增益和相位跟踪容差。容差反比于相应的预比较器误差。

接收机增益和相位是随信号水平、接收机温度和能量电压变化的函数。假定在一次跟踪过程中产生的误差变化很慢, 随机且不相关, 那么使用 σ_{a2} 和 $\sigma_{\phi 2}$ 表示的跟踪误差均方根为

$$\sigma_{\theta r} = \frac{\theta_{\mathrm{bw}}}{2k_{\mathrm{m}}}\left(\sqrt{\left(\phi_1\sigma_{\phi 2}\right)^2 + \left(\alpha_1\sigma_{a2}\right)^2}\right) \quad (10.82)$$

例如, 假定有如下的天线和比较器参数:

(1) $\theta_{\text{bw}} = 20$ mrad;

(2) $k_{\text{m}} = 1.6$;

(3) $a_1 = 0.04$;

(4) $\phi_1 = 0.04$ rad;

(5) 容差 $\sigma_{\theta r} = 0.002\theta_{\text{bw}} = 0.04$ mrad。

设接收机增益和相位有相等的严格容差, 则 $\sigma_{a2} = 0.113$, 与 0.93 dB 和 $\sigma_{\phi2} = 0.113$ rad $= 6.5°$ 一致。其他保持 $\sigma_{a2}^2 + \sigma_{\phi2}^2 \leqslant 0.026$ 的任意组合也满足要求。

有赖于工作条件和容差, 可能有必要为接收机引入 "引导脉冲" 控制环路。这项技术可以控制增益和相位误差, 即每次在目标跟踪距离波门外, 把等相位脉冲插入到两个接收机输入端的耦合器中, 所插入的脉冲与被跟踪信号的幅度近似相等。输出的误差可以测量, 且可以通过控制阵元增益和移相来持续修正。

10.4.2 随雷达频率的视轴漂移

如果雷达的电轴在一个很长的时间周期内都保持稳定, 那么其校准精确性 (调整到与机械轴相配) 主要依赖于校准过程中的细致和耐心。在一段时间内, 以及噪声误差分量平均值较小的工作条件下, 可以比较电轴和视轴望远镜对可见目标的观测值。在跟踪相对高仰角的点源目标时 (多径误差和传播误差都是最小的), 如果图像或视频读数来自望远镜, 那么这种方法可以更加精确。在校准之间改变的漂移分量将导致残留误差, 这可能是多个雷达工作参数和环境因素, 如雷达组件受热不均匀等) 变化的结果。在完整的误差分析中, 轴线的位置变化必须是由以下参数确定的函数:

(1) 雷达频段内的工作频率。

(2) 系统调谐 (中频中心)。

(3) 接收机中的相位或增益变化。

(4) 信号强度。

(5) 太阳 (热) 辐射的温度或强度。

根据式 (10.77) 和式 (10.82), 这些因素引入不同的增益或相位变化, 从而使轴线漂移。当已知这些效果的时候, 那么就可能设计校准和瞄准程序, 并且可以估计校准后不同时刻雷达中仍存在的误差。

当雷达载频被调制到工作频段内时, 引入式 (10.73) 所表示的预比较器误差, 射频系统中的电长度和失配发生变化。举例来说, 如图 10.7 所示的实验曲线表明了 AN/FPS-16 雷达工作频率在 10% 带宽内变化时, 射频差方向图中的零点位置漂移情况。天线系统中不包含射频调制元件, 所以这个误差只能通过瞄准使用的频率来减小, 或者在数据处理中应用校准曲线。假定瞄准时使用了多种不同的频率, 而且没有使用任何校准来纠正漂移, 误差可表示成曲线所示的均方根值, 或者大概是 0.05 mrad。这假定瞄准频率选择带来的误差接近于零。

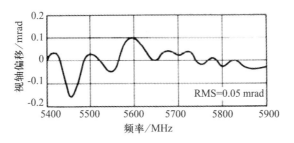

图 10.7　典型的视轴偏移与射频调谐的关系[3,p537]

当工作频率与瞄准频率不同时, 会出现俯仰角误差 $\varepsilon_{\mathrm{el}}$ 和横向角误差 $\varepsilon_{\mathrm{az}}$。这些误差随着后比较器的误差和相位误差而缓慢变化, 所以在跟踪中, 根据式 (10.82), 它们可以用均方根值 σ_{tr} 表示出来。方位误差 $\varepsilon_{\mathrm{az}}$ 等于横向偏移 $\varepsilon_{\mathrm{tr}}$, 低俯仰角时, 则会随着目标仰角的增大而增大:

$$\varepsilon_{\mathrm{az}} = \varepsilon_{\mathrm{tr}} \sec E \tag{10.83}$$

尽管方位误差在顶点处会变得无穷大, 横向误差是固定的。

当中频的下变频信号从雷达瞄准频率处漂移时, 电轴也会随和差接收机中频阶段间的相位改变而变化。式 (10.74) 描述了这些接收机误差, 在图 10.8 中进行了阐明, 显示了 AN/FPS-16 雷达对中频漂移 (调制误差) 的灵敏性。假设用准确的系统调谐进行了瞄准处理, 那么在任意导致调谐误差的工作条件下, 就有可能估计跟踪轴的漂移, 其方法是, 为调谐误差指定一个概率分布, 计算图中相应误差的均方根值。调谐误差可能产生于多普勒漂移、信标的发射频率漂移或者雷达振荡器中的未修正漂移。

将视轴误差曲线表示成中频频率函数, $\Delta(f_{\mathrm{IF}})$, 通过假定调谐误差为具有标准偏差 σ_{IF} 的正态分布, 可以得到均方根误差。视轴误差的均方根为

$$\sigma_{\theta\mathrm{IF}} = \sqrt{\frac{1}{\sqrt{2\pi}\sigma_{\mathrm{IF}}} \int_B \Delta_{\mathrm{IF}}^2 \exp\left(-\frac{f^2}{2\sigma_{\mathrm{IF}}^2}\right) \mathrm{d}f} \tag{10.84}$$

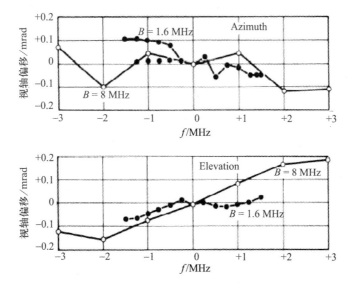

图 10.8   典型视轴偏移对中频调谐[3,p538]

(a) 中频偏移; (b) 中频偏移。

10.4.3   偏振效应

所设计的天线会对特定极化的输入电磁波产生响应 (如垂直极化), 且只有一种正交极化 (或者交叉极化) 的极化方式 (比水平极化)。交叉极化的天线方向图不同于那些预期设计的极化方式的天线方向图, 当雷达发射信号照射到目标上时, 如果目标对两种极化方式都有响应, 那么在天线输出端就会产生假信号响应。

反射天线的交叉极化响应, 如大家所熟知的 Condon 天线方向图, 是反射曲率的固有结果, 且随着 f/D 的减小而增大。圆形阵列中的交叉极化响应主要由来自外围阵元的边缘电流的交感作用所产生, 但它同样也可以由阵元有缺点的结构或定位所产生。图 10.9 表明了预期极化方式下的典型 s 和 d 的电压方向图, 以及交叉极化方式下的 s_{cp} 和 d_{cp}。

当存在交叉极化分量时, 轴附近目标的归一化单脉冲输出为

$$\frac{d'}{s'} = \frac{ed + e_{cp}d_{cp}}{es + e_{cp}s_{cp}} \approx \frac{d}{s} + \frac{d_{cp}}{s}\sqrt{\frac{\sigma_{cp}}{\sigma}} = \frac{d}{s} + \varepsilon_{cp} \qquad (10.85)$$

式中: $e = k\sqrt{\sigma}$ 为目标在预期极化方式下的散射场强; σ 为目标的雷达散射横截面; k 为常数; $e_{cp} = k\sqrt{\sigma_{cp}}$ 为用交叉极化截面积表示的交叉极化场

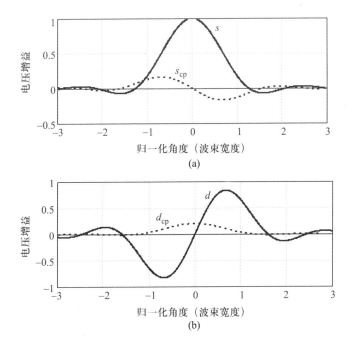

图 10.9 预期和交叉 (正交) 极化下的单脉冲方向图[9,p405]

(a) 和通道方向图; (b) 差通道方向图。

强; ε_{cp} 为交叉极化导致的误差。

d 通道中的极化干扰分量为 $I_{cp} = \sigma_{cp}d_{cp}^2$, 对于与 σ 有随机相位关系的 σ_{cp}, 均方根误差为

$$\sigma_\theta = \frac{\theta_{bw}d_{cp}/s}{k_m\sqrt{2\sigma/\sigma_{cp}}} \tag{10.86}$$

对于许多目标, 相对于预期极化方式下的目标散射截面积, 交叉极化方式下的目标散射截面积平均为 $-6\,dB$。那么, 相对于预期极化方式下的和方向图响应, 交叉极化差方向图的响为 $-30\,dB$, $(d_{cp}/s = 0.032)$ 且 $k_m = 1.6$, 于是, 有

$$\sigma_\theta = \frac{\theta_{bw} \times 0.032}{1.6\sqrt{8}} = 0.007\theta_{bw}$$

跟踪具有典型交叉极化 RCS 的目标时, 如果需要更高的跟踪精度, 那么天线的交叉极化响应必须要减少到 $-30\,dB$ 以下。

10.5 由目标决定的噪声误差

10.5.1 角闪烁误差

角闪烁定义[10]: 位置测量中误差的固有分量和 (或) 目标不同部位的反射干扰造成的复杂目标多普勒频率。

注: ① 角闪烁可能会有峰值超出测量坐标中的目标范围; ② 不能与起伏误差混淆。

角闪烁是目标所固有的, 它会影响到所有类型的角度测量系统, 包括单脉冲。这里讨论它, 是因为它与单脉冲系统中归一化方法的选择和时间常数有关。

5.2.4 节和 5.2.5 节讨论了两点源形成的角闪烁。由两个相等点源构成的目标是一种特殊情况, 在实际雷达应用中不会经常遇到。在文献 [11] 中, 已经分析了更加普遍的多个起伏源情形。ε 表示角闪烁, 并用测量平面内目标跨度 L 的 1/2 进行归一化。角闪烁可以描述成自由度为 2 的学生分布 (t 分布):

$$W(\varepsilon) = \frac{\mu}{2\left(1 + \mu^2\varepsilon^2\right)^{3/2}} \tag{10.87}$$

式中: μ 为测量目标散射点相对质心集中程度的参数。最小值 $\mu = 1$ 对应于两点源目标, 此时散射的能量来自于目标的末端。更大的 μ 值表示目标散射点相对于中心更加狭窄的分布的特点, 如图 10.10 中实线所示。

t 分布的变化是无限的, 在单脉冲输出中, 真实目标的观测显示为大的长钉型, 这与和通道信号幅度 s 的最小值相符合。目标测量位置超出目标跨度的概率与用目标跨度 L 的局部表示的标准偏差 σ_g 的正态分布相匹配。近似值在图中用虚线表示, 表示标准偏差在 $\sigma_g = 0.25L$ (对于集中目标, $\mu = 2.7$)、$\sigma_g = 0.33L$ (对于均匀散射点分布, $\mu = \sqrt{3}$) 和 $\sigma_g = 0.5L$ (对于两点源的目标, $\mu = 1$)。

用目标跨度 L 表示的误差可以转换成以弧度为单位的角度误差 σ_{θ_g}, 对于跨度为 R 的目标, 利用

$$\sigma_{\theta_g} = \frac{\sigma_g}{R} \tag{10.88}$$

式中, σ_g 和 R 单位相同。

实际单脉冲系统中, 单个脉冲的角闪烁误差可以用下述 5 种方法中的任意一种方法进行限制或者简化, 除第 (1) 种方法外, 均需要多个脉冲。

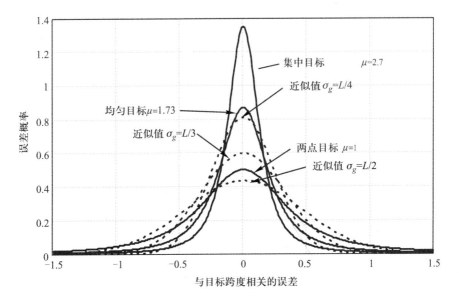

图 10.10　不同散射密度的角闪烁分布[11, p100]

(1) 归一化或者处理电路中的饱和度。

(2) 用多个脉冲 (举例来说, 慢 AGC) 平均和信号 $\bar{s}$ 归一化的差信号 d。

(3) 多个脉冲单脉冲比率 d/s 的平均。

(4) 选择最大 s 值的单脉冲输出。

(5) 将 (3) 或 (4) 结合频率捷变来联合使用。

第 (2)、(3) 种方法的结果依赖于角闪烁的频谱和平均时间。文献 [12] 给出了一种典型的角闪烁频谱:

$$N(f) = \sigma_{\theta_g}^2 \frac{2B_{\mathrm{n}}}{\pi\left(B_{\mathrm{n}}^2 + f^2\right)} \tag{10.89}$$

式中: $N(f)$ 为每 Hz 的功率密度; $\sigma_{\theta g}$ 为用弧度表示的闪烁误差的均方根; B_{n} 为噪声频谱的带宽; f 为频率 (Hz)。

B_{n} 在 X 波段的值对于小型飞行器是 1 Hz, 对于大型飞行器是 2.5 Hz。两种带宽下的频谱如图 10.11 所示。

第 (2) 种方法是和信号在归一化之前取平均, 可以避免单脉冲比率 $(d + n_d) / (\overline{s + n_s})$ 分母 (导致输出中出现尖刺) 中的极端最小值, 从而减少起伏目标的热噪声 (参考 10.1.8 节)。当利用 $d/\bar{s}$ 跟踪起伏目标时, 关于角闪烁误差和高信噪比可以获得相似的优势。

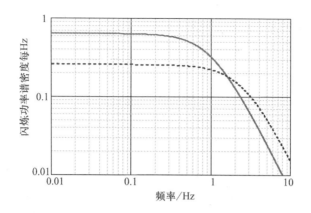

图 10.11   X 波段测量飞行器的典型回波的角闪烁频谱

$B_n = 1\,\mathrm{Hz}$ (实线), $B_n = 2.5\,\mathrm{Hz}$ (虚线)

考虑到伺服的 6.4 Hz 噪声带宽, 它的开环传递函数如图 10.3 所示, 小的平滑可以减小闪烁。减少带宽至 $\beta_n = 1$, 可以成倍减少角闪烁误差, 但会有增加动态延时误差的风险。

文献 [13] 指出, 结合频率捷变的第 4 种方法可以获得最低的误差, 当 $1 \leqslant n \leqslant 4$ 时, $\delta_{\theta g}$ 随着 $1/n$ 变化, 且对于额外的脉冲, 误差减少量很小。

上面列出的减少角闪烁误差的方法同时也有缺陷。第 (1) 种方法, 固有的非线性操作会带来偏移误差, 因为随着微弱的 s 产生的正或负的毛刺并不具有相同的形状和持续时间。第 (2)、(3) 种方法中的求平均, 或第 (4) 种方法中选择一个或一些广泛分布的脉冲会减少单脉冲系统维持起伏目标恒定误差斜率的能力, 当跟踪快速目标时, 跟踪轴对目标位置的延迟会导致起伏误差 (参考 10.5.2 节)。控制角闪烁的最佳方式依赖于雷达与目标参数的选择以及雷达实际应用。

10.5.2   起伏误差

在雷达中, 术语 "起伏" 表示引起跟踪或测量误差的目标幅度起伏。

起伏误差定义: 起伏频谱与顺序测量技术所使用频率的相互作用所导致的雷达截获目标的位置或多普勒频率误差。

注: 不要和角闪烁混淆。

这个定义描述了文献 [3,p289–290] 中讨论的起伏误差的第一分量, 其中, 波瓣频率附近的起伏分量给顺序波瓣系统带来误差。同文献 [12,14] 一样, 定义忽略了既会在顺序扫描中又会在单脉冲跟踪中出现的第二误差分量。第二误差分量来自伺服带宽内的起伏分量, 它调制目标偏轴误差电压, 该电压的动态变化导致目标跟踪滞后。详细分析见文献 [3, p290-293]。

典型飞机目标的起伏功率谱为[14]:

$$A^2(f) = \frac{0.12B}{B^2 + f^2} \tag{10.90}$$

式中: $A^2(f)$ 为频谱密度 ((分数调制)^2/Hz); B 为半功率带宽; f 为频率 (Hz)。B 的值在 1.0 Hz~2.5 Hz 之间变化, 较大的值适用于散射点广泛分布的目标。分数调制, 为式 (10.90) 在所有频率上积分的平方根, 是平均回波信号电压的 0.43 倍。

AGC 的目的是在伺服的响应带宽内抑制目标的起伏频谱 $A(f)$。这种压制用起伏误差因子 $Y_s(f)$ 来描述, 定义为经 AGC 后的信号起伏电压频谱相对于接收机输入端目标起伏电压频谱的比率。这个因子为

$$Y_s(f) = \frac{Y_c(f)}{|1 + Y_a(f)|} \tag{10.91}$$

于是, 接收机输出端的起伏电压频谱为

$$A_0(f) = A(f)Y_s(f) \tag{10.92}$$

从而, 起伏功率是起伏输出功率谱的积分

$$\sigma_s^2 = \int_0^\infty A_o^2 \mathrm{d}f = \int_0^\infty A^2(f)Y_s^2(f)\mathrm{d}f \tag{10.93}$$

用角度表示的起伏误差的均方根是输出起伏电压均方根和偏轴误差 $\Delta\theta$ 的乘积, 即

$$\sigma_{\theta_s} = \sigma_s\Delta_\theta \tag{10.94}$$

归一化 (如时间常数比伺服时间常数 ($Y_s = 1$) 长的 AGC) 的使用, 允许全部起伏频谱调制延迟误差。因此, 对于伺服带宽大于起伏带宽 $\beta_n > B$ 的情形, $\sigma_s \approx 0.4\Delta_\theta$。

当 AGC 时间常数减少到接近脉冲的重复周期 (快速 AGC), 起伏误差因子 Y_s 也减小, 这样, 只有部分目标起伏调制延迟误差, 从而起伏误差减小。在瞬时 (单个脉冲) 归一化和高 S/N 时, 接收机的输出信号 s 保持不变 (伺服带宽范围内 $Y_s = 0$), 起伏误差消失。

对于慢速和快速 AGC 系统, 使用 AGC 和伺服环路的传递函数来分析带有跟踪误差的 AGC 响应的交互作用, 如图 10.12 和图 10.13 所示。在图中的每一部分, 输入和输出的起伏频谱按照上述定义 Y_a、Y_c 和 Y_s 进行绘制。

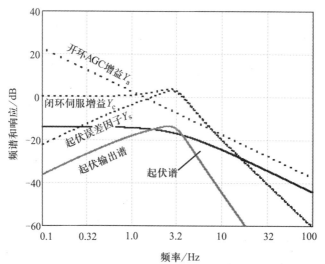

图 10.12　慢速 (2 Hz) AGC 系统, AGC 和伺服环路的频率响应,
起伏谱和起伏误差因子与频率的关系

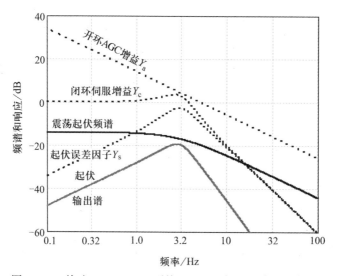

图 10.13　快速 (8 Hz) AGC 系统, AGC 和伺服环路的频率响应,
起伏谱和起伏误差因子与频率的关系

慢速和快速 AGC 系统的噪声带宽分别为 2 Hz 和 8 Hz。慢速 AGC 开环增益在 1.3 Hz 时向下穿过 0 dB, 在较高伺服带宽部分不能抑制起伏分量, 使得该区域输出频谱相对于输入频谱仅有轻微的提升。慢速 AGC 输出的起伏电压是 0.32 (伺服带宽内输入起伏仅略少于 0.41)。快速 AGC 的开环增益在 5 Hz 时向下穿过 0 dB, 更成功地将输出起伏电压减小到 0.16。

参考文献

[1] I. Kanter, "Varieties of Monopulse Responses to Multiple Targets," *IEEE Trans. on Aerospace and Electronic Systems*, Vol. AES-17, No. 1, January 1981, pp. 25–28.

[2] I. Kanter, "The Probability Density Function of the Monopulse Ratio for N Looks at a Combination of Constant and Rayleigh Targets," *IEEE Trans. on Information Theory*, Vol. IT-23, No. 5, September 1977, pp. 643–648.

[3] D. K. Barton, *Radar System Analysis*, Englewood Cliffs, NJ: Prentice-Hall, 1964; reprint, Dedham, MA: Artech House, 1976.

[4] D. K. Barton, *Modern Radar System Analysis*, Norwood, MA: Artech House, 1988.

[5] P. Swerling, "Probability of Detection for Fluctuating Targets, *RAND Corp Res Memo RM-1217*, March 17, 1954; reprinted: *IRE Trans. on Information Theory*, Vol. IT-6, No. 2, April 1960, 269–308; reprinted: *Detection and Estimation*, S. S. Haykin, (ed.), Stroudsburg, PA: Halstad Press, 1976, 122–158.

[6] T. E. Connolly, "Statistical Prediction of Monopulse Errors for Fluctuating Targets," *IEEE International Conf. Radar-80*, Washington, D.C., April 28–30, 1980, pp. 458–463.

[7] I. Kanter, "Multiple Gaussian Targets: The Track-on-Jam Problem," *IEEE Trans. on Aerospace and Electronic Systems*, Vol. AES-13, No. 6, November 1977, pp. 620–623.

[8] D. K. Barton and H. R. Ward, *Handbook of Radar Measurement*, Englewood Cliffs, NJ: Prentice-Hall, 1969. Reprint, Dedham, MA: Artech House, 1984.

[9] D. K. Barton, *Radar System Analysis and Modeling*, Norwood, MA: Artech House, 2005.

[10] IEEE Standard 100, *The Authoritative Dictionary of Standard Terms*, 7th ed., New York: IEEE Press, 2000.

[11] R. V. Ostrovityanov and F. A. Basalov, *Statistical Theory of Extended Radar Targets*, Dedham, MA: Artech House, 1985.

[12] J. H. Dunn and D. D. Howard, "The Effects of Automatic Gain Control Performance on the Tracking Accuracy of Monopulse Radar Systems," *Proc. IRE*, Vol. 47, No. 3, March 1959, pp. 430–435.

[13] J. M. Loomis and E. R. Graf, "Frequency-Agile Processing to Reduce Radar Glint Pointing Error," *IEEE Trans. on Aerospace and Electronic Systems*, Vol. AES-10, No. 6, November 1974, pp. 811–820.

[14] D. D. Howard, "Tracking Radar," Chapter 9 in *Radar Handbook*, 3rd ed., M. I. Skolnik, (ed. in chief), New York: McGraw-Hill, 2008.

第 11 章

多径

多径是电磁波从一个位置到另一个位置可沿一条以上的路径进行传播的过程[1,p714]。当雷达系统发生多径时，它通常包含一条直接路径和多条由地球表面 (陆地或海洋) 或大型人造建筑反射形成的间接路径组成。在低于 40 MHz 的频率，它也可能包括多条由电离层反射形成的路径。

如果反射面是平的或光滑的圆弧，多径由镜面反射形成; 如果反射面是不规则的，多径由漫反射形成。当大致轮廓是光滑的表面，但表面镶嵌很多小颗粒，镜面反射和漫反射 (也称为相干和非相干分量) 将同时存在。

通常情况下，对于反射面上的低角度目标，从角度、距离或多普勒频率上不能分辨直射波和反射波，镜面多径相当于不可分辨目标的一个特例，第 9 章对此进行了分析。然而，在多径情况下，"目标" 并不是独立的，而是与反射面的几何形状、电特性有关。

当目标的俯仰角在水平波束宽度内时，镜面多径引起不稳定的俯仰跟踪 (有时, 跟踪完全丢失), 甚至在高于地平线上的几个波束宽度时，也能导致显著的俯仰误差。理论为大家所熟知，并已被大量的实验和实际数据证实。如果已知雷达相关特征、反射面特性和多径几何形状，就可以通过计算得到确定的影响结果。如果应用在特定的场合或者不能精确确定参数，结果也可以用统计形式 (如均方根误差) 表示出来。

由反射面的不规则性引起的漫多径效应有点类似噪声 (虽然多个连续脉冲之间是相关的), 可以只做统计处理。反射面的确切轮廓是未知的, 并且随时间变化难以预测 (就像水面上的波浪或风掠过土地上的植被)。由于漫多径效应严重影响了雷达性能，自 20 世纪 70 年代以来，相关理论分析得到了足够的重视。Beckmann 和 Spizzichino 对这一问题所做的主要工

作由文献 [2] 一直拓展到文献 [3, 4], 他们开发了一个理论模型以作为计算误差的基础。分析的难度在于必须有些近似。从实验上进行确认也比较困难。尽管能获得与模型一致的数据, 但还没有形成定论。虽然漫多径误差是重要的部分, 但它并不会严重到扰乱跟踪。其主要影响还是在俯仰上, 也会造成方位上的微小误差 (同时能造成距离和多普勒的误差, 在这里不进行考虑)。漫多径将在 11.14 节讨论。

多路径效应不限于单脉冲, 对所有角度测量和跟踪技术的影响都是相似的[1]。但是分析方法、定量结果和可能的补偿方法会有所不同。以下讨论仅适用于单脉冲技术。

11.1 平面地球镜面反射模型

首先考虑地球表面的镜面反射, 假设表面是平坦且水平的。几何形状如图 11.1 所示。假设目标距离足够远, 从而可认为目标到雷达和目标到反射点[2]的直线是平行的。到达雷达的反射波等效于从镜像来的波束, 镜像和目标关于表面对称分布, 并且位于表面的下方。

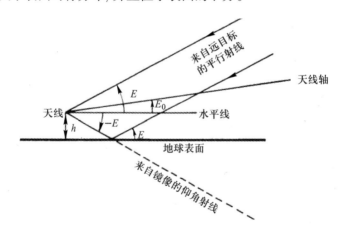

图 11.1   目标和镜像的在平面地球近似下的几何结构

用 E 和 E_0 分别表示目标和波束轴线的仰角 (从水平线开始测量)。由于多径导致误差, 所以 E 和 E_0 通常是不相等的。镜像的仰角为 $-E$。

在反射点距雷达不是太远的情况下, 对水表面或水平平整的土地表面

---

①多径会对距离、多普勒频率产生类似的影响, 本章只讨论对角度的影响;

②反射发生在整个表面, 但是可以采用几何光学法处理, 将其看作单个点的反射。

来说, 平面地球模型是一个合理的近似。在必须考虑地球曲率的情况下, 有关单脉冲的分析基本上是相同的, 但其表面反射系数可能被发散因子 (凸反射镜效果) 削弱[5]。有限的目标距离 (射线不平行) 也必须加以考虑; 这只是使几何形状有点儿复杂化。

为了能使多径问题与第 9 章提到的两个不可分辨目标对应上, 我们使用相同的符号 θ_a 和 θ_b 分别代表目标和镜像与射束轴的夹角, 则

$$\theta_a = E - E_0 \tag{11.1}$$

$$\theta_b = -E - E_0 \tag{11.2}$$

将上式代入式 (9.8b) 可以得到复指示角:

$$\theta_i = -E_0 + E\frac{1 - pe^{j\phi}}{1 + pe^{j\phi}} \tag{11.3}$$

其实部和虚部分别为

$$x = \mathrm{Re}(\theta_i) = -E_0 + E\frac{1 - p^2}{1 + 2p\cos\phi + p^2} \tag{11.4}$$

$$y = \mathrm{Im}(\theta_i) = -E\frac{2p\sin\phi}{1 + 2p\cos\phi + p^2} \tag{11.5}$$

根据式 (9.7) 的定义, p 是反射信号和直射信号的幅度比, 等于 g 和 r 乘积, 其中, g 是镜像方向和目标方向的天线和方向图电压增益之比, r 是镜像和目标电压系数之比。电压比率 g 是 E 和 E_0 的函数。镜像 – 目标幅度比 r 等于表面反射系数和目标散射各向同性的乘积; r 的值介于 0 和 1 之间。大多数物理目标的散射并不是各向同性, 而是假定在直射波与反射波之间的小角度内是各向同性的①。在此假设下, r 只是 E 的函数。

相对相位 ϕ 由两部分组成, 即

$$\phi = \phi_s + \phi_p \tag{11.6}$$

式中: ϕ_s 为表面反射系数的相位; ϕ_p 为由直射波和反射波的路程差引起的。

由图 11.1 可以看出:

$$\phi_p = -4\pi(h_a/\lambda)\sin E \tag{11.7}$$

---

① 然而, 瞬时反射信号的强度可能会偶尔超过直射信号 ($r > 1$), 因为目标 (或辐射源) 并不完全各向同性, 或者由于漫反射分量叠加到镜面反射中了。

式中: h_a 为天线的相位中心离表面的高度; λ 为波长。

h_a 和 λ 都是 E 的函数。天线方向图是角度的函数, 对相对相位 ϕ 有贡献, 但是其贡献通常很小, 可以忽略不计。

反射的电场强度和目标入射到反射表面的电场强度的比率, 由菲涅耳反射系数的幅度 ρ_0 给出 (图 11.2), 它是表面的复介电常数、波长、极化和入射余角的函数[2-5]。当入射余角小于 $10°$ 时, ρ_0 的垂直极化性弱于水平极化性, 因此大多数跟踪雷达采用垂直极化设计以减小多径误差。当入射余角是伪布鲁斯特角时 (根据表面材料的不同介于 $6°$ 和 $25°$ 间), ρ_0 达到最小值, 对于微波来说, 该值接近零。在这个角度附近的小扇区内, 反射应足够小以最小化对跟踪的影响。然而, 对窄波束雷达而言, 大多数严重的多径误差发生在该扇区以下。多径误差的例子中, 典型的入射余角在 $1°$ 左右, 在该角度下, 图 11.2 所示的所有表面类型和极化的 $\rho_0 \geqslant 0.75$。

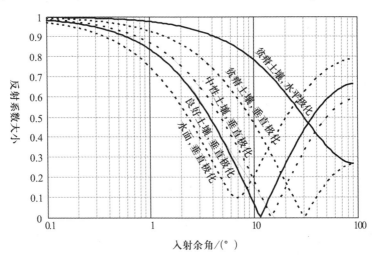

图 11.2　菲涅耳反射系数 ρ_0 大小和入射角的关系

镜面反射的多径分量 r 是 ρ_0 和镜面散射系数 ρ_s 的乘积:

$$r = \rho_0 \rho_s \tag{11.8}$$

其中后者由简化模型得到[2,6], 它服从表面高度和可忽略阴影的高斯分布:

$$\rho_s = \exp\left[-2\left(\frac{2\pi\sigma_h \sin\psi}{\lambda}\right)^2\right] \tag{11.9}$$

式中: σ_h 为表面高度的标准偏差; ψ 为入射余角; λ 为电磁波的波长。

这里采用的几何模型中, 假设表面光滑水平、目标无限远、入射余角等于目标的仰角。当模型不合适时 (如必须要考虑地球的弧度), 上述两个角度不相等。

粗糙表面进行的镜面反射的实验测量与式 (11.8) 和式 (11.9) 颇有一致性。当入射余角接近于零时, 对于所有的极化类型, ρ_0 和 ρ_s 趋近于 1, 反射系数的相位趋近于 $180°$。在角度非常低的情况下, 这些值常用于对镜面多径做最坏情况的分析。

由于目标和镜像有着相同的方位角, 而仰角分别为 E 和 $-E$, 根据式 (2.25), 它们有着相同的旋转角。即使镜像的仰角并不完全等于 $-E$ (如由于地球的弧度), 在小角度的情况下, E 和 $-E$ 的余弦值都接近 1, 在实际应用中目标和镜像的旋转角可以认为相等。因此, 在式 (9.8c) 中, $\Delta\theta = 0$ 指示的旋转角等于目标的旋转角, 没有受到多径的影响。如果雷达在倾斜的平台上, 如船舶的甲板或者具有横斜率的土地表面上。在这种情况下, 多径对旋转角和仰角将具有一定效果。雷达天线或电路中的旋转 – 仰角 "串扰" 也可能导致多径旋转角误差。另外, 一些导致旋转角多径误差的原因包括表面的不规则和树木、人造建筑物引起的衍射。

11.2 对检测的影响

除了对角度测量的影响, 多径效应还对检测有明显的影响[5]。图 11.3 说明了多径对典型单脉冲俯仰上和电压的影响。这样的方向图最多有几度的波束宽度 (在某些情况下小于 1°), 为看得清楚, 该图的垂直刻度已放大。由于直射波和反射波之间的干扰, 随着仰角的变化, 波瓣在同相和异相之间交替。在水平方向上有一个零, 因为目标和镜像具有相同的高度、相同的幅度和 $180°$ 的相对相位。自由空间的波束宽度和多径波瓣间隔 (自由空间波束宽度内的波瓣数目) 的比率约等于反射面上天线相位中心的高度的两倍除以天线直径 (或垂直维度)。图 11.3 中半功率波束宽度内大约有 5 个波瓣; 因此, 天线相位中心高度必须是其直径的 2.5 倍左右。

由于多径, 差方向图同样存在干扰波瓣转换结构, 这会影响到仰角测量 (依赖于差和复比率), 但不影响检测。

多径对检测影响与单脉冲没有直接联系, 但存在一定程度的间接相关性。首先, 检测目标是对目标进一步进行跟踪或角度测量的必要条件。其次, 当目标处于或接近零, 其和通道信号场强较低, 这就意味着, 热噪声会导致大的仰角测量误差, 尽管该误差很可能被目标的不可分辨效应所掩盖。

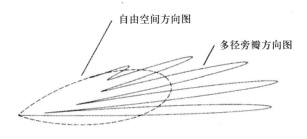

图 11.3 多径对和方向图的影响

11.3 闭环仰角跟踪的影响

闭环跟踪器的作用是将波束对准到使指示角实部为零的方向。多径对闭环跟踪器的影响和 9.16 节所讨论的对两个不可分辨目标的影响相同。波束从偏零方向向零方向的移动改变了目标和镜像的幅度比率。因此当波束指向偏零时, 零方向通常和开环单脉冲输出指示的方向不同。

对于给定目标仰角, 计算跟踪的平衡方向 (如零方向) 需要利用天线的高度、方向图、单脉冲处理特性、表面反射系数的幅度和相位进行迭代求解。在这些条件下, 可能有一到两个 (旁瓣中可能的稳定方向没有计算在内) 稳定的平衡方向。如果有两个稳定的平衡方向存在, 那么它们之间将有一个不稳定的平衡方向。在一个不稳定的点上, 单脉冲响应曲线以一个错误符号的斜率通过零轴, 这将使波束远离而不是指向零。

图 11.4 说明了多径下闭环仰角的跟踪。在计算过程中, 假设地球是水平的并且利用了一个典型的和差方向图分析模型。假设采用的是精确的单脉冲处理器 (8.4 节中定义)。反射系数在仰角 0° 时是 1, 并且随着仰角的增加而递减。

水平线是目标的真实仰角。垂直线是零方向, 如果目标变化足够慢, 允许伺服回路在每个点达到平衡, 该方向也等于波束的指向方向。上方 45° 的虚线是镜像不存在时的波束指向方向, 下方的虚线是镜像存在而目标不存在时对应的方向。

曲线的上半部分 (零仰角以上的部分), 是镜像造成扰动情况下雷达跟踪目标的过程。当目标和镜像信号的相位相反时, 上峰值出现。当它们是

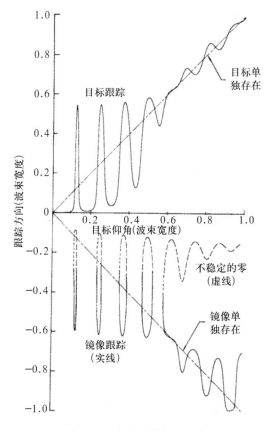

图 11.4　多径下的闭环跟踪

同相时,下峰值出现。相对相位的变化,主要是由于路程差,该差值是仰角的函数,在较小程度上与反射系数的相位变化有关系,该相位变化是入射余角的函数。

　　该图下部的一系列不相交的闭合曲线,显示了其他零方向对的轨迹。每个环的实线部分是稳定的,对应镜像跟踪,且存在目标造成的扰动,反之则不然。每条曲线的虚线部分是不稳定的,如果天线指向该方向,轻微的偏转会导致它转向一个稳定的零方向。在分析对恒定高度飞行目标的雷达跟踪行为时,把零指示方向作为距离而不是仰角的函数更有意义[7]。如果目标以恒定的速度靠近或远离,水平标度也可以用时间来标示,以便于分析动态行为。

　　考虑机械控制天线的雷达跟踪一个以恒定低海拔接近的目标。目标的仰角在远距离时近似为 0°,并且随着目标的接近而增加。波束指向中的震荡有时变得相当猛烈, 如果在当前时刻确实存在下稳定零, 天线的惯性可以使它从上稳定方向转到下稳定方向。这种现象称为 "垂直降落", 在实际应用中经常出现。跟踪可能转回到上部的零方向, 也可能完全丢失。

图 11.5 以另一种方式展示了多径现象, 和绘制图 11.4 采用相同的一组条件。目标仰角保持不变, 开环单脉冲输出 (实部) 随着波束仰角的变化情况。对于图 11.4 中第二个峰值附近的几个仰角值, 所绘曲线验证了 180° 附近相对相位的灵敏度。如果环路关闭, 零轴向下的封闭口是稳定的跟踪方向, 向上的交叉方向则是不稳定的零。斜率和前面章节所示的相反, 因为射束轴仰角是变化的, 而目标仰角是固定的。对比图 11.4 和图 11.5, 可以解释为什么一些目标仰角有两个稳定的跟踪方向, 而另一些只有一个。

具有正确符号斜率的零是稳定的, 这意味着射束轴偏离零的位移产生一个朝向零的回复力。然而, 与没有多径的单目标情况相比, 伺服响应一般不同。前向增益与过零点的斜率成比例。如图 11.5 虚线所示, 这个斜率可以高于或低于常规单目标斜率。相应地, 闭环跟踪性能将改变。根据图 10.3, 伺服的开环频率响应是以 6 dB/倍频的斜率至少扩展到 1 倍频的区域, 合适的话可以扩展到 2 倍频, 在每一边有一个单位增益点。在单位增益处提供足够的裕量阻止 180° 的相位偏移, 可以保留闭环工作的稳定性。如果开环增益以大于或小于其设计值一到两个因子进行变化, 那么, 作为改变单脉冲响应斜率的结果, 伺服开始变得不稳定并且趋向于在响应超过单位增益的频率附近发生震荡。这将导致反射表面之上对低角度目标跟踪的丢失。

图 11.4 所示的闭环跟踪行为仅仅是一个示意图, 它基于特定的一组条件和简单的假设。具体雷达的一些行为 (如振动的幅度和间距) 无疑也取决于雷达的特性和几何结构、反射表面以及目标等。为了做进一步深入的分析, 除非反射点非常靠近雷达, 必须考虑地球的弧度。除了天线的和差方向图, 雷达采用的单脉冲处理方法也会对结果产生影响。一个更加敏感的因素是点目标在和差通道中的信号并不像所假设的那样完全同相, 这可能是由于反馈的固有特性[8] 或者是由于发射线和接收机的不平衡造成的。即使一个非常小的相位差, 也能导致实际结果和理想结果不一致[9], 因为它把一部分单脉冲输出的镜像部分耦合到实部中。

尽管图 11.5 中的计算省略了一些复杂的因素, 仅在一组特定参数的基础上分析, 但经过试验和真实操作, 可证明图中描述的振荡行为至少在定性分析上是非常典型的, 它严重影响了多径条件下对低仰角目标的正常跟踪。即使目标在高于地平线几个波束宽度的情况下, 多径也是系统误差

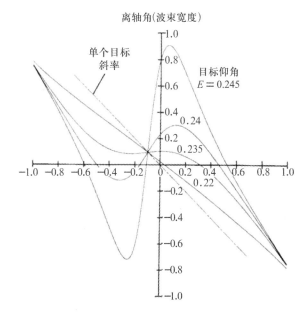

图 11.5 目标仰角固定情况下开环指示离轴角随波束仰角变化曲线

的重要部分, 但只有当目标仰角在一个波束宽度之内时, 它才能干扰到对目标的跟踪。

11.4 多径的补偿措施

为了解决低角度下的跟踪问题, 提出了一系列补偿技术, 本章将介绍其中的一部分。不同技术的补充讨论可参考文献 [3, 8, 10, 11], 这些文献总结了各种技术的优点、局限性、估计的精度以及可利用的最低角度。

不同的补偿措施以复杂程度、适用场合和效率进行区分。它们并不是相互排斥的, 有些可以结合起来使用。没有一项技术可以达到跟不存在多径时相同的仰角估计精度, 但是它们确实可以降低估计误差, 并且可以扩展到更低的跟踪角度。

一些技术并不是直接从多径入手, 而是通过选择最优的雷达设计或操作参数 (例如, 波束宽度、旁瓣电平、极化方式、伺服带宽) 来降低多径的影响。另一些技术需要诸如 "Low-E 模式" 之类的特定工作模式, 这些技术可以降低多径误差, 但仰角估计和跟踪的基础仍然是假设只有一个目标 (不考虑多径)。最复杂的技术不单单是将多径看作一个扰动而是把它当作跟踪环路或者开环校准函数的一部分考虑进去; 如果多径准确符合补偿技术所采用的模型 (如完全镜面反射), 多径误差将不存在。

在 11.5 节 ～ 11.13 节中, 只定量讨论了镜面多径效应。在 11.14 节中, 将讨论漫多径的性质及其对各种消减技术的影响。

11.5　波束方向图设计

两个明显有效的设计是窄仰角波束和低旁瓣, 但是其应用会受其他系统因素的限制。

仰角波束宽度的减小, 允许更低角度的跟踪。然而, 这需要增大天线的尺寸或者提高频率, 但往往会跟其他系统限制相冲突。增大天线尺寸同时也意味着增加成本。在两个频率上工作的雷达共用一副天线, 允许高仰角跟踪工作在其最佳的频率上, 而低仰角跟踪则工作在另一个较高频段的频率上以获得很窄的波束。对较高频段 (如 Ka 波段) 的唯一依赖性可能跟非理想大气条件下探测距离的要求相矛盾。

如图 11.4 的右半部分①所示, 当镜像落在主瓣内时, 低旁瓣电平可能没有任何帮助。然而, 当目标仰角足够高, 使镜像靠近旁瓣, 这里, 仰角误差仍是主要的 (尽管不是破坏性的), 旁瓣控制在带来其他系统收益的同时, 可以持续减小镜面多径、漫多径和杂散回波造成的误差。另一方面, 降低旁瓣会引起增益的降低、波束的展宽、仰角扇区的增大, 这会产生更严重的跟踪扰动。

11.6　距离和多普勒的分辨率

由于反射信号比直射信号传播更长的路径, 理论上可以在距离上进行分辨; 由于路程差随着目标的临近和远去而改变, 理论上可以通过多普勒频率进行分辨。实际上, 距离差和多普勒差通常很小而难以用于分辨。

除非雷达工作在单程模式 (从一个信标或者转发器接收信号), 多径将同时对发射和接收路径产生影响, 因此, 单个发射脉冲将产生 3 个 (不是 2 个) 接收脉冲。图 11.6(a) 所示为发射脉冲到达目标的波形, 它包含一个直射脉冲 D 和从表面反射的脉冲 R。在这个例子中, 这两个脉冲的间隔大于一个脉冲长度, 因此它们是可分辨的。这里用 0.75 表示反射脉冲的幅度和

---

①原书为左半部分。

直射脉冲的幅度之比, 该比率包含了反射系数和天线俯仰方向图的影响。图 11.6(b) 所示为接收天线处的接收波形。它包含 3 个脉冲。第一个脉冲 DD 代表了各个方向的直射波, 如果它在距离上跟其他脉冲可分辨, 那么就能得到正确的目标角度。第三个脉冲 RR 代表了各个方向的反射波。本例中, 它的幅度是第一个脉冲幅度的 0.75^2 或者 0.56 倍, 由此可以得到目标的镜像角度。中间的脉冲 DR+RD 是具有相同幅度和相位的直射 – 反射波和反射 – 直射波的总和, 因此, 它的幅度是一个脉冲的 1.5 倍。由于它包含了从目标方向的分量和另一个以相同幅度从镜像方向的分量, 它的指示角介于目标和镜像的中间 (由于地球是有弧度的, 目标 – 镜像的中线高于表面)。

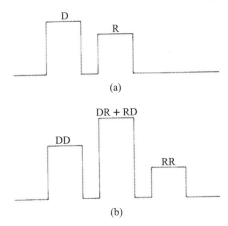

图 11.6　直射和反射脉冲

(a) 目标处; (b) 接收天线处。

对应的一组 3 个脉冲分别从不同的通道接收, 它们的相对幅度和相位取决于信号的到达角度及影响和通道幅度的因素。

如果利用距离去区分目标和镜像, 不但信号的带宽必须足够宽, 而且必须要有一套方法以识别来自同一个目标的 3 个脉冲。第一脉冲是期望脉冲, 但在低信噪比下可能会检测不到; 第二个脉冲, 可能比第一个脉冲有更高的幅度, 会被当成第一个脉冲检测出来, 导致错误的指示角度。返回脉冲的多样性是由于典型目标通常不是由单个而是由多个不同的散射点组成。因此, 典型目标如飞行器的响应可能是一串重叠的 3 个脉冲。这些散射点, 可能只有第一个脉冲才能从多径回波中分辨出来, 如果它来自飞行器的前端 (很可能是雷达天线罩头), 就不可能被自动检测出来。因此, 最高的可用距离分辨率也不能提供一个没有多径误差的测量。

直射波和反射波的单程差 ΔR 为

$$\Delta R = \frac{2h_a h_t}{R} \tag{11.10}$$

式中: h_a, h_t 分别为雷达天线相位中心的高度和目标相对于反射面的高度; R 为目标的距离。假设 $h_a = 20\,\mathrm{m}, h_t = 100\,\mathrm{m}, R = 10\,\mathrm{km}$, 那么

$$\Delta R = 0.4\,\mathrm{m}$$

距离分辨率也就是第一个脉冲和第二个脉冲之间及第二个脉冲和第三个脉冲之间的间隔，必须足够分辨单程差。本例中，需要 800 MHz 的带宽才能够分辨图 11.6(b) 所示的单散射点的 3 个脉冲。

式 (11.10) 表明，天线高度的增加有助于多径下的距离分辨率，但是对地基雷达而言，通常不可能获得足够的高度以改善多径，特别在跟踪飞行于 100m 以下的目标时更是如此。然而，如果雷达是机载的，或者安装在有水平表面的山顶或悬崖上时，距离分辨率将显著提高，至少能减小直射脉冲和反射脉冲重叠造成的误差。

假设目标以恒定的高度接近或者远离雷达，路程差的变换率可以通过求式 (11.10) 的微分得到，即

$$\frac{\mathrm{d}(\Delta R)}{\mathrm{d}t} = -\frac{2h_a h_t}{R^2}\frac{\mathrm{d}R}{\mathrm{d}t} \tag{11.11}$$

使用和前例中相同的数值，并假设 $\mathrm{d}R/\mathrm{d}t = -200\,\mathrm{m/s}$, 可以得到:

$$\frac{\mathrm{d}(\Delta R)}{\mathrm{d}t} = -0.008\mathrm{m/s}$$

第一个脉冲和第二个脉冲及第二个脉冲和第三个脉冲之间的多普勒频率差 Δf 可表示为

$$\Delta f = \frac{\mathrm{d}(\Delta R)}{\mathrm{d}t}\frac{1}{\lambda} \tag{11.12}$$

式中: λ 为波长。

注意: 对于从距离变化率到多普勒的转换，这里没有列出分子中用常用因子 2, 因为我们只处理单程效应。举例来说，如果波长是 0.03m (X 波段), 可以得到:

$$\Delta f = (0.008\mathrm{m/s})/(0.03\,\mathrm{m}) = 0.27\,\mathrm{Hz}$$

这是 DD 和 DR+RD 两个分量之间的多普勒频率差。如此小的频率差在大多数实际应用中是不可分辨的。它需要大约 4s 的积累时间，而在动态

情况下则不能使用。即使 0.27 Hz 的多普勒分辨率可以实现, 还有另外一个根本原因导致针对飞行器之类的复杂目标是无效的。由于飞行中的旋转和振动扰动的调制, 这类目标没有一个尖锐的多普勒频率, 而是形成一段多普勒频谱。典型的多普勒传播速度 (以 m/s 来表示, 便于将任意一个给定的雷达频率转化为多普勒频率) 是 0.04 ~ 1.8m/s[13]。根据式 (11.11), 例子中平均距离变化率的差异只有 0.008m/s。因此, 目标和镜像的频谱完全重叠在一起, 利用多普勒频率进行分辨几乎是不可能的。

尽管图 11.6 表明多径效应使一个单发射脉冲产生了由四部分组成的接收信号 (DD, DR, RD 和 RR), 通常情况下, 只有在路程差远小于雷达的距离分辨率时, 才有必要考虑两部分。如图 11.6(a) 所示, 这种情况下, 照射目标的脉冲对合成了一个单脉冲。在单脉冲接收端, 有必要只考虑单向直射和反射对和差电压的贡献。该结论基于如下假设, 即直射波和反射波之间的小角度间隔内的目标散射是各向同性的。目标散射具有非常强方向性的情况非常稀少, 此时, 上述假设不成立, 同时, 必须考虑全部 4 个分量。当目标散射体在高度上有一个 Δh 扩展且满足下面的关系时

$$\frac{\lambda}{\Delta h} < \frac{1}{4} \frac{2h_a}{R} \tag{11.13}$$

上述情况会出现。

式中: $\lambda/\Delta h$ 为方向性散射方向图每个波瓣的俯仰宽度; $2h_a/R$ 为天线和它镜像之间的仰角, 1/4 的常量保证目标的反射场以相同的场强辐射到天线和它的镜像上。

11.7　平滑和平均

对俯仰起伏的平滑 (如减小环路的带宽), 在起伏剧烈的情况下是有利的, 当雷达部署于高于反射面的地方, 且目标以非常高的速度接近或远离雷达时会出现大的起伏。利用一些脉冲的平均, 开环测量可以达到相似的效果。然而, 许多情况下, 起伏很小以致于不能通过平滑和平均得到任何改善。前例中, 由式 (11.12) 得到的 $\Delta f = 0.27$ Hz 是多径误差发生改变的频率, 在雷达跟踪中, 通常不允许多个 $1/\Delta f = 3.75$s 的平滑。

由于图 11.4 所示的误差周期的间距反比于雷达载频, 脉冲之间的频率改变 ("频率捷变") 会加快起伏。为了能够产生较大的收益 (如将图 11.4 的最大误差变为最小误差), 就需要非常宽的频带, 特别是在最低的多径波瓣内。式 (11.10) 给出的单程差等于雷达波长乘以零的数目 (从地平线开

始计数)。为了使第一个零变为峰值, 需要将频率降到原来的 1/2 或增大到 3/2, 所需带宽应能从距离上分辨目标和镜像。前例中, 从式 (11.10) 得到的 距离差 $\Delta R = 0.4$ m (对应于从地平线数起的第 13 个零), 可分辨的带宽是 750 MHz。频率捷变在多径消减中的应用和它在降低目标闪烁中的应用相 似[14], 仿真表明, 基于最大和信号幅度的单个脉冲角度估计误差比采用多 个脉冲平均得到的角度估计误差更小。

11.8　Low-E 模式

阻止低仰角目标跟踪中剧烈震荡问题的一个方法是在指示角下降低 于一个特定的值 (通常约为 0.75 个波束宽度) 时, 停止仰角环路的跟踪并 使波束保持在一个固定的仰角上。因此, 只要目标在波束内且信号足够强, 可保持距离和方位上的跟踪。这种方法有数种形式, 一般被称为 Low-E 模 式。

最简单的 Low-E 模式中, 雷达提供不了任何关于目标仰角的信息, 与 跟踪完全丢失的风险相比, 放弃目标的仰角信息是合理且适宜的做法。在 一些应用中, 距离和方位信息是有用的。如果目标以恒定的高度接近雷达, 期望是最终达到一个能过渡到完全跟踪的仰角。

有些应用需要预测目标的位置。如果目标以恒定的低高度飞行, 并且 雷达得到的仰角信息不可用或者较差时, 在预测方程中插入一个 "最可能" 高度常量是有用的。由错误高度造成的预测误差可能远小于假定高度变化 带来的误差。

当雷达工作在 Low-E 模式时, 可测量出开环俯仰单脉冲输出并用于 仰角的粗估计。当仰角增大到足够高时, 通过操作员或者既定逻辑决定是 否转换到闭环跟踪。相似地, 观察闭环跟踪的行为决定何时转换到 Low-E 模式。

图 11.7 是 Low-E 模式下的开环指示仰角, 采用与图 11.4、图 11.5 相 同的雷达和多径参数, 射束轴仰角固定为 $E_0 = 0.75$ 波束宽度。将开环输 出转化为离轴角 (利用单目标校准), 然后加上已知的波束仰角就可以得到 指示的仰角。对比图 11.4 和图 11.7 可知, 当目标仰角小于 0.6 倍的波束 宽度时, 开环误差比闭环误差更小。原因是 Low-E 模式把镜像放到和波 束的下面, 减小了镜像幅度和目标幅度的比值。除能减小误差外, 主要优 势是不会由于天线的振动而导致目标丢失。当目标仰角稍大于 0.6 波束宽

度时, Low-E 模式不具有任何优势, 大仰角时, 比闭环跟踪性能更差。随着雷达参数、反射表面和雷达安装的几何机构的改变, 结果当然也会不一样, 但可以肯定的是尽管 low-E 模式不能 "治愈" 多径, 但它确实可以在非常低的仰角目标跟踪时降低误差并防止目标丢失。

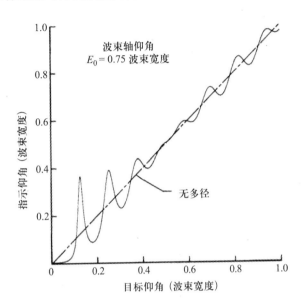

图 11.7   射束轴仰角固定在 0.75 波束宽度时, Low-E 模式下开环指示角随真实目标仰角的变化曲线

如果天线是电控阵列, 就不存在机械振动的困扰, 波束可以很容易地指向到地平线以下。不过, Low-E 仍然有用, 因为它可以降低仰角估计误差。

由于保证离轴校准精度的难度, 图 11.7 的计算中省略了开环角度测量中的误差。根据经验, 在没有采用特定校准技术或其他技术手段的情况下, 这个误差的典型值是指示离轴角的 10%。开环校准误差在很小程度上降低了 Low-E 模式的优势。

最优的波束仰角必须对每一部雷达进行分析和仿真才能确定。针对非常低的目标, 最小化误差的方法是利用某个能够把目标及其镜像置于和波束底部最陡部分的波束仰角。不幸的是, 这种方法降低了信噪比且增加了热噪声误差。然而, 典型仰角的情况下, 多径仍是误差的主要来源, 热噪声仅是次要部分。

11.9 偏 - 零跟踪

另一个减小多径误差的技术是闭环跟踪，它调整方向图使俯仰差方向图的零值偏离和方向图的峰值。David 和 Redlein[15,16] 通过把一部分和电压加到俯仰差电压上来实现这种技术。在伺服中插入一个偏移电压或者在有计算机的环路中插入一个数字偏移量可以达到相同的效果。为了更好地理解其等效性，可以把调整后的差信号表示为 $d + Ks$，其中 d 与 s 分别是原始差信号与和信号，K 是一个常数。则调整后的单脉冲比率为

$$\frac{d+Ks}{s} = \frac{d}{s} + K \tag{11.14}$$

即原单脉冲比率加一个偏移量 K。调整天线馈电系统中的差方向图是首选方法，因为当衰落信号打开跟踪环路或者严重影响其增益时，伺服机构中的偏移电压会造成跟踪的快速丢失。大多数雷达中，标准的维护或工作程序是：当输入端只有噪声时，通过观测和设置天线位置中的漂移率到零，调整伺服输入中的零偏。

偏零把和方向图峰值的方向置于差方向图零方向的上方。相对于目标的贡献度，和方向图下方的陡峭下降增大了对镜像贡献的拒绝程度。偏移量是一个固定值，或者是与指示仰角有关的连续变量，这样，在从常规跟踪到偏 - 零跟踪的转换过程中，可以产生一个平滑的过渡。

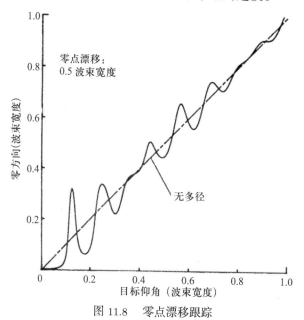

图 11.8　零点漂移跟踪

图 11.8 表明, 偏 – 零跟踪法在低仰角下实现了性能提升, 除零置于和方向图峰值下方 0.5 波束宽度外, 其他参数与图 11.4 相同。图 11.8 中省略掉了图 11.4 下半部分镜像方向附近的伪零。它们仍然存在只不过从原始的零方向移走了。正因为如此, 震荡的幅度减小, 不可能发生 "垂直降落"。

11.10　具有对称比率的俯仰方向图

对比常规的单脉冲雷达方向图, 其中的差和比率是角度的奇函数, White[17] 提出的技术采用一对俯仰方向图, 其中的差和比率是角度的偶函数, 形状是抛物线, 射束轴上有一个零。仰角的轴线固定, 当在距离和方位上保持一般跟踪时, 进行开环仰角测量。

对称比率意味着, 如果轴线是水平的, 则

$$\frac{F_B(E)}{F_A(E)} = \frac{F_B(-E)}{F_A(-E)} \tag{11.15}$$

式中: E 为仰角; $F_A(E)$ 为 "A 方向图"; $F_B(E)$ 为 "B 方向图"。

令 p 和 ϕ 分别表示镜像与目标的幅度比率和相对相位, 同前, 令 v_A 和 v_B 分别表示两种方向图下得到的电压。如果理想目标的仰角是 E, 镜像的仰角是 $-E$, 如图 11.1 所示。

$$\frac{v_A}{v_B} = \frac{F_B(E) + pe^{j\phi}F_B(-E)}{F_A(E) + pe^{j\phi}F_A(-E)} \tag{11.16}$$

由式 (11.15), 有

$$F_B(-E) = F_A(-E)\frac{F_B(E)}{F_A(E)} \tag{11.17}$$

将式 (11.17) 代入式 (11.16), 分子分母同时除以 $F_A(E)$, 得

$$\frac{v_B}{v_A} = \frac{F_B(E)}{F_A(E)} \tag{11.18}$$

式 (11.18) 与只存在目标情况下的相同, 没有受到多径的影响。首先得到两个电压的比率 v_B/v_A, 利用已知的自由空间校准函数将该比率转化角度, 可以得到目标的仰角。

理想条件下, 该技术可以给出真实的解; 利用单个脉冲 (每一个脉冲计算一个电压比率) 就可以得到不含多径误差的正确目标仰角。当然, 实际条件下, 不可能在多径环境中得到如此精确的解, 但是它却可以在低仰角区域给出包含有用信息的观测量, 而常规的跟踪手段则得不到。

误差源包括反射表面与假设模型的偏差、和方向图比率的不完全对称性。由于低仰角区域的方向图具有轻微斜率, 自由空间中, 该区域的热噪声误差比常规单脉冲中的要大。

图 11.9 所示为两个不同的方向图对 A 和 B 的例子, 它们的比率是仰角的抛物线函数 (见 1983 年 W.D.White 的私人通信)。只对比率而不是各方向图施加对称约束, 方向图在负仰角一侧较弱, 以减小因假设反射几何结构的偏差、表面杂散和漫多径所造成的误差。这些特定的方向图是 3 个波束分量的合成, 每一个波束的形状具有归一化线性光源照射的性质, 即 $[\sin(\pi\theta Y/\lambda)/(\pi\theta Y/\lambda)]$, 其中, θ 是从每一个波束轴测量的仰角, Y 是天线的垂直维度①。λ/Y 是标准波束宽度。最好根据目标仰角和表面粗糙度等因素来选择采用何种方向图对。在具有对称比率和个体差异特性的方向图设计中具有相当大的灵活性。

在这两个例子中, A 和 B 方向图由 3 个相邻的波束以不同的权重加权合成, 这 3 个波束的间隔是标准波束宽度。表 11.1 列出了 3 个子波束的仰角和权重系数。B 方向图中的总能量 (权重平方的总和) 和 A 方向图中的相同。

对称轴的水平指向是建立在平面地球和无限距离目标假设的基础上, 但是这些假设不是必须的。对于平面地球和有限距离的目标, 可把轴线设定为与测量距离一致指向目标 – 镜像的中点, 该点近似在与目标距离相等的表面上。在设定轴线指向的时候, 必须考虑地球的弧度。然而, 在那种情况下, 对于任意给定的距离, 目标 – 镜像的中点不可避免地随着目标的仰角而改变, 因此严格地说, 没有轴线指向能精确保证期望的目标 – 镜像对称性。

尽管这项技术采用的方向图不像常规的和差方向图, 它确实符合第 2 章给出的关于单脉冲的定义, 因为其角度估计的基础是同时从接收波束获得的电压比率。

Dax[18,19] 以一种不同的方式应用了对称单脉冲比率的原理。与如图 11.9 所示的特殊方向图对不同, 这项技术采用类似常规单脉冲的和差方向图, 并且做了大量的修改。单脉冲比率的正常图像是向上凹的曲线, 如图 6.6 的下方的曲线所示; 如果向右边延伸, 将无限②接近第一个和方向图

---

① 为了更严谨, θ 应该用它的正弦来代替, 在小角度下两者近似相等。

② 实际中, 根据雷达处理器的性质和分量的有限动态范围, 所谓 "无限" 当然是被限定到一个有限的值。同样地, 零值也不完全是 0, 总是存在一些残留电压, 这阻止了无限比率的产生。

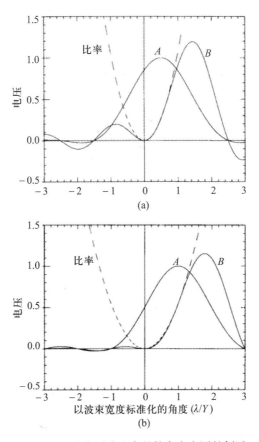

图 11.9   具有对称比率的仰角方向图的例子

方向图中参数见表 11.1。

表 11.1   具有对称比率方向图的合成

方向图对	波束	仰角①	A 权重	B 权重	比率 v_A/v_B
图 11.9(a)	1	−0.5	0.5000	0.13206	
	2	+0.5	1.0000	0.26413	$1.0564E^2$
	3	+1.5	0.5000	1.18861	
图 11.9(b)	1	0.0	0.5000	0.00000	
	2	+1.0	1.0000	0.54772	$0.54772E^2$
	3	+2.0	0.5000	1.09545	
① 仰角以标准波束宽度为单位					

的零, 且在第一个离轴差方向图的零之前产生。在修改的方向图中, 离轴差的零在和的零之前产生, 比率曲线是向上凸的, 如图 6.6 的上部曲线所示。如果向右延伸, 曲线到达峰值后下降, 并且通过 0。在射束轴上的零和离轴零之间, 曲线近似对称。

图 11.10 是和差方向图及它们比率的曲线。比率曲线有峰值的负角度处是对称轴的位置, 将其设定为指向平分目标和镜像夹角的方向。所需的对称轴仰角通过计算天线高度和目标距离的负比率近似得到。因此, 目标和镜像在对称的角度上, 而且它们各自的单脉冲比率和只有目标存在的情况相同。目标的仰角可以通过信号 – 目标校准函数的方法估计出来。

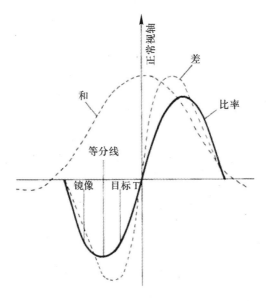

图 11.10　离 – 轴对称比率技术 (参照: Dax[20])

11.11　双零跟踪器

这是由 White[17,20] 提出的闭环跟踪技术。它的差方向图不仅有第一级零 (出现在反射天线沿着机械轴线的情况), 在较低的俯仰角处还有第二级零。一个单独的控制环路调整第一级零对准目标方向, 同时调整第二级零以由水平面反射定律计算的角度向下偏离第一级, 因此第二级零指向镜像。尽管这项技术不同于常规单脉冲, 但是它符合 2.1 节给出的广义定义,因为它利用的是同步接收模式。

文献 [17] 阐述了这项技术的理论和实现。文献 [20] 首先用最大似然估计器 (Maximum-Likelihood Estimator, MLE) 的概念描述给出了一个非数学解释, 估计器是在反射表面完全光滑且水平的理想假设情况下设计的。这种表面在与目标有明确关系的角度上产生一个镜面镜像。以这种假设为基础的最大似然估计器赋予真实目标和镜像相同的权重。如果这种理想情况真实存在, 估计器将对常规跟踪系统出现的多径俯仰误差完全免疫。然而, 实际情况与理想情况的偏差对系统的影响非常大。反射面不完全光滑和表面不完全水平引起的镜像错位, 导致这种偏差通常是杂波和漫多径的合成。

为了减小非理想情况造成的误差, 实际设计采用的是一个 "回火" 双零跟踪器, 与最大似然估计器不同的是这种模式的设计对负仰角有较小的响应。这种改变保持了理想情况下对镜面多径误差的免疫, 同时减小了非理想反射面引起的实际误差。这种改进的代价是相比于最大似然估计器误差斜率敏感度的降低, 从而导致更高的热噪声误差。与常规单脉冲相比, 这种技术在馈源和处理中附加了一些复杂度。

闭环操作需要环路冷却时间。因此, 它可以用来做连续跟踪, 不适合做单脉冲和短时运行。这项技术已经在反射天线中得到了应用, 使用能够提供 6 个笔形波束的馈源, 这 6 个波束分成堆叠在俯仰上的 3 个水平对。通过组合左右方向图对可以得到方位和差方向图。通过 3 对输出的加权组合可以产生俯仰方向图。低仰角下单脉冲雷达在正常跟踪模式或双零跟踪模式下的测试表明, 在双零跟踪模式下具有光滑的跟踪轨迹, 并且能显著地减小仰角误差, 且完全避免了 "垂直降落"(从目标跟踪到镜像跟踪的突然转变) 的影响。

11.12   复指示角的利用

9.5 节介绍了复指示角的概念。业已证明, 尽管单目标的单脉冲比率名义上是实数, 但是不可分辨目标导致比率是一个复数, 其实部和虚部可分别与复指示角的实部和虚部对应。正常情况下只需要利用实部, 但是当虚部存在时, 通常也包含信息。

由于多径是不可分辨目标的特殊情况, 从而导致指示角一般是复数形式的。以图 11.1 所示的简单水平 – 地球几何模型为例, 实部 x 和虚部 y

由式 (11.4) 和式 (11.5) 给出。在普通 Low-E 模型 (11.8 节) 中, E_0 保持不变, 目标仰角可以通过实部 x 的开环测量得到, 结合已知的射束轴仰角, 可以得到图 11.6 阐述的结果类型。

Low-E 模式[21] 的复指示角中, 波束仰角是一个固定值, 开环指示角的实部 x 和虚部 y 都是通过测量得到的。虚部的测量需要一些额外的处理和计算 (9.7 节), 但并不改变天线方向图。当目标仰角变化时, y 和 x 的关系曲线是一个具有移动中心的螺旋曲线, 如图 11.11 所示 (不存在多径时, 该图简化为沿着 x 轴移动的一个点)。图 11.11(a) 中的参数跟图 11.4 与图 11.7 一致, 包括天线高度和天线垂直尺寸的比率, 该值为 4。图 11.11(b) 中的参数除上述比率值为 2 外, 其他都与图 11.11(a) 一致。螺旋曲线上的环绕点及其附近的数值表明目标仰角以 0.1 波束宽度为增量。在绘制这些图时, 假定本振频率低于雷达频率。如果本振频率高于雷达频率, 相位将是翻转的, 导致螺旋曲线上下翻转。

图示内容的机理可以用 9.5 节中的知识来解释, 如果两个目标的相对相位发生改变而它们的幅度比率和角度保持恒定, 复指示角的轨迹就像图 9.2 所示的一个实线圆。在多径情况下, 目标和镜像的相对相位随着角度的改变而改变, 产生如图 11.11 所示的环形。环形并不是圆的, 有以下两个原因: ① 镜像和目标的幅度比率随着目标角度的增大而减小, 导致环形渐进减小 (除非镜像进入旁瓣); ② 目标仰角相对射束轴的增大导致环形的中心向着正方向移动。

由于螺旋线上的每一点对应一个特定的仰角 (不考虑模糊, 后面讨论), 一旦特定雷达装置 (如 X-Y 绘图器) 的螺旋图绘制完成, 可将其作为二维的校准曲线或查询表, 进而利用测量的 x 和 y 值确定目标仰角。校准螺旋图可以通过计算产生, 但由于无法精确获取表面的反射特性, 更适宜的方法是对测试目标进行测量得到, 测量中每一个时刻的目标仰角由不受多径误差影响的一些独立的方法确定。为简化图 11.11 的计算过程, 提出了水平地球假设, 但是该假设在绘制真实的校准螺旋图时是没有必要的。当考虑地球曲率时, 螺旋图和图 11.11 所示在总体上相同, 仅局部细节有所差别。精确的形状由雷达特定参数和表面特性所决定。

描述这项技术时, 是以波束仰角保持恒定为前提的。如果仰角常量参考的是地平线, 校准螺旋图会随着目标距离发生一定程度的改变, 不同的距离将需要不同的螺旋图。为了消去除二阶以外的距离依赖, 射束轴所保持的固定仰角应该在有效水平方向之上。有效水平方向被定义为从天线到目标在反射表面投影点的直线方向, 当投影点在水平面以下时除外, 这

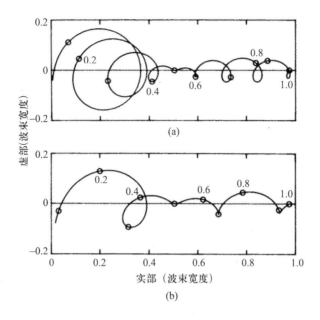

图 11.11   多径下的复指示角

射束轴仰角 = 0.75 波束宽度。天线相位中心的高度和天线垂直尺寸的比率:

(a) 4 (b) 2。螺旋线上圆圈对应的数字是以波束宽度为单位的目标仰角。

种情况下有效水平方向和真实水平方向相同, 即天线在地球表面的切线方向。有效水平方向是零参考的, 因为在这个方向上, 目标和镜像融合在一起, 通常情况下它指向目标和镜像方向的中间。因此, 在使用这种方法时, 需要的波束仰角会随着目标距离的变化而变化, 但是, 已知天线高度和测量的距离时, 很容易计算得到。

由于噪声、漂移、测量误差、时变的漫多径和表面反射特性的改变, 测量点将会在螺旋线的附近而不是刚好在它上面。脉冲间的起伏可以通过平滑的方法减小, 但是和螺旋线之间的偏差仍然存在。仰角的估计过程在图 11.12 中进行了阐述, 对图 11.11(a) 中的部分螺旋图进行了放大处理。点 A 代表着真实的仰角, A' 是平滑后的测量点。仰角估计基于 A'', 该点是靠近测量点的螺旋线上的一点。弧 AA'' 表示误差。

使用刚才描述的估计方法, 由于误差、表面反射系数变化引起的误差已经进行了仿真分析[22]。假设产生的任何模糊都可以求解, 一般来说, 刚才的方法比自由空间的普通单脉冲方法在相同信噪比下具有更小的噪声误差。原因是雷达和表面下的镜像形成干涉效果, 比单独使用雷达具有更

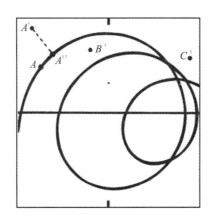

图 11.12　校准－螺旋线技术的估计过程和模糊

高的角度灵敏度。另一种解释是，多径扩展了校准刻度，这是由于在相同终点角度下，螺旋线的长度远大于实轴的长度。

相同的研究发现，表面反射系数多达 50% 的改变仅仅导致中度误差。原因是基于如下事实：反射系数的变化会引起螺旋线的环形变得膨胀或紧致，所以曲线上每一个点沿着垂直于曲线而不是相切的方向移动。移动的垂直分量不会造成误差。

一个明显的问题是当曲线与自身相交或者环形之间靠的很近时，会产生模糊。然而，模糊问题在 x、y 都使用时比单独使用 x 时显得较轻。假设在 Low-E 模式中只采用 x 的测量值，如图 11.7 所示，得到的读数可以是 0.24～0.36 波束宽度之间的任意值。在图 11.7 中，在那个范围内的任意坐标上画的一条水平线与曲线有 5 个交点，产生了 5 个可能的目标仰角。相同的结果也可以在图 11.11(a) 中进行说明，所采用参数及工作模式与图 11.7 相同。在相同目标仰角情况下，螺旋线上任意一点对应的 x 坐标和图 11.7 中对应点的坐标相同。因此，与图 11.7 所绘的水平线相对应，在图 11.11(a) 中 0.24～0.36 波束宽度的任意水平位置绘制垂线，它会与螺旋形有 5 个交点，如果只测量 x 时将会产生 5 层模糊。然而，如果 x、y 都测量，除了曲线与自身相交导致的 2 层模糊外，每一对 x、y 都能无模糊地识别螺旋线的每一点。对比图 11.11 可以发现，天线的高度越小，模糊的就越小。

然而，噪声、反射系数的变化和其他一些扰动会加剧模糊问题。例如，如果测量点落到图 11.12 中的 B' 或 C' 上，即使曲线上最近的点并不是曲线与自身的交点仍然会产生模糊，因为测量点可能离错误的弧线比离正确的弧线更近。就像图 9.10 已经揭示的那样, 如果系统需求允许这种选择, 那么降低天线高度就能缓解这一问题。

　　有许多解决模糊的可行方法, 其中能保证后续优势的方法有平滑和在其他系统要求允许的情况下把天线高度降到最低。如果时间上足够, 最简单的方法是观测目标的历史记录, 连续的或者一系列离散的观测值都行, 因为目标的复指示角沿着螺旋线的一部分移动, 理想的情况是通过整个环形, 它产生的轨迹能够鉴别正确的弧线。这种方法会导致一个初始的时延, 但是一旦鉴别出来正确的弧线, 不需要时延就能对目标进行跟踪。

　　另一些解模糊的方法包括频率分集、天线视轴角度分集或者天线高度分集。例如, 频率分集在不对雷达频率进行调谐的情况下, 可以产生两个不同频率的校准螺旋线, 两个频率有 5% ~ 10% 的间隔。第二条螺旋线的模糊区域将被第一条螺旋线的相应部分取代。当对未知目标进行测量时, 使用相同的频率, 并且比较测量值和对应的校准螺旋。实现的具体细节和实验过程在文献 [23] 中有报道。采用的是工作在 C 波段的 AN/FPS-16 雷达, 反射器高 9.9m (32.5 英尺), 直径 3.66m (12 英尺), 目标是在一个通视塔上可升降的信标, 反射面是沥青混合物。频率分集和瞄准分集都能减小模糊的数量, 如果时间足够, 历史记录的方法能够完全消除模糊。

　　在轮廓或反射特性随着方位角变化而变化的地形上, 校准螺旋线技术并不适合, 因为在相同的波束宽度和方位角覆盖扇区情况下, 它需要更多的校准螺旋线。即使覆盖扇区被限定在一个很小的范围内, 不规则地形会形成不规则的螺旋线, 导致校准不实用, 同时加剧模糊。

　　复指示角校准螺旋线技术最理想的应用是俯瞰水面的地基天线 (这种情况表面轮廓是规则的并且与方位角无关), 采用低的高度/直径比 (为了最小化模糊), 工作在一个低的频率上 (相对于镜面多径, 降低漫多径)。利用部署在夸贾林环礁 (Kwajalein) 上俯瞰太平洋的 TRADEX 雷达进行了一系列实验, 雷达工作在 1.32 GHz, 仰角波束宽度为 11.4 mrad[24]。抛物面天线的直径是 25.6m (84 英尺), 相位中心相对平均海平面的高度是 26.2m (86 英尺)。归一化差信号的同相分量通过图 7.4 描述的方法获得, 可以用来进行正常跟踪。在不改变硬件的前提下, 只需要计算一个额外的输出就能得到正交分量, 计算的是相对相位的正弦而不是余弦①。

　　图 11.13 所示为其中的一个测试结果。虚线是一个金属球从高海拔经

---

　　①本书 (包括图 7.4) 中正、余弦的参考相位与惯例一致, 即和差信号之间的标称相位是 0°。在 TRADEX 雷达中, 由于采用比较器的不同, 该相位是 90°, 因此正、余弦是互换的。

过多径区域落入海洋的过程中测量得到的校准螺旋线。实线是 90 min 后在近似相同的区域和方位角测量一个再入体得到的校准螺旋线。金属球和再入体的 "真实" 仰角都是通过另一个辐射源测量得到，辐射源误差要比 TRADEX 不正确的多径误差小。在绘制之前，测量值采用滑动平均的方法以降低噪声和漫多径的影响。由于再入体比球体下降的速度快，把噪声起伏范围降到可接受范围的必要的平滑 "收缩" 了螺旋线，但通过设定合适的刻度因子扩展螺旋线能使其更好地拟合校准螺旋线，如图 11.13 所示。利用更成熟的平滑算法，有可能避免萎缩和放大补偿。

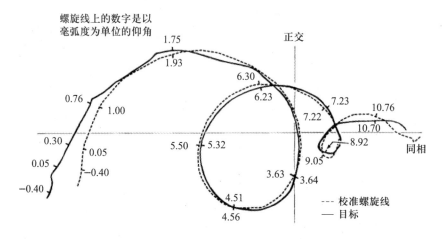

图 11.13　TRADEX 的复角螺旋线

尽管俯仰校准在本质上是连续的，但是校准螺旋线上的几个点就可以描述整个趋势。它们通过校准螺旋图的刻度线进行显示，用仰角 (单位为 mrad) 标注。为了确定两个螺旋线的一致性，这些刻度线延长到离再入体螺旋线最近的点上，这些点以其他独立源获得的对应的仰角进行标注。一致性非常接近 1 mrad。一部分误差，特别是在低角度情况下，是由于独立校准源引起的。

因此，复角度校准螺旋线技术能实现低仰角条件下的高精度仰角估计，但其应用条件非常苛刻，产生校准螺旋线和求解可能存在的模糊的必要性增加了额外的运行负担。雷达必须要进行精确的归一化以使单脉冲输出与信号强度无关，同时它的开环校准必须稳定。TRADEX 雷达能满足这样的要求，但是很多单脉冲雷达却不能满足，特别是对那些只用来对轴线附近目标进行闭环跟踪的雷达来说更是如此。

校准螺旋线并不是唯一一个利用复角单脉冲对抗多径的技术。文献

[25] 介绍的方法需要两个或更多的脉冲, 和 9.12 节中介绍的两目标求解方法在某些方面很相似, 但在以下两个方面有差别: ① 与等待目标移动产生目标和镜像间的相对相位的变化不同, 脉冲间的频率是变化的, 且变化量足以改变相对相位但不改变目标/镜像的幅度比; ② 它利用已知或假设的目标与镜像间的几何关系来降低未知量的数目, 而不是测量连续脉冲合成幅度比以获得等于或大于未知量数目的测量值。

还有一些技术是基于以下原则: 如果镜像与目标的相对相位保持恒定而它们的幅度比改变, 那么复平面内的轨迹就像图 9.2 所示的一个虚线圈。这些圈都与实轴在目标和镜像角度对应的点相交。镜像与目标的幅度比依赖于表面反射系数和波束的仰角。因此, 这项技术在脉冲变化时通过改变波束的仰角以获得足够的点来描绘圆圈的弧线, 然后根据与实轴的交点来外推目标的仰角。尽管这项技术在理论上是成立的, 但是它需要和差方向图具有不变的相位, 这在实际中通常是不可能的。在波束中心附近, 相位的变化通常很小, 但当目标或镜像接近波束的边缘时相位的变化将非常大, 特别是反射型天线更是如此。外推法产生的误差将会非常大。

11.13 独立目标方法

到目前为止, 所介绍的技术中, 一些技术的角度测量方法是基于自由空间目标的跟踪环路校准函数, 这类技术在多径存在时忽略了镜像所造成的误差; 另一些技术在确定目标仰角时考虑了镜像因素, 但却建立在镜像角度与目标角度存在一定几何关系的假设基础上, 该几何关系由平坦的水平表面或球形表面反射的几何结构决定。例如, 如果反射表面存在一个未知斜率, 它们都会受到误差的影响。目前所讨论的技术中, 唯一一个把多径考虑进去而没有建立在特定反射几何结构的假设基础上的技术是复指示角, 这种技术提供一个由测试目标而不是理论计算得到的校准螺旋曲线, 因此它可以在一个倾斜的或不规则的表面来实现。然而, 这种技术需要满足这样的假设, 即一旦校准螺旋曲线产生, 几何结构和表面的反射特性必须保持稳定。

为了消除这些假设带来的局限性, 有的学者从另一个角度看待多径, 它把目标和镜像当作两个独立的不可分辨目标, 并且它们在幅度、相位或者角度 (除了它们以大于一个波束宽度分割开来) 关系上没有任何假设。

当从这个角度考虑问题时, 除了只需要在仰角坐标求解外, 多径问题在本质上与第 9 章 (9.15 节) 提出的两个不可分辨目标相同。第 9 章给出的讨论和参考文献因此是相关的。

9.12 节表明, 利用两个方向图产生一个电压比率, 即使比率的实部和虚部都使用, 一个单脉冲对两个独立目标进行定位也是不可能的, 多脉冲的解决方案在理论上是可行的, 但是只有有限的应用前景。需要的信息仅仅是目标的角度而不是镜像的角度并不能缓解问题, 因为目标是不可分辨的。前面章节讨论的所有技术采用的都是一对俯仰方向图, 它们可能是常规的和差方向图或是改进的和差方向图或是具有对称比率的不对称的 "A" "B" 方向图。因此, 对于两个独立的目标它们无法利用单脉冲的进行分辨。

因此, 提出了利用 3 个以上的同时俯仰方向图 (多波束方法) 或者 3 个以上来自阵列天线各阵元或子阵列电压以获得足够信息进行求解的技术。至少需要 3 个波束或者孔径的样本 (产生两个复比率)。为了提高精度, 需要较大的样本数量。除第 9 章列出的参考文献外, 针对多径的特殊应用也有报道, 包括设计方法、分析仿真和测试[26-31]。

这些方法的优点是它们不受未知的、或者随着时间、季节、方位角而改变的表面斜率所导致误差的影响。同时, 它们也不受由天线相对海面的高度改变所引起的镜像角度变化的影响, 天线相对海面的高度改变可能由于潮汐或者平台的移动, 如在船上 (前述章节介绍的方法可以补偿潮汐, 但是潮汐的高度信息通常只能通过估计得到)。

然而, 独立目标的方法仍需建立在点目标和点镜像①的假设基础上。因为它不需要利用关于目标和镜像间几何关系的先验知识或假设, 与早期介绍的技术不同, 而是更依赖于测量电压或者波束输出的细微差别。因此, 噪声、漫多径、不理想的波束方向图、设备校准的漂移会导致更大的误差。它们也需要更复杂的馈源、合成网络和更多的信号通道。

11.14 漫多径对单脉冲的影响

关于漫多径及其在跟踪中造成误差的可能性以及镜像多径造成问题的多种减轻方法, 在前述章节中有许多参考文献。在这些方法的讨论中, 镜像一词被频繁地使用。当多径通过变化的角度、幅度、相位从区域表面

①理论上, "直接扩展" 可能需要处理多个镜像, 这些镜像由不规则地形的多次镜面反射产生。然而, 每一个额外的镜像增加了 3 个未知, 即角度、幅度和相位。即使单目标 – 单镜像, 考虑到保证有效精度下求解的难度, 这种扩展似乎比较遥远。

传播到雷达天线时, 分析每个这样的应用并且评价测量是怎么产生影响, 而不是定义一个好的点反射, 是恰当的。在这一节, 我们将回顾漫多径理论, 获取其在空间和频率上的功率和分布, 并应用这些数据确定其对低海拔目标角度雷达测量的应用。

11.14.1 镜面和漫多径反射的能量

在 11.1 节中, 表面菲涅耳反射系数 ρ_0 被用来描述与来自目标的直射信号相关的镜面反射幅度。对于窄波束微波系统, 感兴趣区域是入射余角在 1° 附近并且 $0.75 < \rho_0 < 0.98$, 这些也是应用在干燥地表或任何水平极化表面的最高值。

镜面散射因子 ρ_s, 用于修正区别于光滑表面的反射幅度, 其定义见式 (11.9), 该式描述了 ρ_s 与表面高度偏差 δ_h、波长 λ 和入射余角 ψ 的依赖关系。沿用 Beckman 和 Spizzichino[2] 提出的名称, 多径反射产生的表面区域称为闪烁表面。我们可以利用下面的方式描述直接从目标到达雷达的能量:

(1) 由 $1 - \rho_0^2$ 产生的那部分被表面和表面以下很浅的一部分吸收。

(2) ρ_0^2 部分是反射产生的。

(3) $\rho_0^2 \rho_s^2$ 部分在镜面反射中。

(4) $\rho_0^2(1 - \rho_s^2)$ 部分保持在 "漫" (或 "准镜面") 反射和广角散射分量 (包括后向散射和双站散射) 之间进行分配。

"粗糙" 表面的瑞利准则是 $(\delta_h \sin \psi)/\lambda > 1/8$, 根据式 (11.9), 得到 $\rho_s < 0.3$。当 $(\delta_h \sin \psi)/\lambda = 1/15$ 时, 考虑相对光滑的平面, 镜面和漫反射分量具有相等的能量 $\rho_0^2/2$。对于典型的入射余角 $\psi = 1°$, 相应的高度偏差的均方根 $\delta_h = 3.8\lambda$, 在 X 波段等于 0.11m。因此, 即使在低入射余角的情况下, X 波段和 S 波段中, 普遍存在显著的漫散射。

利用现有模型积累后向散射和其他广角散射能量, 发现这些分量只占非镜面反射能量的很小一部分 $(2\% \sim 3\%)$。既然它比 ρ_0^2 中的不确定部分还要小, 则可以忽略不计, 不在镜面反射波中的反射能量可以分配到漫分量 $\rho_0^2 \rho_d^2$, 其中 $\rho_d \approx \sqrt{1 - \rho_s^2}$ 是漫散射因子。反射自表面中小倾斜面的漫能量, 被压缩到镜面射线周围一个很窄的前向散射扇区内。表面被描述成具有小平面斜率的正态分布, 相对于平均平面, 角度方差为 $\beta_0/\sqrt{2}$, 从任意小区域漫散射的角度扩散可看作是具有椭圆形状的高斯波束, 仰角宽度 (峰值能量电平的 1/e 处计算) 为 $\pm 2\beta_0$, 方位角宽度为 $\pm 2\beta_0 \sin \psi$。从雷达方向图看, 漫反射分量来自表面的椭圆区域, 如图 11.14(a) 中方位 - 仰角空间所示, 镜面反射分量来自反光表面, 如图 11.14(b) 所示[①]。

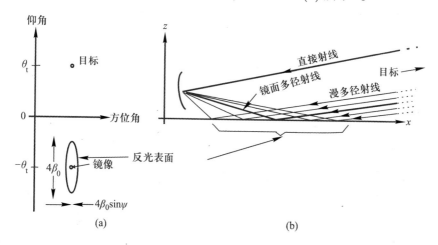

图 11.14　来自部分粗糙表面的镜面和漫反射, 镜面入射余角 $\psi > 2\beta_0$

(a) 方位角 – 仰角空间内的投影; (b) $x - z$ 平面内的投影。

陆地和海洋表面斜率参数 β_0 的典型值都是 0.05rad = 3°。当入射余角小于 $2\beta_0$ 时, 闪烁表面的仰角上限可以达到水平线, 增强区域刚好在水平线下形成。文献 [4] 和 [31, p430-439] 对 Beckmann 和 Spizzichino 的粗糙表面散射理论进行改进, 对低角度下的到达雷达天线的漫反射能量进行了调整。

在陆地表面, 植被吸收因子 ρ_v 乘以菲涅耳系数, 使两种多径分量都减小。文献 [31, p287] 提供了针对这种效果的估计模型, 我们在此不做进一步的讨论。需要注意的是, 在植被地形得到的测试结果可能说明不了荒地或海洋条件的多径效应。

11.14.2　仰角下的多径分布

利用图 11.15 所示的多径分布分析了对零 – 跟踪单脉冲雷达的影响。目标以冲击函数的形式出现, 能量是 S (作为多径能量的参考归一化), 仰角为 θ_i, 其镜面镜像是在角度 $-\theta_0 \approx -\theta_i$ 处能量为 ρ_{s0}^2 的一个小脉冲。漫多径分量具有从水平线向下延伸的连续分布密度。分布密度在水平线和镜面反射分量之间有一个峰值, 并且随着角度的降低而减小。分布密度的积

[①]原节未说明图 11.14(b)——译者注。

分等于总的漫反射能量 $\rho_0^2\rho_d^2$。所示情形中, 目标的仰角约等于 0.7 波束宽度, 下部的差通道波瓣峰值刚好在水平线以下, 它的零在镜面镜像附近, 但在最大漫多径强度区域具有较大的响应。这个目标仰角的多径误差的镜面分量对应图 11.4 中显示的低值。

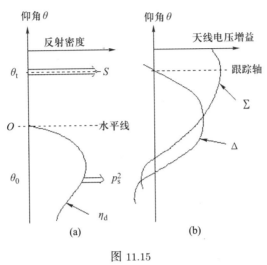

图 11.15

(a) 仰角分布; (b) 天线方向图加权

11.14.3 闭环跟踪的多径误差

单脉冲雷达的多径误差分为镜面分量和漫分量分别进行计算。和通道的目标能量 S 是总能量增益 Σ^2 和 θ_t 处轴线上归一化目标能量的乘积。和通道中的镜面多径干扰 I 是 ρ_s^2 和镜面角 θ_0 处 Σ^2 的乘积。差通道干扰 I_d 是 ρ_s^2 和镜面角处 Δ^2 的乘积。干扰项代替式 (10.39) 中对应的随机噪声项或者式 (10.57) 中的杂波项, 得到多径误差的镜面反射分量为

$$\delta_\theta = \frac{\theta_{\text{bw}}}{k_{\text{m}}}\sqrt{\frac{I_d}{2S}\left(1 + \frac{I}{S}\right)} \tag{11.19}$$

除非一个较强的镜面反射分量进入差方向图的主瓣, 和通道中多径带来的干信比 I 都很小, 式 (11.19) 中的最后一项可以忽略不计。一旦较强的镜面反射分量进入差方向图的主瓣, "垂直降落" 现象出现, 误差迅速增加并超过式 (11.19) 给出的值。

对经和差方向图能量增益加权得到的漫多径分布密度在仰角范围内进行积分, 可以得到干扰能量分量 I 和 I_d, 用于根据式 (11.19) 计算漫多

径误差。镜面多径和漫多径误差以系统相对灵敏性的方式进行组合可以得到总的多径误差。

波束宽度为 $\theta_{bw} = 26\ \text{mrad} = 1.5°$、闭环跟踪的 X 波段单脉冲雷达的典型误差曲线如图 11.16 所示, 雷达工作在粗糙度为 $\delta_h = 0.11\ \text{m}$ 平静海面上 (2 级海情), 采用文献 [31] 中的多径预测方法进行计算。目标仰角大于 $1.5\theta_e$ 时, 镜面多径分量可忽略不计, 漫多径分量低于 $0.01\theta_{bw}$。当目标从 $1.5\theta_e$ 一直下降时, 漫多径分量一直增加到 $0.04\theta_{bw}$, 第一个旁瓣的镜面多径分量增加到 $0.02\theta_{bw}$。当目标仰角为 $0.5\theta_{bw}$ 时, "垂直降落" 现象出现, 误差骤然增加到一个未知的数值, 有可能导致跟踪不稳定和目标丢失。这对应着图 11.4 角度跟踪中的第一个严重偏角出现和稳定的镜像跟踪曲线的出现。

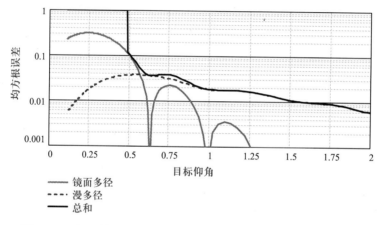

图 11.16　闭环单脉冲跟踪中典型仰角多径误差随目标仰角变化曲线

11.14.4　距离或多普勒分辨率和平滑的作用

在 11.6 节讨论了利用距离和多普勒分辨率减轻多径误差, 得到的结论是两种方法都不能提供一种实用分辨率, 这是因为这些坐标系中镜面分量的位移都非常小, 至少对地基雷达如此。对于漫多径也存在同样的限制。图 11.17 描述一个 $R = 20\ \text{km}$、$h_t = 100\ \text{m}$、以 300m/s 的飞行目标接近 $h_a = 20\ \text{m}$ 的雷达天线的场景。镜面反射伴随有 0.2m 距离延迟的漫反射峰值, 且多普勒在频率 $f_s = 0.12\ \text{Hz}$ 处。

11.7 节中讨论的平滑无效性, 同时适用于漫多径, 我们的例子中, 主要出现在频率 0.085 ~ 0.14 Hz 之间。需要超过 10s 的平滑时间才能够减小漫多径, 这与目标动态不一致。

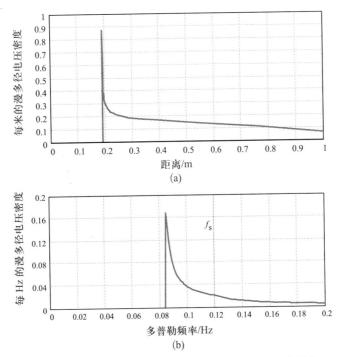

图 11.17 漫多径分量的 (a) 距离和 (b) 多普勒频率分布

11.14.5 Low-E 模式

11.8 节讨论了一种模式, 当单脉冲指示角低于约 0.75 波束宽度时, 天线仰角被限定到该角度。这种模式下的多径误差如图 11.18 所示, 所用条

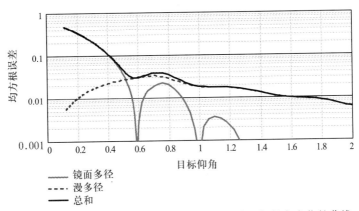

图 11.18 Low-E 模式单脉冲仰角多径误差随目标仰角变化的曲线

件与计算图 11.16 相同。漫多径误差本质上和闭环跟踪的相同，但是镜面多径误差受限，当目标在 $0.15\theta_{bw}$，目标仰角在 $0.5\theta_{bw}$ 以下直到 $0.4\theta_{bw}$ 时，误差逐渐上升。当目标仰角低于 $\approx 0.3\theta_{bw}$ 时，误差增大到仰角数据不能使用的程度。结果与图 11.7 揭示的漫反射分量加入到误差中来的现象一致。

11.14.6　偏零跟踪

11.9 节描述的偏零跟踪技术避免了 "垂直降落"，减小了镜面误差分量。在这种方法中，由于差方向图持续跟踪目标，而接收的漫多径信号强度与常规闭环跟踪器中的相同，如图 11.16 所示。整体的效果和图 11.18 中 Low-E 模式的数据非常匹配。

11.14.7　对称比率方向图下的漫多径

对于高于和低于水平线的辐射源，图 11.9 所示特殊的天线俯仰方向图可产生相同的单脉冲输出比率，并且能消除镜面镜像造成的误差。在 A 和 B 方向图中，图 11.9(a) 所示的一对方向图对水平线至 $-1.5\theta_A$ 之间区域的漫反射都有巨大的响应，其中 θ_A 是 A 方向图的波束宽度。以降低对目标信号的灵敏度为代价，图 11.9(b) 中方向图对的响应降低。

对漫多径密度在方向图中进行积分，可以获得对称 – 比率系统的误差，如图 11.19 所示。图 11.9(b) 中的方向图对极大地降低了仰角高于约 $0.70\theta_A$ 目标的漫多径误差。然而，对于采用常规单脉冲方向图的 Low-E 模式，这项技术在漫多径存在的情况下并不能将误差减小至图 11.18 所示的

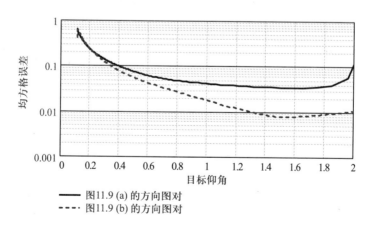

图 11.19　对称 – 比率单脉冲的仰角多径误差随目标仰角变化的曲线

水平以下, 在仰角低于 $0.7\theta_A$ 时估计精度稍差。考虑到产生方向图和高仰角常规跟踪中融合对称比率需要额外的复杂度, 似乎没有必要采用这项技术。

11.11 节介绍的双零跟踪技术中, 也有同样的问题。高密度的漫反射刚好出现在图 9.10 所示比率曲线的峰值以下, 相对于直射和镜像响应的随机相位造成极大仰角误差出现在输出端。

11.14.8 漫多径下的复指示角

11.12 节中介绍了单脉冲雷达中复指示角的利用, 它的天线仰角固定在 $0.75\theta_{bw}$, 当该技术应用到部署到夸贾林岛上的 L 波段 TRADEX 雷达 (见图 13.1) 时, 能有效降低来自海平面的多径误差。测试的条件近似为: 图中螺旋线第一个环路的入射余角 $\psi = 4.5$ mrad, 波长 $\lambda = 0.23$ m, 海情为 2 级 ($\delta_h = 0.1$ m)。镜面散射因子 $\rho_s = 0.9983$, 与之对应的是小的漫反射分量 $\rho_d = 0.059$。漫多径带来的困扰很小。

另一个实验采用仰角宽度为 $\theta_e = 1.4° = 24$ mrad 的 Ku 波段雷达, 雷达天线高于平静的海平面 (海情 1 级, $\delta_h = 0.03$ m) 4.7m, 目标距离雷达 1 km 到 9 km, 目标仰角从 25 mrad 变化到 3 mrad。在高于 2 GHz 的频段, 采用频率分集以获得比采用固定频率方法更快的相对相位采样值。采用时间平均对这些采样值进行处理, 计算与距离对应的多径相位的偏差, 并利用给定的天线高度、波长和测量距离确定目标的海拔。该方法在平静的海面显示了有效性, 但当海情在 2 级 (包含) 以上时, 所受困扰较大。

对于粗糙度为 $\delta_h = 0.5$ m 偏僻地区的沙漠地形, 用 C 波段 AN/FPS-16 雷达进行相同的测试时, 一个不同的情况出现。仰角波束宽度为 $\theta_{bw} = 1.2° = 21$ mrad, 雷达安装在白沙地上, 天线高度 $h_a = 12$ m。当目标仰角为 $0.5\theta_{bw} = 10.5$ mrad 时, 镜面散射因子 $\rho_s = 0.487$, 与之对应的是较大的漫反射因子 $\rho_d = 0.873$。最终的实验报告的结果见文献 [31] 和图 11.20。当目标在大约 50 km 的距离飞离时, 入射余角逐渐减小到 0, 较大的镜面分量将出现, 而漫反射分量将减小。从螺旋线的一个环路可以看出, 单脉冲输出的实部均变成负的。尽管复指示角的实部对近距离高仰角目标显示出更大响应的趋势, 曲线剩余部分上的复指示角的虚部基本提供不了有用信息。虽然报告把问题归咎于跟踪所采用的信标, 但是数据显示了在漫多径环境下期望的随机变化特性。

这些结果证实了 11.12 节中判断, 即当应用到面向水面、低站点、低频率的天线时复指示角方法非常有效, 这种情况可以最小化漫多径分量。

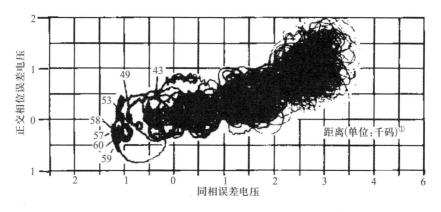

图 11.20 白沙地环境下的复指示角曲线

11.14.9 漫多径对独立目标方法的影响

11.13 节讨论了利用多波束和孔径采样解决多目标 (和多径) 问题, 并给出了一些参考文献。为了分辨两个目标 (如一个点目标和它的镜面镜像) 需要至少 3 个波束或采样, 每增加一个信源相应地就需要增加一个波束或者采样。当辐射源间的角度间隔减小到一个波束宽度以下时, 这些方法对噪声的灵敏度骤然增加。

在文献 [31] 中, 介绍了一个 C 波段孔径采样阵列和处理系统, 它可以用来减小镜面和漫多径两种误差。孔径采样的和差波束形成网络之前是一个具有图 11.21 所示响应的空域滤波器, 该滤波器可以最小化水平线以下的所有响应。具有 8 个偶极子的稀疏阵列的总天线高度 $h = 28\lambda$, 其中标准的波束宽度 $\theta_0 = 1/28 = 0.36 \text{ rad} = 2.0°$。这限制了空域高通滤波器在水平线附近截止区域的斜率, 但是它最小化了所有的多径分量。仿真实验表明, 镜面多径误差显著地减小, 和通道信噪比恶化到 15 dB。

不太成功的例子是四阵元的孔径采样天线阵列, 阵列安装在常规舰载 X 波段单脉冲反射雷达 AN/SPG-53A 上, 在文献 [28] 中有介绍。雷达的波束宽度为 $\theta_{bw} = 20 \text{ mrad}$。文献中的仿真实验表明, 目标仰角为 $0.125\theta_{bw} \sim 0.376\theta_{bw}$ 时, 普通单脉冲跟踪误差是 $\delta_\theta = 0.7\theta_{bw} \sim 0.9\theta_{bw}$。采

---

① 1 码 = 0.9144 米。

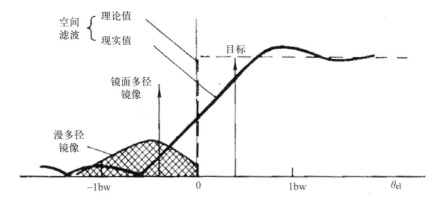

图 11.21 输入信号分布和空间滤波响应 (沿用文献 [34])

用单脉冲测量的阵列均方根误差是 $\delta_\theta < 0.1\theta_{bw}$, 经过 100 个脉冲平均后误差 $\delta_\theta \approx 0.01\theta_{bw}$。这些结果表明, 采用普通单脉冲技术对海面上低于 1 个波束宽度的误差是 $\delta_\theta = 2\ \text{mrad}$, 采用孔径采样阵列的误差是 $\delta_\theta \approx 2.5\ \text{mrad}$。可以总结出太平洋不符合针对镜面多径的光滑表面模型, 这也是进行设计的基础。

结果发现文献 [28] 中的系统只适合针对多目标估计的大多数多波束和孔径采样系统, 因为, 在实际操作环境下, 多径的源数目事先并不能知道, 或者有可能超过系统设计的数值。

11.14.10 多径消减方法的总结

本节对多径消减方法进行总结, 可以得到如下结论:

(1) 许多方法能够保护光滑表面上的闭环跟踪器不受垂直降落现象的影响;

(2) 在漫多径环境中, 没有一种方法比固定波束下的 Low-E 模式有更好的精度, 一些方法比完全镜面多径下的误差还大甚至完全失效。

(3) 利用垂直极化的窄仰角波束是获得高精度仰角数据的基础。

"纯镜面" 反射可以利用图 11.22 来解释, 图中显示了漫散射和镜面散射因子的比率 ρ_d/ρ_s。漫散射分量在小于镜面分量的 1% 时可以忽略不计, 该比率只有在非常光滑的表面和很低入射角的情况下才能得到 (如 $\delta_h/\lambda <$ 0.5 且 $\psi < 2\ \text{mrad}$)。如果比率大于 10% (如 $\delta_h/\lambda < 1.0$ 且 $\psi < 10\ \text{mrad}$ 或 $\delta_h/\lambda < 2$ 且 $\psi < 4\ \text{mrad}$), 必须考虑严重误差源。对于 X 波段雷达 ($\lambda = 0.03\ \text{m}$), 对应的值 $\delta_h < 1.5\ \text{cm}$、$3\ \text{cm}$、$6\ \text{cm}$ 或海情分别为 0、1、1.5

级。如果是部署于太平洋边的低海拔、L 波段 TRADEX 雷达和光滑水表面的 Ku 波段雷达[32]，测试数据表明唯一能降低多径误差的方法是复指示角方法。

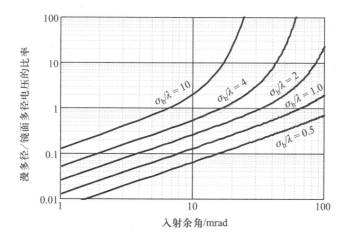

图 11.22　不同粗糙度/波长比率下的漫多径/镜面多径电压比率随
入射余角变化的曲线

参考文献

[1] IEEE Standard 100, *The Authoritative Dictionary of IEEE Standard Terms*, 7th ed., New York: IEEE Press, 2000.

[2] P. Beckman and A. Spizzichino, *The Scattering of Electromagnetic Waves from rough surface*, Oxford, U.K.: Pergamon Press, 1963, reprint, Dedham, MA: Artech House, 1987.

[3] D. K. Barton, "Low-Angle Radar Tracking," *Proc. IEEE*, Vol. 62, No. 6, June 1974, pp. 687–704. Reprinted in *Radar*, Vol. 4, *Radar Resolution and Multipath Effects*, Dedham, MA: Artech House, 1975.

[4] D. K. Barton, "Low-Altitude Tracking Over Rough Surface, I: Theoretical Predictions," *IEEE, Eason-79*, Washington, D. C., October 9–11, 1979. 224–234.

[5] D. E. Kerr, (ed), *Propagation of short Radio Waves*, New York: MaGraw-Hill, 1947. Reprint, CD-ROM ed., Norwood, MA: Artech House, 1999.

[6] W. S. Ament, "Toward a Theory of Reflection by a Rough Surface," *Proc. IRE*, Vol. 41, No. 1, January 1953, pp. 142–146.

[7] M. Calamia, et al., "Radar Tracking of Low-Altitude Targets" *IEEE Trans. on Aerospace and Electronic Systems*, Vol. 10, No. 4, July, pp. 539-544 (corrections, March 1975 issue).

[8] J. T. Nessmith and S. M. Sherman, "Phase Variations in a Monopulse Antenna" *Proc. IEEE International Radar Conf.*, Washington D. C., April 21–23, 1975, pp. 354–359.

[9] D. D. Howard., J. T. Nessmith and S. M. Sherman, "Monopulse Tracking Errors Due to Multipath," *IEEE Eascon-71*, Washington, D. C., October 6–8, 1971, pp. 175–82. Reprinted in *Radars*, Vol. 4, *Radar Resolution and Multipath Effcets*, D. K. Barton, (ed.), Dedham, MA: Artech, 1975.

[10] M. I. skolnik, *Introduction to Radar Systems*, 3rd ed., New York: McGraw-Hill, 2001, pp. 172–176.

[11] F. H. Thompson and F. A. Kittredge, *A Studv of the Feastibility of Using 35 GHZ and/or 94GHZ as a Means of improving Low—Angle Tracking Capability*, Naval Research Laboratory Report 2249, May 1971. Reprinted in *Radars*, Vol. 4, *Radar Resolution and Multipath Effects*, D. K. Barton, (ed.), Dedham, MA: Artech House, 1975.

[12] L. Klaver, "Combined X/K_a-Band Tracking Radar," *Proc. Mil. Microw. Conf.*, MM-78, London, October 25–27, 1978, pp. 146-156. Reprinted, *Radar Electronic Counter-Countermeasares*, S. L. Johnston, (ed.), Dedham, MA: Artech House, 1979, pp. 179–188.

[13] F. E. Nathanson, *Radar Design Principles*, 2nd ed., New York: McGraw-Hill, 1991 (see Table 5.12, p. 196).

[14] J. M. Loomis and E. R, Graf, "Frequency-Agi1ity Processing to Reduce Glint PointingError," *IEEE Trans. on Aerospace and Electronic Systems*, Vol. AES-10, No. 6, November 1974, pp. 811-820. Reprinted in *Radars* Vol. 6, *Frequency Agility and Diversity*, D. K. Barton, (ed.), Dedham, MA: Artech House, 1977, pp. 385–396.

[15] S. David and H. W. Redlein, "Extending the Low-Altitude Tracking Capabilities of Monopulse Radars by Antenna Pattern Modification," *Proc. 14 Annual Tri-Service Radar Symp.*, June 1968, pp. 589–609 (see unclassified abstract).

[16] H. Redlein, *Modification of monopulse Antenna Radiation Patterns for Low-Angle Tracking Improvement*, Wheeler Laboratories, Report 1506, March 10, 1969.

[17] W. D. White, "Low-Angle Radar Tracking in the Presence of Multipath," *IEEE Trans. On Aerospace and Electronic Systems*, Vol. AES-10, No. 6,

November 1974, pp. 835–852. Reprinted in *Radars*, V0l. 4, *Radar Resolution and Multipart Effects*, D. K. Barton, (ed.), Dedham, MA: Artech House, 1975.

[18] P. R. Dax, "Accurate Tracking of Low-Elevation Targets over the Sea with a Monopulse Radar," *IEE Conf. Publ. No. 105, Int. Conf on Radar—Present and Future*, London, October 23–25, 1973. PP. 160–165.

[19] P. R. Dax, "Keep Track of That Low-Flying Attack," *Microwaves*, April 1976, pp. 36–53.

[20] W. D. White, "Double-Null Technique for Low-Angle Tracking," *Microw. J.*, December 1976. pp. 35–38, 60.

[21] S. M. Sherman, "Complex indicated Angles Applied to Unresolved Radar Targets and Multipath," *IEEE Trans. on Aerospace and Electronic Systems*, Vol. AES-7, No. 1, January 1971, pp. 160–170. Reprinted in *Radars* Vol. 1, *Monopulse Radar*, D. K. Barton, (ed.), Dedham, MA: Artech House, 1977.

[22] P. Z. Peebles, Jr., and L. Goldman, Jr., "Radar Performance with Multipath Using theComplex Angle," *IEEE Trans. on Aerospace and Electronic Systems*, Vol. AES-7, No. 1.January 1971, pp. 171–178. Reprinted in *Radars*, Vol. 4, *Radar Resolution and Multipath Effects*, D. K. Barton, (ed.), Dedham, MA: Artech House, 1975.

[23] D. D. Howard, S. M. Sherman, D. N. Thomson and J. J. Campbell, "Experimental Results of the Complex indicated Angle Technique for Multipath Correction," *IEEE Trans. On Aerospace and Electronic Systems*, Vol. AES-10, No. 6, November 1974, pp. 779–787.

[24] S. M. Sherman and J. C. Spracklin, "Complex-Angle Monopulse Using the TRADEX Radar," *Proc. ARPA Low-Angle Tracking Symp.*, Washington. D.C., December 1976.

[25] M. D. Symonds and .J. M. Smith, "Multi-frequency Complex-Angle tracking of Low Level Targets." *IEE Conf. Publ. No 105, Int. Conf On Radar—Present and Future*, London, October 23–25, 1973, pp 166–171. Reprinted in *Radars*, Vol. 4, *Radar Resolution and Multipath Effects*, D. K. Barton, (ed.), Dedham, MA: Artech House I975.

[26] P. Z. Peebles, Jr., "Multipath Angle Error Reduction Using Multiple-Target Methods," *IEEE Trans. on Aerospace and Electronic Systems*, Vol. AES-7, No. 0, November 1971, pp. I 123–1130. Reprinted in *Radars*, Vol. 4, *Radar Resolution and Multipath Effects*, (D. K. Barton, ed.), Dedham, MA: Artech House 1975.

[27] P. Z. Peebles, Jr., "Further Results on Multipath Angle Error Reduction

Using Multiple-Target Methods," *IEEE Trans. on Aerospace and Electronic Systems*, Vol. AES-9, No. 5, September 1973, pp. 654–659.

[28] J. E. Howard, "A Low-Angle Tracking System for Fire Control Radars," *IEEE 1975 Internaitional Radar Conf*, Washington, D. C., April 21–23, 1975, pp. 412–417.

[29] F. G. Willwerth and I. Kupiec, "Array Aperture Sampling Technique for Multipath Compensalion," *Microw. J.*, June 1976, pp. 37–39.

[30] S. Haykin, J. Kesler and J. Litva, "Evaluation of Angle of Arrival Estimators Using Real Multipath Data," *Proc. International Conf on Acoustics, Speech and Signal Processing*, Bostonl, MA, April 14–16, 1983.

[31] D. K. Barton, *Radar System Analysis and Modeling*, Norwood, MA: Artech House, 2005.

[32] C. Echersten and B.-O. Ås, "Radar Tracking of Sea-Skimmers, an Implementation of 'Complex Angle'," *IEE International Conf Radar-92*, Brighton, U.K., October 12–13,1992, pp. 46–49.

[33] D. K. Barton, "Radar Multipath," *1976 Microwave Journal Microwave Engineers' Handbook and Buyer's Guide*, pp. 36–41.

[34] P. Barton, el al., "Array Signal Processing for Tracking Targets at Low Elevation Angles," *IEE International Conf. Radar-77*, London, October 25 28, 1977, pp. 318–322.

第 12 章

单脉冲干扰与抗干扰

随着单脉冲雷达在军事上的应用, 相应的电子对抗 (ECM①) 装备也得到了快速发展和运用。同其他任意类型的雷达一样, 单脉冲雷达在捕获目标的过程中易遭受电子干扰, 例如随机脉冲干扰、噪声干扰或者箔条干扰。这里仅作简要讨论, 除非单脉冲能够提供其他类型雷达所不能提供的对抗干扰措施。另外一类能够扰乱时序波瓣雷达跟踪的 ECM 技术, 对单脉冲的对抗效果相对较弱。这类技术包括自卫干扰机, 依靠幅度调制引起时序波瓣雷达的大误差。它们提供了一个可能提高单脉冲跟踪精度的强点源信号。

专门对抗单脉冲雷达的 ECM 技术, 可以破坏角度跟踪环的锁定, 或至少导致大误差, 后者主要有两种方式: 一是增加单脉冲雷达的固有误差, 二是利用雷达设计、构造或调整缺陷。第一类是 "通用单脉冲 ECM"。表 12.1 列出了单脉冲雷达的角误差源以及相应的 ECM 技术。同时, 也列出了本书讨论误差的章节。本章讨论单脉冲 ECM 技术及它们对跟踪的影响, 适用于地基、机载雷达和寻的导引头。也探讨了 ECM 技术的适用范围及相应的雷达抗干扰 (ECCM) 技术。

12.1 节简要讨论压制目标回波的干扰, 或使雷达不能产生距离或多普勒数据, 或在坐标系中产生大量的错误数据。之后讨论了通用单脉冲 ECM 技术。最后一节则是关于利用单脉冲设计或制造缺陷的 ECM。

Leonov 和 Fomichev 在出版的著作 [1] 中进行了大量的开放式探讨。该书参考了俄罗斯和西方文献, 包含一整章关于 "单脉冲雷达抗干扰能力"

---

①这里, 我们采用传统的 ECM 和 ECCM, 而不是最近电子战学会所定义的电子攻击 (EA) 和电子防护 (EP), 因为 ECM 和 ECCM 更清晰地定义了适用于单脉冲的测量和对抗, 不太可能被另一系列覆盖多种军事电子的新术语所代替。

表 12.1 角误差源和相应的 ECM

角误差源	章/节	ECM 技术
内部噪声	10.1 节	噪声干扰 (支援或伴随)
不可分辨目标	第 9 章	**编队干扰, 欺骗**
杂波	10.2 节	箔条干扰
多径	第 11 章	**镜面反射, 收发分离干扰**
角闪烁	10.5 节	**交叉眼干扰**
交叉极化响应	10.4 节	交叉极化干扰
幅相不一致性	10.4 节	边频干扰、镜频干扰、双频干扰
单脉冲归一化	第 8 章	间隙 (AGC) 干扰
注: 通用单脉冲干扰技术用粗体表示		

的论述, 详细讨论了 ECM 和 ECCM。以下我们借鉴了这些论述。

12.1 距离和多普勒压制与欺骗

12.1.1 距离和多普勒压制

噪声干扰是一种稳健的 ECM, 它能够压制目标回波, 阻碍雷达测量目标的距离和多普勒频移。在干扰跟踪或干扰追踪模式下, 目标上的干扰机 (自卫干扰) 所发射的干扰信号可能提供更加精确的角度跟踪源。

1. 干扰跟踪

单脉冲测角系统必须产生可以精确指示噪声干扰到达角的输出, 而不论带宽、频谱分布、平均功率、幅度分布和可能的调制如何。噪声干扰机的频谱分布变化很大, 可以通过一个或多个雷达的窄带信号快速地扫掠频带来产生。通常认为干扰机噪声幅度服从高斯分布, 它表明峰值限幅或均匀硬限幅会导致干扰发射机平均功率的增加。单脉冲雷达若要获取干扰机的角度数据, 则必须保护其对许多方面不同于自身发射信号回波的 "信号" 的角度感知能力。在自寻的导引头中, 这种能力称为干扰追踪, 自寻的导引头设计者高度重视这种模式下的良好性能。

干扰带宽应足够宽, 以便目标回波的调谐频率及其镜像频率 (被来自本振频率的中频取代, 在回波的相反位置) 能够同时进入单脉冲接收机通道。许多雷达没有设计可调的排除镜频输入的射频预选器。除非接收机和差通道的相移在射频和中频阶段都匹配, 否则单脉冲处理器的输出 d/s 中的镜频分量不大可能会在跟踪中发挥作用, 并且, 在 90° 的射频相移被 −90° 的中频相移抵消的情况下, 作用被抵消, 妨碍了对干扰机的测量或跟踪。AN/FPS-16 的设计修正了该问题, 不是提供干扰跟踪, 而是被动跟踪[2]。另一个解决办法是允许使用更多实际的固定调谐射频预选滤波器, 利用足够高的中频以使得带宽之外的镜频可被调制到雷达带宽内。

2. 武器系统设计

大多数军用单脉冲雷达 (和全部自寻的导引头) 的目的是引导武器选择打击目标。如果不能测量目标的距离和多普勒, 那么必须采取火控措施, 即仅基于角度数据为武器指向。在自动寻的导弹中, 比例导引 (或等价的现代卡尔曼滤波器) 在没有距离数据的情况下可以获得足够的性能 (尽管近似的距离信息可以提供更好的打击性能)。指令制导导弹和火炮控制受距离数据缺少的影响更严重。分离式雷达的三角测量是一种获取干扰目标近似距离的方法。

12.1.2　距离和多普勒欺骗

转发式欺骗干扰机主要用于捕获雷达的距离或多普勒跟踪环和 AGC 系统。欺骗脉冲被叠加在跟踪波门内的目标回波上。增加欺骗脉冲的幅度, 能够压制目标回波, 并且欺骗脉冲 (或者连续波或脉冲多普勒雷达的频谱) 逐渐在距离或多普勒上偏离目标位置。这称为距离拖引 (Range-gate Pull-off, RGPO) 或速度拖引 (Velocity-gate Pull-off, VGPO)。它们都有可能被用来同时对抗脉冲多普勒雷达。当完成拖引 (由干扰机基于先验的 AGC 和距离或多普勒跟踪环的时间常数来估计) 时, 欺骗任务中断, 迫使雷达重新捕获目标。当雷达波束仍照射到目标时, 雷达跟踪器有可能实现快速重新捕获, 因此, 干扰通常结合角度欺骗技术, 在欺骗任务中断前引导角速率偏离目标。如果速率足够大, 有可能会迫使雷达在角度上也要重新捕获, 且在必要的角度扫描期间, 不能为武器提供跟踪数据。当输入角度跟踪环的距离或多普勒波门内没有目标回波时, 角度欺骗更为有效。

为防止有效的 RGPO/VGPO, 雷达设计必须能够识别欺骗的发生、允许建立欺骗周期内的惯性跟踪, 或提供欺骗周期后的快速重捕获。距离和多普勒联合跟踪以及 AGC 时间常数的变化使欺骗更加难以实现。对抗

12.2 节和 12.3 节所述角度欺骗, 是雷达设计必不可少的要求, 也是识别角度欺骗发生的能力。检测不可分辨目标 (参见 9.9 节) 存在性的单脉冲信息的使用可为雷达提供这种能力。

12.1.3　箔条欺骗

许多现代单脉冲雷达具有基于多普勒的电路 (如动目标显示或脉冲多普勒) 以对抗箔条和其他杂波。对抗主要基于目标和气团 (机载杂波位于其中) 径向速度的不同。在武器控制雷达跟踪下, 飞机自我防护技术是释放一团或更多箔条, 同时调整使得飞机径向速度为零 (相对于气团)。如果箔条的雷达散射截面积超过了目标的, 那么箔条回波会吸引雷达跟踪, 从而使目标移至波束之外, 直至不可见。武器系统必须识别这一过程并重新捕获目标以恢复所需的制导数据。

对抗箔条欺骗的方法是识别箔条的展开, 以及相当长一段时间内距离与角度的惯性跟踪, 使目标在至少一个坐标系内可分辨。即使目标进行机动以偏离惯性跟踪, 也必须这样做。因为箔条在气团中的存在几乎是瞬时的, 一般来说, 线性的惯性跟踪就足够了, 附加的二次项可以扩展波束照射和重新捕获跟踪目标的周期。

对于主动欺骗, 随着检测不可分辨目标存在性 (参见 9.9 节) 的单脉冲信息的利用, 迫切需要识别箔条欺骗发生的能力。

12.2　通用单脉冲 ECM

单脉冲干扰机通常由目标车辆 (自卫 ECM) 或与目标车辆协同的周围其他车辆携带。有别于目标伪装, 该装备使用一种或多种欺骗干扰技术。这类通用单脉冲 ECM, 利用了测角方法的基本限制, 在某种程度上, 这种限制是所有单脉冲雷达固有的。Schleher 在文献 [3] 的第 262 页中提到:

某些单脉冲角度干扰技术, 如边频、镜频干扰和交叉极化干扰, 主要利用了单脉冲雷达运行时的缺陷。其他干扰技术, 如交叉眼、地形或地面反射和闪烁或编队干扰, 主要攻击所有单脉冲跟踪系统的基本缺陷。一般而言, 最好攻击基本缺陷而不是依赖设计缺陷。

通用单脉冲 ECM 技术的设计者寻求复制角误差自然源的效果, 发射能够增加误差的信号, 以破坏角跟踪环的锁定。这些技术也可能攻击距离跟踪环, 以压制目标回波, 并在与回波的竞争中获取尽可能大的角误差。

12.2.1 编队干扰

9.10 节指出, 当存在两个不可分辨的辐射源时, 单脉冲雷达的平均跟踪点依赖于其中较强的一个。如果两个辐射源都是幅度起伏的, 以至于较强的辐射源不断变化, 那么当跟踪环响应足够快时, 跟踪点也会相应地变化。如果变化太快, 以至于环路不能跟上, 平均跟踪点会指向两个辐射源的能量中心, 这也适用于多于两个快起伏辐射源的情形。编队干扰利用了这一关系。

1. 多部连续噪声干扰机

噪声干扰是一种稳健技术, 它不依赖于雷达波形和处理过程的详细信息, 可同时对抗同波段内多种类型的威胁。在多干扰机的运用中, 噪声干扰机以两部或多部车辆编队为平台, 编队位于主差波束 (近似于主和波束的宽度) 范围内, 且与雷达的距离近似相等, 每部干扰机对雷达的发射功率强于目标回波。这样, 每个角坐标下的雷达跟踪点位于编队的能量中心。受雷达跟踪控制的火炮或导弹指向该中心而不是任一个目标。如果目标的间距 (距离和波束宽度的乘积) 超过了基于能量中心的火炮或导弹杀伤范围, 那么目标将得到保护。

这种技术的限制是编队的线性间距必须与雷达目标间的距离成比例, 对于干扰方来说, 该距离通常是未知的, 利用简易的装备, 如雷达告警接收机 (Radar Warning Receiver, RWR) 也很难测量。随着距离的减小, 间距越来越窄, 以致不能提供保护。寻的制导防空导弹的扩散和干扰追踪 (Home-on-jam, HOJ) 技术的使用, 也限制了连续噪声干扰技术的运用。当导弹靠近目标编队时, 各目标变得可分辨了, 导弹可以精确地找到编队内的单个干扰机。

2. 多部闪烁噪声干扰机

使用协同闪烁策略可以克服连续干扰技术的缺陷。干扰机按照伪随机程序调制开与关, 从而引起跟踪点不断地在目标间漂移。控制对每一个目标的跟踪时间少于建立跟踪和计算打击顺序或新的导弹瞄准点所需要的时间, 可防止精确的火力控制。对导弹而言, 目标位置的快速改变可能使导弹加速度过载, 并导致导弹跟踪的不稳定, 甚至失败。因为跟踪点从编队的一边漂移到另一边, 引入的误差要远大于连续干扰, 根据制导环特性, 有可能两个方向都打不中; 有可能锁定失败, 重新捕获也变得困难。干扰车辆的间距需求与连续干扰技术的类似。

3. 诱骗干扰机

拖曳式诱骗干扰在单脉冲雷达作战目标所在的分辨单元内产生虚假目标。诱骗干扰机可独立置于诱骗舱内或由拖曳线拖引, 把产生于被保护飞机的信号放大发射出去。对任一情形, 发射信号必须足够强以吸引雷达跟踪, 从而改变武器 (一般是导弹) 弹道, 使其偏离飞机飞行轨迹。这对飞机相对于雷达及其相关武器的飞行轨迹、飞行机动和拖曳线长度等均有一定限制。必须将武器的指向偏离目标路径, 避免在目标模糊距离范围内通过。这通常要求拖曳线长度乘以拖曳线和武器轨迹夹角的正弦后大于模糊距离。拖曳线长度的物理限制一般保证假目标和目标在角度上是不可分辨的, 且干扰信号波形的设计需防止距离分辨。

没有专门的单脉冲对抗拖曳式诱骗, 但武器系统可以借助曲线弹道和大弹头等措施减小其影响。

12.2.2 对抗编队干扰的 ECCM

单脉冲雷达对抗编队干扰的措施包括使用窄波束和阵列天线的自适应调零。窄波束是单脉冲对抗编队干扰主要的 ECCM。窄波束对编队干扰队形配置施加了紧约束条件, 如果不满足这一条件, 干扰将失败, 雷达能够建立和保持对单个目标的跟踪锁定。远距离时, 队形配置需求较易满足, 9.12 节 ~ 9.17 节讨论的多目标跟踪技术使编队打击变得更加困难。阵列天线可以使用自适应调零, 甚至在方向图的主瓣内产生一个或多个零值。零值位置随发射高占空比信号干扰机的角度自适应改变。自适应调零的相关论述很多[4-7]。大多数自适应调零方法需要多个子阵, 否则就是单个的阵元, 其输出通过各接收机进入波形处理器, 并计算复权重, 合成波束。对于单脉冲雷达, 和差方向图必须由自适应权重形成, 并对处理过程进行约束, 以保护单脉冲选择目标时的角度估计性能。

12.2.3 交叉眼干扰

交叉眼干扰机提高扩展目标固有的角闪烁误差 (参见 10.5.1 节)。如果来自两个相同目标源的信号以相反的相位到达雷达天线, 则会产生最大误差 (图 9.3)。根据式 (9.8b) 和式 (9.9b), 相对于两个源中心点的跟踪角误差 ε_θ 可表示为

$$\varepsilon_\theta = \frac{\Delta\theta}{2}\text{Re}\left(\frac{1-p\text{e}^{\text{j}\phi}}{1+p\text{e}^{\text{j}\phi}}\right) = \frac{\theta}{2}\left(\frac{1-p^2}{1+2p\cos\phi+p^2}\right) \tag{12.1}$$

式中: $\Delta\theta = L/R$, L 为两点源间距; R 为雷达和目标间的距离; p 为两点源的幅度比; ϕ 为两点源的相位差。

交叉眼干扰机从单个平台创造干扰条件, 即从两个分离的天线 (如飞机的机翼) 相干辐射相关的转发信号。如果这些信号产生的干涉方向图的零值位于雷达天线内, 那么和信号 s 会衰减而差信号 d 将得到增强, 从而导致大误差。应用这种干扰机的难点在于天线对的干涉零值必须位于能够对雷达天线产生最大影响的位置, 这需要两个发射信号到达雷达的相位差 $\phi \approx 180°$, 且幅度近似相等 $p \approx 1$。

误差的大小和幅度相位中产生给定误差的公差, 可以通过式 (12.1) 估计。对于完美的反相源 $\phi = \pi\mathrm{rad}$, 当目标距离为 R、目标扩展长度为 L 时, 交叉距离误差 $\varepsilon_x = R\varepsilon_\theta$:

$$\varepsilon_x = \frac{L}{2}\left(\frac{1+p}{1-p}\right) \approx \frac{L}{1-p} \tag{12.2}$$

其中, 近似假设 $p \approx 1$。

举例来说, 假设防空导弹弹头的杀伤半径是 15m, 至少需要 60m 的脱靶距离才能保证飞机目标的生存。对于翼展 $L = 15$ m 的飞机, 若主要干扰方式为交叉眼干扰, 交叉眼增益和相位容限的详细说明如下:

(1) 如果两个转发器输出的相位差刚好是 $\pi\mathrm{rad}$, 它们的幅度必须在 ±2.2 dB$(0.778 < p < 1.286)$ 范围内近似相等。交叉眼零值必须精确指向雷达天线中心位置, $p = 0.778$ 或 1.286 时, 零深为两个源的和值以下 12.2 dB。

(2) 如果幅度差异为 1.0 dB$(p = 0.891$ 或 $1.122)$, 相位差 ϕ 必须在 $\pi \pm 0.125$ rad$(180° \pm 7.16°)$ 范围内。这样的话, 1.0 dB 的幅度比接近最优值, 因为幅度比更接近于 1, 误差尖峰变得更窄, 容许的相位误差减小。零值深度在两个源相干叠加的和值以下 18.8 dB。飞机翼尖天线的间距符合 $\Delta\phi = 2\,\pi L/\lambda$, 或者 X 波段的 $1000\,\pi\mathrm{rad}$。指向零值的容限是相对于雷达天线中心的 $(\pi - \phi)/\Delta\phi = \pm40\mu\mathrm{rad}$。如果能够保持这些容限, 如果交叉眼输入和通道的结果超过回波信号很多, 则由于误差随着相位和幅度的变化而变化, 从而导致雷达产生误差、失锁。

关于交叉眼干扰机的更详尽的解释可参考文献 [7]。

式 (12.1) 和式 (12.2) 给出的交叉眼误差主要基于如下假设: 和通道内目标回波信号不存在或相对于交叉眼干扰非常小。这允许式 (12.1) 接近于 0(±0.125), 以产生交叉距离误差 $\varepsilon_x = 4L$。根据文献 [1] 第 259 页的论述, 有效的交叉眼干扰必须超过目标回波 20 dB。如果使用距离或多普勒欺骗拖引跟踪门远离目标回波, 上述要求可减少至 6 dB。

交叉眼干扰机的运用是困难的, 实用的方法受所有权和分类的限制。图 12.1 给出了基本方法。两部天线的每一部通过波导和循环器与一个转发放大器的输入和另一个的输出相连, 以便通过一部天线接收的信号放大后再通过另一部转发出去。如果两部天线间的路径完全相等, 转发的信号将相干叠加到雷达上, 只不过一条路径引入了 180° 的相移。飞机姿态的变化并不会破坏 180° 的相位关系, 因此, 全部必要条件包括: 保持在雷达方向上足够的天线增益, 两个转发信号间的近似幅度一致性, 以及足够的增益以使信号成为雷达回波的主要部分。

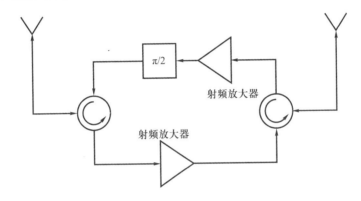

图 12.1 干扰机相位差 $\phi = 180°$ 时的交叉眼转发器基本框图

为避免形成自激振荡, 必须用一个大于转发放大器增益的因子将交叉眼天线输出隔离。转发器的总增益 G_{rep} 可定义为雷达方向上的有效辐射功率 $P_{\mathrm{j}}G_{\mathrm{j}}$ 与来自雷达的输入信号功率 S_{rj} 的比。Schleher[8] 给出了转发器雷达有效散射截面积 σ_{e} 的表达式:

$$\sigma_{\mathrm{e}} = \frac{G_{\mathrm{rep}}\lambda^2}{4\pi L_{\mathrm{pol}}^2} \tag{12.3}$$

式中: $L_{\mathrm{pol}} \geqslant 1$ 为干扰机到雷达的单程衰减, 由干扰机天线可能的极化失配所致。转发器增益为发射、接收天线增益和放大器增益 G_{e} 的乘积:

$$G_{\mathrm{rep}} = G_{\mathrm{jr}}G_{\mathrm{jt}}G_{\mathrm{e}} = G_{\mathrm{j}}^2 G_{\mathrm{e}} \tag{12.4}$$

式中: 假设发射增益 G_{jt} 和接收增益 G_{jr} 相等。因此, 为获取有效干扰所

需比例 $\sigma_e/\sigma = r_\sigma(= 4 \sim 100), G_e$ 应为

$$G_e = \frac{4\pi L_{\text{pol}}^2 \sigma}{G_j^2 \lambda^2} r_\sigma \tag{12.5}$$

举例如下。假设:

(1) 极化失配 $L_{\text{pol}} = 3$ dB;

(2) 目标散射截面积 $\sigma = 1$ m^2;

(3) 干扰机天线增益 $G_j = 6$ dB;

(4) 波长 $\lambda = 0.03$ m;

(4) 所需散射截面积比 $r_\sigma = 6$ dB (将目标回波拖离跟踪门)。

则 $G_e = 1.4 \times 10^4 = +41.4$ dB。为防止自激振荡, G_e 与天线间 (循环器隔离的终端间) 耦合的乘积必须小于 1, 这增加了循环器和天线 (包括与飞机结构的耦合) 的设计难度。可以通过细致设计与高速整流 (选通) 的结合来解决这一难题, 高速整流在一个给定的时刻只允许一个放大器工作。

12.2.4　镜面反射干扰

第 11 章讨论了低俯仰角下存在多径时的单脉冲跟踪问题。低角度目标可增加跟踪误差, 通过朝向平面发射干扰则具有破坏跟踪环的潜力, 主要是增加了式 (11.3) 和式 (11.4) 中反射的方向信号的比值 p。当 p 超过 1 时, 跟踪点从目标移至其镜像。镜面反射干扰示意图如图 12.2 所示。

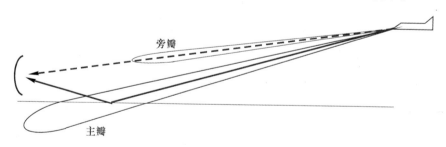

图 12.2　镜面反射干扰示意图

镜面反射干扰的主要问题是: 保证干扰机发射信号的旁瓣沿着干扰机至雷达方向, 如图 12.2 虚线所示, 且为指向平面由平面反射的主瓣的一小部分; 将雷达主瓣方向改变到反射镜像上, 在干扰开始前, 雷达主瓣可能一直在跟踪目标。比值 p 为

$$p = \rho\sqrt{G_{\text{mlj}}/G_{\text{mlj}}} \tag{12.6}$$

式中: $G_{\text{mlj}}, G_{\text{slj}}$ 分别为干扰机天线主瓣和旁瓣功率增益; $\rho = \rho_0 \rho_{\text{v}}$ 为镜面菲涅耳反射系数 (图 11.2) 和植被系数 ρ_{v} 的乘积, $\rho_{\text{v}} < 1$ 适用于大部分地物表面。当目标俯仰角约小于 $0.7\theta_{\text{bw}}$ 时, 反射干扰将进入雷达天线主瓣内, 且当 $p > 1$ 时, 跟踪会快速跳转至镜像角 (或漫反射条件下跳转到反光平面的峰值强度处)。当目标俯仰角超过了 $0.7\theta_{\text{bw}}$, 雷达能够保持对目标的角度分辨, 这时需要更强的反射信号改变雷达的跟踪角。

强漫反射情况下, 对 $0.7\theta_{\text{bw}}$ 以上的目标, 更容易将跟踪点跳转至镜像。如图 11.15 所示, 漫反射一般向上扩展, 从镜像到地平线, 且当在一个高的俯仰角, 大约 $1.4\theta_{\text{bw}}$, 跟踪目标时, 漫反射的一部分功率能够进入差方向图的低主瓣。在这种情形下, 比值 $G_{\text{mlj}}/G_{\text{slj}}$ 略大于所需比值, 对 $0.7\theta_{\text{bw}}$ 以下的目标, 有必要将跟踪点从目标处移至镜面以下。

单脉冲雷达对抗镜面反射干扰的措施包括: 减少地面植被的镜面反射系数; 使用垂直极化。在海上、荒地上或雪地上的跟踪, 排除对植被吸收依赖。利用伪 Brewster 角附近垂直极化下散射系数的衰减, 是最小化跟踪雷达多径误差的标准应用, 尤其是对 1° 以上俯仰角的情形, 可使镜面反射干扰更加困难。第 11 章所描述的某些多径补偿技术, 同样可减少镜面反射干扰的影响。它们可阻止跟踪镜像, 但仅能减小多径, 而不能消除误差。

镜面反射干扰可以是噪声干扰 (功率超过雷达回波), 也可以是转发干扰。噪声的使用可保证雷达不能利用转发延迟和发射延迟之和进行直达信号的前沿跟踪。

12.2.5 收发分置干扰

镜面反射是收发分置干扰的一种形式, 但仅限于针对低俯仰角目标。在高处, 可以通过反射箔条干扰信号来增加单脉冲雷达的角误差。文献 [9] 第 502 页讨论了有效实施这种干扰方式所需的条件。被保护目标上的干扰机主瓣照射到箔条团上, 而干扰机只通过旁瓣直接照射到雷达上。若距离雷达 R_1、距离被保护目标 R_2 的箔条散射截面积为 σ_{b}, 目标距离雷达 $R \approx R_1$, 则收发分置干扰功率与雷达直接接收到的干扰功率比为

$$\frac{J_{\text{b}}}{J_{\text{d}}} = \frac{\sigma_{\text{b}} G_{\text{mlj}}}{4\pi^2 R_2^2 G_{\text{slj}}} \tag{12.7}$$

式中: $G_{\text{mlj}}, G_{\text{slj}}$ 分别为干扰机天线主瓣和旁瓣功率增益。

在距离 R_2 处, 当 $J_{\text{b}}/J_{\text{d}} > 1$ 时, 武器将指向箔条, 从而达到保护目标的目的。

举例如下。假设:

(1) $\sigma_b = 100 \text{ m}^2$;

(2) $R_2 = 500 \text{ m}$;

(3) $J_b/J_d = 2$。

则干扰机主旁瓣之比应为 $G_{\text{mlj}}/G_{\text{mlj}} = 6.3 \times 10^4 = 48$ dB。收发分置干扰功率应足够大,以隐蔽飞机回波。传递到雷达的收发分置干扰功率为因子 $\frac{\sigma_b}{4\pi^2 R_2^2} = 3 \times 10^{-5}$ 乘以自卫干扰模式下相同干扰机主瓣照射雷达的功率。因此,相同距离下,收发分置干扰所需功率要比自卫干扰多 45 dB。

收发分置干扰模式的优势在于它能够防止干扰跟踪技术对目标角度的测量。其缺点是,在不超过 500 m 距离条件下,需要在干扰机主瓣内形成大散射截面积的箔条团。如果干扰机主瓣增益为 30 dB (旁瓣为 –18 dB),相应波束宽度 5°,距离目标 500 m 时,箔条散射面应当在 40 m × 40 m 波束范围内。假定近似球形的箔条团,所需密度为 ≈ 0.0024 m²/m³, 远高于箔条走廊所需。因此,飞机必须连续发射多个箔条包,以维持收发分置干扰。正因如此,利用箔条的收发分置干扰看起来很难对单脉冲雷达构成威胁。

于是,有人建议,将角反射器或类似形状的后向反射器置于被保护飞机所发射的平台上,可以克服将箔条作为收发分置干扰源的限制。这种方法的一个难题是要将反射器反射功率集中到雷达方向,而不是在受扰雷达所在的一个大的角度范围内散射。在飞机靠近雷达的情形下,把反射器拖曳在飞机后面而飞机持续靠近雷达会比较有效。边长为 $a = 0.25$ m 的三角形角反射器,X 波段的散射截面积为 $\sigma = 18$ m²。反射波束宽度为 4°,反射器与飞机连线应当保持在飞机与雷达连线 ±2° 范围内才能用于收发分置干扰。对合理的拖曳线长度,这会违反在模糊距离内武器瞄准反射器而避免击中目标的要求。

12.3 利用雷达缺陷

尽管接近理想化的单脉冲运行需求是众所周知的,且技术上可实现,但大多数实际的单脉冲雷达仍被迫在成本、重量、复杂性、可维护性和组件与分系统的可生产之间进行折中。这给灵巧式干扰技术的发展创造了机会,灵巧式干扰可以减少或阻止军事系统所需的角度数据,耗费不大就能成功对抗一般的单脉冲雷达。这种特殊的 ECM 设备设计者担负着使干扰成功概率足够高的重任, 以证明生产并将这些设备安装于那些作为单脉冲雷达目标的飞机或者其他平台上的投资是值得的。因此, 需要关于设计特征、产品限度和受扰雷达实际运行等的详细信息, 这些信息可以通过推理或利用实际装备来获取。数控 ECM 设备程序化灵活发射信号以及观测对雷达运行影响的能力, 是成功实施干扰的重要因素。雷达设计者在程序化可变波形产生、接收和处理设备等方面的设计能力在 ECM 的对抗中同样重要。

12.3.1 交叉极化干扰

有时认为交叉极化干扰是一种通用的单脉冲 ECM 技术, 但许多现代单脉冲雷达对这种干扰的响应无关紧要, 这里只把它列出来作为一种利用设计缺陷的干扰技术。通过发射与雷达信号极化正交的强信号进行角度欺骗的原理可参考文献 [1] 第 238-253 页。

10.4.3 节讨论了天线对交叉极化回波分量响应的影响。对于反射到雷达孔径的与雷达所设计极化正交的目标分量, 只有一小部分被天线接收。天线的交叉极化和方向图与通常的差方向图类似, 关于中心对称, 且在射束轴上有零值, 零值两边为正副旁瓣。交叉极化差方向图在射束轴上有一个波瓣 (图 10.9)。在输入包括交叉极化分量 e_{cp} 的情况下, 归一化的单脉冲输出 d'/s' 为

$$\frac{d'}{s'} = \frac{ed + e_{\mathrm{cp}}d_{\mathrm{cp}}}{es + e_{\mathrm{cp}}s_{\mathrm{cp}}} \approx \frac{d}{s} + \frac{e_{\mathrm{cp}}}{e}\frac{d_{\mathrm{cp}}}{s} = \frac{d}{s} + \varepsilon_{\mathrm{cp}} \tag{12.8}$$

式中: e, e_{cp} 分别为预定极化和交叉极化内的场强; $d, s, d_{\mathrm{cp}}, s_{\mathrm{cp}}$ 分别为不同极化方式下差与和的天线电压响应; $\varepsilon_{\mathrm{cp}}$ 为误差项, 近似假设 $e_{\mathrm{cp}}s_{\mathrm{cp}} \ll es$。因此, 角度误差为

$$\sigma_\theta = \frac{\theta_{\mathrm{bw}}}{k_{\mathrm{m}}\sqrt{2}}\frac{e_{\mathrm{cp}}}{e}\frac{d_{\mathrm{cp}}}{s} \tag{12.9}$$

对典型单脉冲天线来说, 靠近天线射束轴, 极化响应比 d_{cp}/s 为 $-30 \sim -40\,\mathrm{dB}$, 因此, $e_{\mathrm{cp}}/e < 1$ 时, 误差一般较小。

交叉极化干扰机通过发射与所设计雷达天线极化正交的信号, 利用单脉冲天线的交叉极化响应, 使 $e_{\mathrm{cp}} \gg e$。如果比值 e_{cp}/e 超过了 $30 \sim 40\,\mathrm{dB}$, 式 (12.9) 所示误差将达到或超过半个波束, 跟踪将变得不稳定, 有可能丢失目标。

当交叉极化输入很大, 式 (12.8) 分母中的 $e_{\mathrm{cp}}s_{\mathrm{cp}}$ 不能被忽略。当它大到占据和差通道输入的大部分的时候, 单脉冲输出 d'/s' 会有一个尖峰在

射束轴正负两侧跳转, 在半功率点附近形成两个零值点。依赖于 d'、s' 波瓣相对相位, 这些零值可能是稳定的跟踪点或不稳定的跟踪点, 趋向于使天线远离目标。

图 12.3 所示为转发正交极化雷达信号的基本方法。图中, 接收 45° 和 135° 线极化的天线通过循环器与一对射频放大器相连, 以使 45° 分量按 135° 再发射出去, 反之亦然。避免自激振荡的问题与 12.2.3 节描述的交叉眼干扰机类似。预定极化方式的目标回波可克服干扰的影响, 因此, 这种情形下, 仍需要结合距离或多普勒欺骗把跟踪波门拖离目标, 仅余纯粹的交叉极化干扰作为输入。若要和通道天线对交叉极化信号的响应较小, 与不使用交叉极化干扰相比, 交叉极化干扰需要使用功率大得多的距离或多普勒欺骗过程, 但在转发器中, 这种功率水平可以很容易达到。

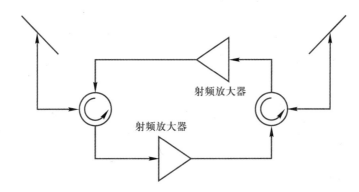

图 12.3   交叉极化转发器的基本结构

单脉冲雷达对抗交叉极化干扰的基本方法是最小化天线的交叉极化响应。在抛物面反射天线中, 这种响应 (所谓的 Cadon lobes) 是由平面曲率导致的, 较高的 f/D 可减少之。卡赛格伦天线使用了极化扭曲技术 (参见图 4.6), 副反射器不能将交叉极化分量反射至馈源, 从而可免于遭受交叉极化干扰。双极化天线模式提供了两种极化方式下的精确跟踪能力, 但复杂性和造价阻碍了这种方法的广泛应用。

许多单脉冲机载雷达和导引头天线使用由缝隙波导组成的平板天线。除存在交互作用的外围 (结构边缘) 附近的缝隙阵元外, 这种天线具有纯粹的极化。特别是在相对较小的导引头天线中, 这会产生较强的交叉极化响应。天线屏蔽器也是一个交叉极化响应源, 特别在需要厚长天线屏蔽器的高速导弹中。

可以将地基相控阵天线设计成具有低的交叉极化响应, 特别是如果它们足够大, 则只有接近边缘处的很少一部分阵元受影响。7.3 节描述了该设计, 使用带极化转接的圆极化 (Circular Polarized, CP) 法拉第旋转相移器, 可以很好地对抗交义极化干扰。只有正确的圆极化, 阵元才会把信号聚焦到馈源。另外, 到达转接栅格的圆极化错误感测信号将被传递到发射机, 而不是接收机。

12.3.2 利用相位和增益的不一致性

第 8 章和 10.4.1 节讨论了和差通道接收机不一致性的影响。相位不一致改变了大多数类型处理器的单脉冲校准曲线, 引入偏轴测量误差。它与比较器误差相结合也会导致偏差。这些影响通常较小, 但如果通道间的相移逼近或超过 45°, 对伺服环增益的影响会导致不稳定性。如果相移达到 90°, 则单脉冲输出降为零, 超过 90°, 误差自动检测倒转, 在射束轴上引入不稳定的零值。目标跟踪点将在主瓣边缘附近 d/s 曲线某个相反斜率的零值上。

有一种称为 "边频干扰" 的对抗技术可以引入 90° 的相位差, 其转发器或其他干扰源响应来自雷达的辐射信号, 通过估计其中心频率, 将干扰频率置于接收机通带的边缘。图 12.4 所示为边频干扰时, 多参差调谐滤波器的典型响应下, 中频接收机的幅相特性。由于所设计的这两个通道中的滤波器对多数响应来说具有相同的幅相特性, 在相位随频率变化较快的

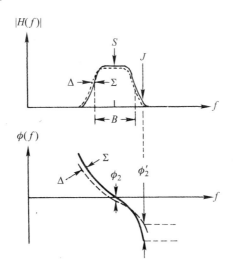

图 12.4　边频干扰

边缘区域, 很难足够精确地控制保持匹配。这一区域的干扰信号有可能以 90° 的相对相位通过和差通道。干扰机必须事先已知接收机响应特性, 以利用其缺陷, 但也有可能用不同的偏移频率探测雷达, 直至检测到跟踪干扰, 然后使用这一频率实施连续干扰。

对抗这种技术的雷达是设计和构建用于避免响应带宽内各处近 90° 的相位差的滤波器。如果不能实现, 有可能在每个通道内放置一个窄的单调谐滤波器, 该滤波器位于多个滤波器 (在重要响应带宽内的相位只在 ±90° 内变化) 带宽中心。这种类型的滤波器保持通道间的相位匹配。使用脉冲压缩的现代雷达带有复杂的滤波器, 可以比早期雷达使用的参差调谐滤波器更好地保持通道间的匹配。

12.3.3 利用 AGC 响应

单脉冲雷达常用的归一化方法是以和通道输出的 AGC 控制电压为基准控制 3 个接收机的增益。瞬时 AGC (使用脉宽内的一小部分时间常数) 是可能的, 10.1.10 节表明, 对起伏目标, 这种处理会增加跟踪误差, 因此, 通常在至少数个脉冲时间内使用平均 AGC 代替同步 AGC。这种 AGC 为 "间隙干扰" 的应用提供了可能 (参见图 12.5)。

图中, 干扰机工作的占空比为 40%, 所选时刻与 AGC 响应时间相匹配。所示电压代表了信号、噪声和干扰脉冲串的包络。当高幅度的转发干扰出现在接收机距离门 (其增益设置满足把目标回波置于接收机可用响应

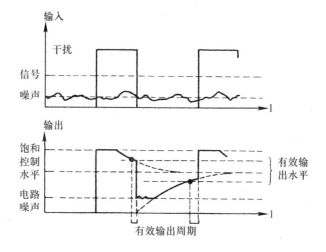

图 12.5　AGC 干扰技术

距离的要求) 内时, 接收机将处于饱和状态。在一个或两个 AGC 时间常数后, 增益减少, 只有对干扰信号的跟踪数据可用。这时, 干扰关闭, 接收机输出减少至可用距离以下。再经过一个或两个时间常数, 增加 AGC 增益, 把目标回波置于可用距离, 干扰机再次开启使 AGC 饱和。如果干扰机开关时机相对于 AGC 攻击和恢复时间常数的选择正确, 可跟踪输出周期减少, 角度跟踪环不能运行。

对抗这种干扰的措施是增加雷达可跟踪输出的动态范围, 使用瞬时 AGC 或对数归一化, 容许起伏误差, 或使用可选择的时间常数以降低干扰影响。干扰机设计者或操作人员必须了解 AGC 时间常数, 以选择合适的干扰开关时机, 如果未知该信息, 那么就无法确定干扰效果。当雷达使用多普勒处理 (如 MTI) 抑制杂波时, 接收机增益必须在多普勒电路相参处理的过程中保持恒定。如果处理过程中增益发生变化, 杂波抑制可以适当做出让步, 因此, 主被动复合干扰使得抗干扰更加困难。

12.3.4　利用镜频响应

镜频干扰机发射信号的中频偏离雷达接收机本振, 在与雷达发射信号频率对称的另一边。目的是反转相敏误差检测器输出的极性, 在跟踪轴上产生不稳定的零值。这种技术比较适用于以下情形: 在每个接收机通道内, 比较器的和差输出 (射频相对相位 90°) 在经过 90° 的中频相移后同相。镜频处的强干扰输入可以克服目标误差信号, 并迫使跟踪点指向主瓣边缘附近的不稳定零值。中频信息是需要的, 但如果该信息未知, 则干扰机应能通过偏移接收雷达频率进行探测, 直至检测到跟踪干扰。

雷达对抗这种干扰的方法主要有: 使用射频预选择滤波器从输入到混频排除镜频分量, 或者在一个接收机中的射频而不是中频部分放置一个 90° 移相器。这样, 接收机的镜频输出就具有和正常输出相同的相位, 并允许雷达正常跟踪目标回波。AN/FPS-16 雷达使用了这种方法, 其中, 比较器输出相位与每个差通道射频部分的相移, 以及带中频移相器的接收机内部相移相同。这种方法允许宽带被动跟踪宽带噪声干扰机和镜频干扰机。

固定调谐射频预选器的使用限制了雷达系统的调谐带宽 (小于 2 倍的中频)。可调谐的预选器通常不实用, 因为其损失和机械调谐滤波器受有限调谐率的影响。现代雷达倾向于使用具有较高频率一级中频的双转换接收机, 以在滤除镜频分量的同时允许电调频覆盖 10% 的带宽。

12.3.5 双频干扰

缺少射频预选器时, 雷达接收机容易遭受 "双频干扰" 技术的攻击。在双频干扰中, 两个强信号被雷达中频分开, 可位于雷达射频通带内的任意位置[1,p253-256]。为在单脉冲接收机混频器内产生交叉项, 压制目标回波, 需要高干扰功率。输出相对相位不再由雷达比较器输入 d 和 s 的相位决定, 也就不可能实现误差检测。

雷达对抗双频干扰的措施包括: ① 增加一个比中频带宽窄的射频预选器; ② 利用形成天线和差方向图的合成波束对的比幅。措施 ① 最好与双转换接收机和第一中频一起使用, 以保证雷达在大带宽内的可调谐性。如果与合成波束相关的端口可用, 那么措施 ② 是一种替代方法。

12.3.6 转接频率干扰

双通道单脉冲系统, 如圆锥脉冲 (8.17 节), 结合了比较器的两个差输出, 允许只用两个接收机通道而不是三个。这大大增加了差通道连接器的转接频率遭受干扰的风险。如果两个接收机通道完美匹配, 调幅干扰将不会导致误差。但如果通道间不平衡, 调幅的一部分将出现在输出中, 从而导致角度误差。原则上, 转接频率不会出现于雷达发射信号中, 但大多数情形下, 某些泄露或失配会导致小部分调制分量出现在发射信号中, 干扰机可以检测并利用这一点。类似地, 如果三通道单脉冲使用转接去除检测器偏移误差 (8.12 节), 那么, 也会存在这样的风险。这种情形下, 调幅干扰产生的误差较小, 但对于增加指令制导导弹或火炮的脱靶量来说足够了。

参考文献

[1] A. I. Leonov and K. I. Fomichev, *Monopulse Radar*, Moscow: Soviet Radio, 1970, (in Russian). Translation by W. F. Barton, Norwood, MA: Artech House, 1986.

[2] D. K. Barton, "Passive Radar Tracking Apparatus," U. S. Patent 3, 196, 433, July 20, 1965, filed December 4, 1962.

[3] D. C. Schleher, *Electronic Warfare in the Information Age*, Norwood, MA: Artech House, 1999.

[4] R. L. Haupt, "Adaptive Nulling in Monopulse Antennas," *IEEE Trans. on Antennas and Propagation*, Vol. AP-36, No. 2, February 1988, pp. 209–215.

[5] D.-C. Chang, K.-T. Ho, and C.-I. Hung, "Partial Adaptive Nulling on a Monopulse Phased Array Antenna System," *IEEE Trans. on Antennas and Propagation*, Vol. AP-40, February 1992, pp. 121–125.

[6] R. L. Fante, "Synthesis of Adaptive Monopulse Patterns, *IEEE Trans. on Antennas and Propagation*, Vol. AP-47, No 5, May 1999, pp. 773–774.

[7] W. P. Plessis, J. W. Odendaal and J. Joubert, "Extended Analysis of Retrodirective Cross-Eye Jamming," *IEEE Trans. on Antennas and Propagation*, Vol. AP-57, September 2009, pp. 2803–2806.

[8] D. C. Schleher, *Introduction to Electronic Warfare*, Norwood, MA: Artech House, 1986.

[9] D. K. Barton, *Modern Radar System Analysis*, Norwood, MA: Artech House, 1988.

第 13 章

单脉冲在跟踪雷达中的应用

AN/FPS-16 是 20 世纪 50 年代设计的距离测量雷达, 前面的章节多次提到它并将其作为单脉冲跟踪雷达的例子。本书所涉及的该雷达技术细节有助于许多原理的阐释和讨论。该雷达服役了五十年以上, 至今仍工作于美国本土和国外靶场。美国和其他国家设计了一些相似的应用于测量或者军事领域单脉冲雷达。

本章将回顾除 AN/FPS-16 以外的一些单脉冲跟踪雷达实例。13.1 节将介绍包括采用相控阵列技术的雷达在内的地基单脉冲雷达, 13.2 节将介绍机载雷达。最后一节将讨论一类数量远多于地基和机载雷达的单脉冲雷达 —— 自寻的导引头, 它可以攻击空中和地面目标。

13.1　地基单脉冲跟踪雷达

13.1.1　AN/FPS-49 和 TRADEX 雷达

AN/FPS-49 搜索/跟踪雷达由美国无线电公司 (RCA) 于 20 世纪 50 年代设计制造, 它是弹道导弹预警系统 (Ballistic Missile Early Warning System, BMEWS) 的组成部分。它被认为是 AN/FPS-16 雷达在 UHF 频段的大尺寸扩展, 对于 1 m² 目标, 其探测距离从 200 km 增加到 4000 km (相当于雷达方程中尺度参数增加了 52 dB)。其中, 25 dB 来自从 1 kW 到 300 kW 的平均功率增益; 17 dB 来自天线直径从 12 英尺到 84 英尺 (从 3.6 6m 到 25.6 m) 的天线孔径面积增益; 7 dB 是噪声水平从 10 dB 下降到 3 dB 所致, 剩下的 3 dB 由更长的积累时间所致。图 13.1 所示为 TRADEX

雷达[1,2], 其设计基础为 AN/FPS-49, 但是它也包含了 L 波段、多极化和脉冲多普勒跟踪, 用于夸贾林环礁试验靶场对再入飞行器的特征测量。

图 13.1　夸贾林环礁上的 TRADEX 雷达

AN/FPS-49 弹道导弹预警系统雷达的天线与之相似, 但为了适应北方的环境增加了刚性雷达天线罩。

　　TRADEX 是第一个采用了脉冲多普勒跟踪技术的单脉冲雷达, 证明了在整个多普勒滤波过程中可以保持单脉冲接收机所需的相位匹配。馈源采用的是图 4.11 所示的五喇叭结构, 只通过中心喇叭进行发射。该雷达包括了把 45° 或 135° 线性极化转换成右旋或左旋圆极化的设备。和 AN/FPS-49 一样, 用于发射差方向图的喇叭在方位坐标下采用的是水平极化, 在俯仰坐标下采用的是垂直极化。因此, 在每一个坐标下只有一半的回波信号能量对差通道有贡献, 但是馈源喇叭和比较器网络得到了简化。对于 BMEWS 系统, 有必要采用圆极化以使目标检测敏感于电离层的法拉第旋转。历经多次修正和升级后, TRADEX 至今仍在服役, 而 AN/FPS-49

雷达则已被相控阵系统取代。

13.1.2 "爱国者" AN/MPQ-53 多功能雷达

"爱国者" 地空导弹系统 (图 13.2) 中的 AN/MPQ-53 雷达是一个真正意义上的多功能雷达, 它可以实现系统所需的搜索、多目标跟踪和导弹制导等功能。阵列为采用了图 6.9 所示的五层单脉冲馈源的空间馈电透镜。由图 13.2 可以看到, 馈源位于装备防护罩顶部的上方。其设计在很大程度上借鉴了 Hannan 在 Wheeler 实验室提出的多模技术[3]。阵列使用了 5500 个单向自锁式铁氧体移相器, 通过装有环形波导元件的介质向天线前面的空间辐射垂直极化波。聚焦于馈源的后向散射通过印刷偶极子进行。由于设置用于发射的移相器必须能用于接收, 所以把发射喇叭和接收喇叭成对组装在一起是可行的, 如图 6.9 所示, 这样可避免使用循环器或者高功率转接装置。这项技术就是著名的 "空间转接技术", 它减小了发射和接收中的路径损失, 同时允许更精细的单脉冲喇叭设计, 从而避免使用高功率的发射喇叭。接收机输入端仍需要固态接收机保护措施 (使能量从透镜反射出去)。

图 13.2 "爱国者" AN/MPQ-53 雷达 (图片由美国雷声公司提供)

单脉冲可以跟踪多达 100 个目标, 其中能同时跟踪 9 个目标。由于大多数跟踪通过单个脉冲的发射实现, 利用馈源前端的瞬时 AGC 可实现单脉冲输出波形的归一化。图 13.2 所示大的辅助天线与导弹导引头在 TVM (Target-Via-Missile) 模式下进行通信。在这种半主动寻的模式下, 主阵列发射波形的回波在导引头天线中进行采集、放大, 然后利用 TVM 链路传到雷达上, 并在计算返回到导弹的加速指令之前进行单脉冲处理。由于导弹可能位于主天线的波束宽度之外, 所以需要一个独立的 TVM 天线。5 个较小的辅助天线可为旁瓣对消 (SLC) 环路提供输入, 同时能保护主天线通道免受干扰。这些环路将 3 个单脉冲通道的干扰都置零。

13.1.3　俄罗斯地空导弹 (萨姆) 制导雷达

空间馈电阵列最初出现在 "爱国者" 雷达中, 在俄罗斯设计制造的地空导弹制导单脉冲雷达中得到发扬。主要的雷达实例包括 SA-10 和 SA-20 系统中的火控雷达, 北约将其命名为 Flap Lid 和 Tombstone (见图 7.2)。这些系统透镜天线的尺寸大致和 "爱国者" 相同, 工作在 X 波段, 由 10000 个阵元组成, 其中移相器为法拉第旋转型。与美国同类型系统中的 C 波段和 S 波段相比, X 波段可以使天线具有更窄的波束、更高的有效发射功率和更好的角精度。每个系统的单脉冲雷达需要独立的搜索雷达来指定跟踪目标。

单脉冲馈源采用 Hannan 提出的多层、多模原理, 优化了和差照度以平衡效率与差斜率, 预防溢出和锥度损失。图 7.3 所示雷达中的极化转换系统避免了大多数高功率雷达采用铁氧体循环器的损失。射频系统中的大多数损失来自阵列移相器, 因为它没有转换开关, 只能借助缩短波导长度、在极化栅格和透镜前端覆盖天线屏蔽器等使损失最小化。这种设计通过使用静电放大器作为低噪声射频预放大器, 避免了固态接收机保护器件中的损失, 静电放大器可抵挡透镜反射的所有能量, 并在低噪声系数下即时恢复放大接收信号。总的射频损失比美国空间馈电阵列少了 3 dB。

俄罗斯和中国的系列火控雷达, 如 SA-21 和 HQ-9 SAM 系统, 也使用了相同的阵列结构, HQ-9 SAM 系统工作在 C 波段而不是 X 波段。

俄罗斯 SA-12 火控雷达, 北约将其命名为 Grill Pan, 同样采用的是空间馈电透镜, 却是更普通的馈电方法 (图 13.3)。有两种可供选择的馈源: 一种位于透镜轴线上, 当具有图示倾角时, 可实现对空中目标的覆盖; 另一种支持高仰角目标倾角, 用于系统的弹道导弹防御模式。两种馈源都产生圆极化, 指向相反, 通过法拉第旋转移相器反射和接收。

图 13.3　SA-12 Grill Pan 火控雷达, 后面是 Bill Board 监视雷达[4]

如图所示, 敌我识别 (IFF) 天线置于雷达阵列的上方, 并且 3 个辅助天线连接到 SLC 系统上。这些平衡架用于机械控制, 使增益对准目标所在的扇区。对于爱国者系统中的辅助 SLC 阵列, 将它们的输出耦合到主接收机中时, 其增益不需要采用大权值, 接收机仅叠加了小的额外噪声分量。

13.1.4　"宙斯盾" AN/SPY-1 雷达

在海军火控系统中, 美国的 "宙斯盾" AN/SPY-1 及其系列雷达是多功能雷达的设计实例, 它们在跟踪模式下采用了单脉冲技术。图 13.4 所示为装备这些雷达的美国海军巡洋舰,可以看到后部和左舷的阵列天线。相似的一对八角形阵列覆盖前方和右舷的区域。每一对阵列将信号反馈到发射机上,该发射机包含 32 个正交场放大模块,每一个模块连接到具有 128 个阵元的发射子阵上。发射机输出按照特定的时序成对地从一个子阵切换到另一个子阵以覆盖 180° 的方位角扇区。额外的接收阵元使移相器的数量达到 4480 个,分成 140 个接收子阵,每个子阵有 32 个阵元。

图 13.4　美国海军宙斯盾巡洋舰,AN/SPY-1 雷达阵列位于后部/左舷

(图片由美国海军提供)

AN/SPY-1A 系统的馈源设计如图 13.5 所示。每 10 个行阵列中,由 32 个阵元组成的子阵成对连接到“魔 T”上。在一个子阵的各阵元上,引入 0° 的相位偏移 (发射脉冲期间) 或者 180° 的相位偏移 (监听周期期间),并连接到“魔 T”的发射或者接收端口。相邻的两对组合在一起 (128 个阵元) 并接收来自发射模块的信号,而保留了各接收机输出 (64 个阵元) 用于列接收馈源的合成。每个列馈源产生和与俯仰角差输出。10 列俯仰差输出在水平网络中合成,用于提供阵列的俯仰差信号。俯仰和输出传递到方位网络,产生阵列的方位角差与和输出。

在 AN/SPY-1B 及其系列雷达中,接收子阵的改进结构设计可以避免

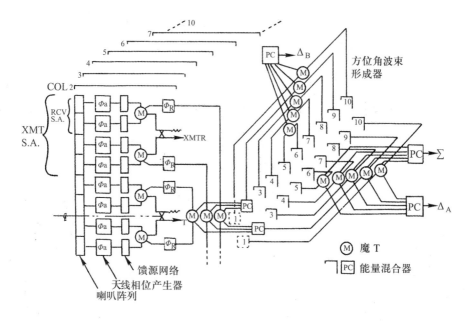

图 13.5 AN/SPY-1A 雷达阵列的馈源网络[5]

64 阵元接收子阵中等量加权的幅度量化效应。采用与图 7.8 相似的 Lopez 馈源网络,改进的子阵结构可以实现对单脉冲和差照度函数的优化。保留了 32 模块发射机设计,可以为天线阵列提供非常高的总输出功率,同时也可降低高能正交场放大器的故障发生率。

13.2 机载单脉冲雷达

13.2.1 多模战机雷达

近几十年,多模战机雷达随着战斗/攻击机上主要传感器的广泛使用而逐渐发展起来。事实上,所有这些雷达工作在 X 波段,其模式包括搜索、目标捕获、跟踪和地图测绘。在相控阵系统出现前,一个典型的例子是 AN/APG-63 (图 13.6)。照片显示了平板天线后面复杂的波导网络,该网络可以提供单脉冲差通道及用于非跟踪模式的和通道。这种雷达的单脉冲使用了两个接收通道,方位和俯仰 (俯仰与偏航) 坐标共享同一个差通道。

图 13.6 AN/APG-63 雷达, 带有天线罩和方便维护的可打开的设备隔舱
(图片由美国空军提供)

13.2.2 电扫战机雷达

多模机载雷达的现行标准需要电子扫描, 因此主动电扫阵列 (Active Electronically Scanned Array, AESA) 成为较适宜的方法。美国在这些系统的发展上居于前列, 但是当前设计的数种技术细节仍未公开报道。已经出现了描述俄罗斯 Zhuk-Me AESA 雷达的论文, 2005 年莫斯科航展中也展示了这种雷达的模型 (图 13.7)。

图 13.7 俄罗斯 Zhuk-ME AESA 雷达天线 (照片来自 2005 年莫斯科航展)

Zhuk-Me 是一种单脉冲阵列, 采用 7.4.1 节描述的四分馈源设计。文献 [6] 提出的和差方向图如图 13.8 所示, 非常接近于图 7.5 所示四分馈源照度函数的理论曲线。

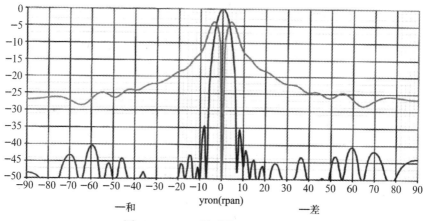

— 和   — 差

图 13.8   Zhuk 阵列的和差方向图[6]

13.3   单脉冲寻的导引头

美国的 Nike Ajax 和 Nike Hercules、俄罗斯的 SA-2 和 SA-3 等第一代地空制导导弹采用的是指令制导方式, 首先跟踪雷达 (Nike) 或者扫描波束 (SA-2, SA-3) 获取到目标或拦截导弹的数据, 然后雷达站将计算后的指令传到导弹上以控制其飞行。

Nike 火控雷达采用了单脉冲技术以满足这种制导模式的精度要求。SA-2 和 SA-3 雷达均采用扫描坐标下很窄的一对扇形扫描波束去跟踪目标和导弹。SA-10 系统最初使用指令制导导弹。在每种情况中, 雷达脱靶距离随着交战距离的增大成比例增加。这和俯仰测量中不可避免的多径误差共同限制了系统的打击距离, 从而排除了低海拔交战的可能性。

13.3.1   半主动寻的

SAM 系统采用寻的制导模式, 克服了指令制导误差。它们最初采用的是半主动模式, 在该模式下, 地基雷达对目标进行跟踪, 并且发射连续波照射目标, 导引头接收回波。美国的 Hawk 系统和俄罗斯的 SA-5 与 SA-6 均采用了这种方法。Hawk 和 SA-5 中, 雷达是连续波系统, 发射连续波为雷达和导引头的跟踪或寻的提供回波。SA-6 中，雷达跟踪发射脉冲的回波信号，在同一频段不同频率发射的连续波信号则注入到雷达天线但并不用于雷达跟踪。

　　早期的寻的系统采用的是圆锥扫描，随着技术的进步，逐渐为单脉冲寻的所代替。Hawk 和 SA-5 都采用了单脉冲导引头。更先进的美国 "爱国者" 系统采用了单脉冲波形。在这种情况下，导引头形成单脉冲和差信号，并且送往雷达进行处理，然后形成制导指令。SA-10 同样包括半主动寻的模式，其发射信号也是由雷达发射的，但不用于雷达跟踪。SA-12 系统也采用单脉冲导引头，包括独立于雷达的两个不同的天线和发射机。

　　采用了半主动寻的的空空导弹沿袭了与 SAM 相同的发展道路，最初是圆锥扫描，而后演变为单脉冲模式。关于美国导引头的数据较少，但是最近发表了一些关于俄罗斯导引头的文章。图 13.9(a) 所示为一种用于半主动寻的的导弹的特殊单脉冲天线。这可能是目前唯一一个由通用电子公司

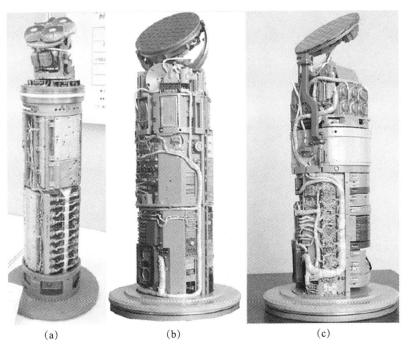

(a)　　　　　　　(b)　　　　　　　(c)

图 13.9　俄罗斯玛瑙公司生产的 3 种导引头

(a) 用于 "白杨" AA-10 的半主动导引头 9B-1101K; (b) 用于 AA-10 的主动导引头 9B-1348E;

(c) 用于 AA-12 的主动导引头 9B-1103K。

(图片由玛瑙公司提供)

在 20 世纪 50 年代设计的比相单脉冲天线系统例子 (见图 5.5)。

13.3.2 主动寻的

半主动寻的技术的局限性, 尤其在空空作战中, 促进了主动雷达导引头的出现, 它们大都采用了单脉冲技术。第一个批量生产的是美国的 AM-RAAM (命名为 AIM-120), 目前仍在广泛应用。它后来也被移植到地面防空系统 NASAMA (Norwegian Advanced Surface to Air Missile System)。主动导引头的资料也很稀少, 只有来自俄罗斯的销售资料。图 13.9(b,c) 所示的两种导引头将在雷达制导版的 AA-10 (北约命名为 Alamo) 和 AA-12 (北约命名为 Adder) 中使用。

单脉冲技术已经应用到空地导弹制导的毫米波 (MMW) 主动导引头中。图 13.10 所示为采用 25 cm 聚四氟乙烯绝缘透镜设计的实验型毫米波天线[7]。其波束宽度为 1°。一个独立的扇形波束喇叭天线也安装在固定的测试装置上。导引头框图如图 13.11 所示。发射机是一个雪崩二极管振荡器, 其峰值功率为 5 W, 脉冲宽度为 100 ns, 由可以产生 250 MHz 线性调频信号的斜坡脉冲驱动。第四个单脉冲通道, 即对角差通道, 在图中以进行标注, 可以用来对 4 个分量波束进行重建以达到实验目的。

图 13.10　实验性毫米波单脉冲导引头天线[7]

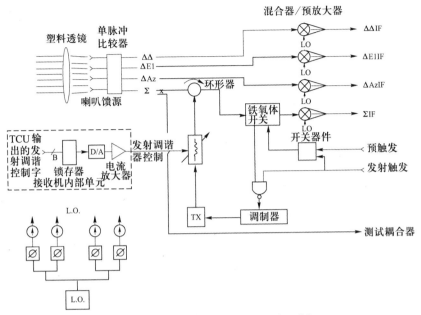

图 13.11 试验性毫米波导引头框图[7]

参考文献

[1] J. T. Nessmith, "New Performance Records for Range Instrumentation Radar," *Space/Aeronautics*, December 1962, pp. 85–93.

[2] G. W. Meuer, "The TRADEX Multiarget Tracker," *Lincoln Laboratory J.*, Vol. 5, No. 3, 1992, pp. 317–350.

[3] P. W. Hannan, "Optimum Feeds for All Three Modes of a Monopulse Antenna: Part 1, Theory and Part II, Pracctice," *IRE Trans. on Antennas and Propagation*, Vol. Ap-9, No. 6, September 1961, pp. 444–454 (Part I); pp. 454–461 (Part II).

[4] D. K. Barton, "Recent Development in Russian Radar Systems," *IEEE International Conf. Radar-95*, Washington, D. C., May 8–11, 1995, pp. 340–346.

[5] R. M. Scudder and W. H. Sheppard, "AN/SPY-1 Phased-Array Antenna," *Microwave J.*, May 1974, pp. 51–55.

[6] A. Dolachev, "X-Band Active Phased Array: Scope of Work Report," *Phazotron Information and Analytical Magazine*, Aero India 2007 Special Issue, pp. 17–22.

[7] J. A. Scheer and P. P. Britt, "Solid-State, 95 GHz Tracking Radar System," *Microw J.*, October 1982, pp. 54–59.

第 14 章

单脉冲在非跟踪雷达中的应用

本书关于单脉冲的讨论主要集中于跟踪雷达和导引头测量目标回波到达角的精度上。然而，单脉冲雷达的优点可以应用到其他类型的雷达中，本章简要介绍其中的某些应用。

14.1 单脉冲 3D 监视雷达

监视雷达是在大空间范围内对目标进行检测、定位和跟踪的雷达。这种类型雷达的跟踪通常采用 "边扫边跟" 模式[1,p1195]：自动目标跟踪处理中，雷达天线和接收机与内插测量一起为搜索扫描提供周期性视频数据，并作为计算机通道的输入以跟踪目标。

内插 (或 "波束分割") 测量可以采用脉冲串或一个或多个脉冲的单脉冲测量的信号幅度的读数形式。现代单脉冲监视雷达的发展趋势是充分挖掘单脉冲信息，提高角度估计精度，并在每一个波束位置只使用单个脉冲的那些雷达中进行内插。这里将该类型雷达作为非跟踪应用并加以讨论，这是因为雷达波束并不响应目标的存在，而是按照预先设定的程序进行扫描。关联计算机通过关联检测报告和它们的坐标、形成与期望目标类型动态属性相关的跟踪文件等来识别目标的存在。

14.1.1 扫描波束 3D 雷达: AN/TPS-59 和 AN/FPS-117

AN/TPS-59 3D 监视雷达是完全由固态电子电路实现的扫描波束系统。20 世纪 70 年代早期，为了满足海军需求，通用电气公司设计了该雷达。装在拖车上的天线 (图 14.1) 是 54 行天线阵，每一行由 28 个偶极子组成, 天线由发射/接收 (T/R) 模块驱动, 该模块由能产生 900 W 峰值功率的功率放大器和用于接收的低噪声放大器 (Low-Noise Amplifier, LNA) 组成。

图 14.1 AN/TPS-59 远距离 3D 监视雷达 (通用公司提供)

在正常监视模式中, 雷达在仰角范围内以笔形波束进行扫描, 包括覆盖从水平线到 8° 仰角区域的 8 个长距离波束, 和覆盖从水平线到 19° 仰角区域的 11 个短距离波束。低波束的重叠覆盖是必要的, 因为用于长距离检测的长脉冲会导致 150 km 以上目标的遮挡。天线可以在 360° 方位范围内连续旋转, 俯仰扫描的间隔是 2.3°, 约等于方位波束宽度的 72%。长距离波束接收单个脉冲, 在不同频率处分成若干子脉冲, 其回波进行非相干积累。大多数短距离波束也接收单个脉冲, 但是最低仰角的 3 个波束接收 3 个脉冲以支持 MTI。利用图 14.2 所示的反馈网络, 单脉冲可应用于方位和俯仰。每一个行反馈网络将阵元耦合到和及方位差端口。和端口通过环行器与电子模块的功率放大器和 LNA 相连接。开关将功率放大器或 LNA 通过行移相器或者连接到发射列馈电, 或者连接到和与俯仰差列馈电。方位差端口通过独立的 LNA 连接到方位列合成器。

俯仰列合成器产生常规的可以扫描每一个俯仰波束位置的居中和差波束, 同时产生一对移位和波束以减小低仰角下的多径误差。接收信号在通过旋转接头到主接收机之前, 下变频到 75 MHz 的中频。

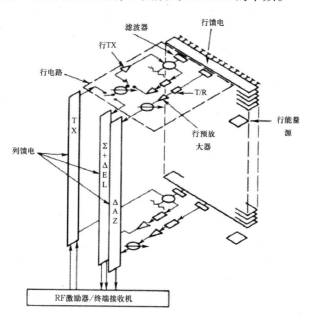

图 14.2 AN/TPS-59 天线馈源, 显示了行和列单脉冲网络[2]

诸如 AN/TPS-59 之类的扫描波束 3D 雷达采用单脉冲是十分必要的, 因为俯仰和方位上大多数离散波束位置只被一个单脉冲所照射, 并且间隔约一个波束宽度。为了满足方位角测量 3 mrad 和仰角测量 1.7 mrad 的精度要求, 有必要对检测目标的角度内插。

美国空军 AN/FPS-117 (Seek Igloo) 雷达采用与 AN/TPS-59 相似的技术, 但前者的天线阵更宽, 且只有 44 行阵元。这两部雷达只是众多采用扫描波束体制 3D 雷达中的两个例子。

14.1.2　叠层波束 3D 雷达: Martello S-723

与扫描波束 3D 雷达不同, 叠层波束雷达在每个发射脉冲上利用扇形波束照射整个俯仰扇区。在扇区内, 并行产生用于多个接收的笔形波束。这种体制的优点是可以在仰角扇区范围内应用基于多普勒的处理算法抑制机载和面杂波。缺点是需要多部接收机, 且仅能单向抑制上波束旁瓣中面杂波。Martello S-723 是一种典型的现代固态叠层波束雷达 (图 14.3)。

图 14.3　Martello S-723 叠层波束 3D 雷达[2]

Martello S-723 阵列有 40 行, 每一行由 64 个偶极子组成且包含一个固态 T/R 模块的反馈。合成峰值功率为 132 kW, 占空比为 4%。相对较低占空比的使用 (对固态发射机), 可避免在每一个波束发射多个波形, 因为发射脉冲的遮挡仅仅能影响波形不模糊距离最初的 4% (在这种情况下约为 2 km)。封装在天线结构中心脊部的 40 个行接收机, 将信号反馈至可以产生 8 个俯仰波束的波束形成矩阵。通过比较每个检测脉冲上相邻波束对数输出的幅度来实现俯仰上的单脉冲处理。波束宽度内的方位角插值通常采用的是大多数 2D 雷达中常用的非单脉冲处理方法, 2D 雷达在方位扫描期间接收调制脉冲串。

14.2 单脉冲二次监视雷达

二次监视雷达 (Secondary Surveillance Radar, SSR) 接收来自目标搭载信标 (转发器) 的返回信号, 并且该信号由雷达发射脉冲所触发[3]。该技术由第二次世界大战中的敌我识别系统发展而来, 目前 SSR 已成为全球空中交通控制系统主要的数据来源。

早期 SSR 中的一个主要问题是多余回波被天线旁瓣触发和接收。SSR 的询问频率是 1030 MHz, 应答频率是 1090 MHz, 且 SSR 天线尺寸在该频率所产生的方位波束宽度只有几度。这些天线的宽波束和旁瓣电平往往会触发大量的多余回波, 干扰了空中交通控制系统的正常运行。因此, 现代 SSR 的天线在方位角坐标内通常包含一个单脉冲类型的馈源网络。利用馈源网络的差方向图发射一个 "控制脉冲" 以抑制转发器在旁瓣区域的响应[4]。其工作原理跟旁瓣消隐装置很相似, 后者主要用于保护雷达免受旁瓣中来自发射机的随机脉冲干扰。

SSR 单脉冲阵列天线在其发射模式下的方向图如图 14.4 所示。"询问

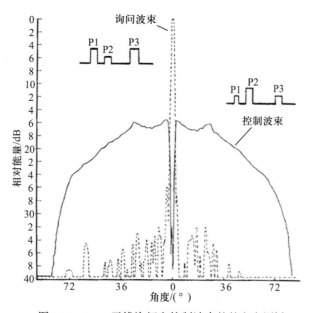

图 14.4 SSR 天线询问和控制波束的的方向图[3]

波束" (和方向图) 的方位波束宽度由 SSR 天线的波长和宽度决定。"控制波束" 由天线中心的混合接头产生并通过方位差方向图发射出去。产生的照度类型如图 7.4 所示的四分天线和图 7.5 所示的方向图。在设计跟踪雷达时，一般不希望扩展到中心零两边的差旁瓣太高，但是在 SSR 中高的差旁瓣非常有用，因为它们能保证控制脉冲在除了轴线附近外的任何地方都能超过询问脉冲。因此，选择它而不是询问波束的主瓣来鉴别询问信号。

发射脉冲群包含 3 个脉冲，其中第一个脉冲和第三个脉冲 (P1 和 P3) 通过窄的询问波束发射。第二个脉冲通过差通道产生的控制波束来发射。应答机比较 3 个脉冲的幅度，当且仅当 P1 和 P3 超过 P2 一个预设的比率时才会响应。这个处理过程称为 "询问旁瓣抑制" (ISLS 或 SLS, Interrogator Sidelobe Suppression)。差询问模式利用 P1 和 P3 脉冲间的间隔来请求用于识别和报告海拔的不同类型的应答码。

SSR 天线中，单脉冲差通道的可用性使其能减小响应脉冲群重叠造成的干扰，并提高方位测量精度。飞行器对由 14 个脉冲组成且间隔时间为 20 μs 的询问脉冲群产生响应，并且能识别出飞行器及其气压测高计的读数。在密集的交通环境下，响应重叠的例子经常发生，影响 SSR 处理器的正常解码。来自飞行器不同方位角的比率 d/s 响应提供了一种按照到达角的响应脉冲排序方法，并且使重叠脉冲组中的每一个脉冲与它的来源关联上。解码后的群组被分配一个方位角，该角度由多个脉冲的 d/s 平均值确定。

14.3　其他雷达的应用

除跟踪和监视外，单脉冲技术在其他雷达领域也有很多应用。以下将介绍部分实际应用。

14.3.1　地形规避雷达

为了突破低空域，军事飞行器不得不以较低的海拔飞行在敌防空系统的监视和跟踪雷达的覆盖范围之下，这增加了飞机撞上突起地形和障碍物的风险。地形规避雷达 (通常是装在机载雷达前端的一种) 可防止这类碰撞的发生。雷达在飞行器前方的方位角扇形区域内进行扫描，在某个俯仰角上，允许对飞行器前面的地形做出映射。在每个方位角，俯仰波束照射地面，且地形回波的俯角单脉冲测量值为距离的函数 (图 14.5)。

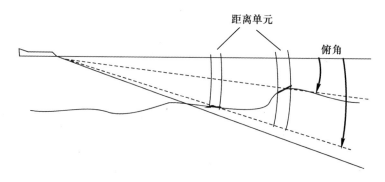

图 14.5 采用单脉冲测量的俯角地形躲避波束

飞行器前端方位角扇区的地形剖面数据被送入飞控计算机, 以确定碰撞风险, 及时调整飞行器的俯仰与偏航, 保持飞行安全。这种模式和雷达的其他功能交替工作, 重复速率足够高以能闭合飞行控制回路。

文献 [4] 中描述了这项技术在直升机导航中的应用。这种情况下的天线是一对缝隙波导, 其中一个安装在另一个之上, 将信号反馈给两个接收机和鉴相器。实验雷达照度由发射连续波信号的单独天线提供。

14.3.2 飞机低空进场雷达

文献 [5] 中, Kirkpatrick 讨论了如何利用单脉冲数据提高雷达显示器目标分辨率的问题。文献 [6] 中, 他对这一方法进行改进, 再次提出了 MDI (Monopulse Display Improvement) 技术, 建议利用机载单脉冲雷达作为低空进场的辅助手段。采集的实验数据表明, 地面特征对于在有角反射器标记的跑道进行导航是十分有用的。

14.3.3 目标识别

20 世纪 70 年代, 海军研究实验室进行了一项实验, 实验结果表明, 高距离分辨率和单脉冲处理相结合对于提高目标的分类、识别和减小角闪烁误差等方面具有潜在优势[7]。利用拉伸处理技术[8], 465 MHz 线性调频波形可以获得 0.5 m 距离分辨率, 并且可以应用到和差通道。其中一个例子如图 14.6 所示, 包括飞行器的外向轮廓、常规的距离剖面 (距离视频) 和单脉冲差输出 (角度视频)。

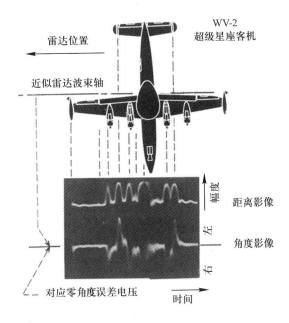

图 14.6　飞行中超级星座式客运飞机的高距离分辨数据

(美国海军研究实验室提供的照片)

14.3.4　移位相位中心天线的应用

移位相位中心天线 (Displaced Phase Center Antenna, DPCA) 可以消除由于平台运动引起的杂波谱[9,p3.10-3.20]，常用于机载动目标指示 (Airborne Moving Target Indication, AMTI) 雷达。在单脉冲和与方位差方向图中，DPCA 被用来对角度扫描效应进行补偿，大大提高了杂波对消能力。与通过改变阵列子阵元的通断来改变相位中心的天线相比，DPCA 所需的天线能更快实现。另外，平台速度的改变可以通过简单改变差通道的权重进行调整。

最近，更有效的空时自适应处理 (Space-time Adaptive Processing, STAP) 技术被用来提升机载 MTI 和脉冲多普勒雷达中杂波对消的性能。单脉冲和差通道利用一个简单的波束形成网络，为 STAP 技术的实现提供所必需的信号。

参考文献

[1] IEEE Standard 100, *The authoritative dictionary of IEEE Standards Terms*, 7th ed., New York: IEEE Press, 2000.

[2] Mitre Corporation, *Radar Reference Manual*, Report M87-69, December 1987.

[3] M. C Steven, *Secondary Surveillance Radar*, Norwood, MA: Artech House, 1988.

[4] K.E.Potter, "Experimental Design Study of an Airborne Interferometer for Terrain Avoidance," *IEE International Conf. Radar-77*. London, October 25–28, 1977, pp. 486–503.

[5] G. M. Kirkpatrick, " Final Engineering Report on Angular Accuracy Improvement," General Electric Electric Electronics Laboratory, Syacuse, NY, Contract D. A. 36-039-sc-194,1August 1952. Reprinted: *Radars*, Vol. 1, *Monopulse Radar*, D. K. Barton, (ed.), Attech House, 1975, pp. 17–103.

[6] G.M.Kirkpatrick, "Use of Airborne Monopulse Radar as a Low Approach Aid," *IEEE Trans.on Aerospace and Electronic Systems*, Vol AES-2, No. 3, May 1966, pp. 353–359.

[7] D.D.Howard. "High Range-Resolution Monopulse Tracking Radar," *IEEE Trans. On Aerospace and Electronic Systems*, Vol. AES-11, No. 5, September 1975, pp. 749–755.

[8] W. J. Caputi, Jr., "Strech: A Time-Transformation Technique," *IEEE Trans. On Aerospace and Electronic Systems*, Vol. AES-7, No2, March 1971, pp. 269–278. Reprinted: *Radars*, Vol. 3 *Pulse Compression*, D. K. Barton, (ed), Dedham, MA: Artech House, 1975, pp. 183–192.

[9] J. K. Day and F. M. Standaher, "Airborne MTI," Chapter 3 in *Radar Handbook*, 3rd ed., M. I. Skolnik, (ed. in chief), New York: McGraw-Hill, 2008.

[10] J. Maher, Y. Ahang, and H. Wang, "A Performance Evalution of $\Sigma\Delta$-STAP Approach to Airborne Surveillance Radars in the Presence of Both Cluter and Jammers," *IEEE international Conf. Radar-97*, Syracuse, NY, October 14–16, 1977, pp. 305–309.

第 15 章

专题

作为补充, 本章所讨论的内容并不直接隶属于前面的章节。

15.1 跟角度成比例的和差方向图

差与和的单脉冲比率 d/s 一般是角度的非线性函数。和差方向图具有线性特性, 即在正弦空间内, d/s 恰好与目标偏离视轴的位移成比例, 因此, 在不超过一定角度时, d/s 与偏轴角成比例。这个线性性质对于特定应用可能非常有用, 但是它需要牺牲掉方向图其他值得要的特性。

15.1.1 一般属性

首先论述比幅天线的相关理论和描述, 比幅天线的单脉冲轴在 (或接近于) 孔径的法线上。这类天线包括反射器、透镜和阵列等非电控装置。15.1.7 节将其扩展至电控阵列和比相单脉冲。这里分析其他章节未曾提及的误差类型, 并给出实用公式、分析方法及其他有用信息。

在第 6 章中, 图 6.6 针对 $\sin x/x$ 合成波束的 3 种不同斜视角值, 给出了同一坐标系下归一化差信号 d/s 与偏轴角的关系。一般的单脉冲特性 (对于最小的热噪声误差) 是凹口向上的, 如图中最下面的曲线。如果斜视角增加到足够大, 曲线会变成凹口朝下, 如图中最上面的曲线。在斜视角的临界值处, 曲线变成了直线, 如图中正中间的曲线。此斜视角导致每个 $\sin x/x$ 合成方向图的峰值在另一个方向图的第一个零值处下降。严格来讲, d/s 正比于偏离孔径法线角度的正弦而不是角度本身, 但是当单脉冲轴线在法线方向上且波束宽度小于几度时, 这种区别并不重要。理论上

d/s 与角度正弦值成比例的性质对所有的角度都成立, 包括旁瓣。

这里, 我们提出了一种简单的线性关系数学求导方法, 并计算波束宽度、效率、旁瓣水平和具有这种性质的方向图的单脉冲斜率。线性 d/s 特性也可以从合成方向图中而不是从 $\sin x/x$ 中获得。Rhodes[1] 指出, 存在比率与角度正弦值成比例的一类和差方向图对。他为每一个斜视波束所需的孔径函数 (照度函数) 导出了公式。这里, 我们将这些结果与和差信号的方向图和照度函数联系起来, 设计者和系统分析员对这些结果比对斜视波束更感兴趣。

15.1.2　应用和实现

线性性质对某些特定应用可能会很实用, 即便从低旁瓣和最小热噪声误差的观点来看, 具有这种性质的和差方向图一般并非最优。阵列天线比反射天线更容易得到具有线性性质的方向图, 因为阵列天线在塑造照度函数时可以提供更大的弹性。例如, 可以从巴特勒矩阵[2]获得这种方向图。

严格的线性是一种理想条件, 它需要完美的装备和校准。实际中, 装备公差能否足够小以保持线性 (包括旁瓣在内) 是值得怀疑的, 尤其是零值附近, 为保持线性, 旁瓣在和差方向图中必须是一致的。然而, 在整个主瓣内保持线性应该不难。

在单脉冲系统性能和误差的分析和计算中, 为方便起见, 经常假定 d/s 和角度 (或者角度的正弦值) 成比例。即使实际情况并非如此, 近似有时也是可以接受的。使用下面描述的方法, 符合假设的和差方向图可以模型化。当然, 除非它们在感兴趣角度区域内与真实的方向图拟合得很好, 否则不能使用这个模型。

15.1.3　方程式的推导

假定孔径照度在两个坐标中可以分离 (例如, 矩形阵列就是一个例子), 那么就可以像分析线性阵列产生的方向图那样分析每个坐标中的方向图。一个长为 L 的具有均匀幅度和相位照度的线性阵列, 可以产生如下的方向图:

$$f(U) = \frac{\sin(\pi U/2)}{\pi U/2} \tag{15.1}$$

式中

$$U = \frac{2L \sin \theta}{\lambda} \tag{15.2}$$

L 为天线的长度; θ 为偏离射束轴的角度; λ 为波长。

注意: U 是归一化的偏轴测量值, 它是正弦空间中 $\sin \theta$ 与半个标准波束宽度的比, 可定义为 λ/L。如果在斜视方向上同时形成两个这样的波束, 那么它们的和差方向图由以下公式给出, 式中使用了相同的归一化因子 $\pi/4$, 因此当 $U = 0$ 时, 和方向图被归一化:

$$s = \frac{\pi}{4} \left[\frac{\sin \left[(\pi/2) \left(U - U_{\mathrm{sq}} \right) \right]}{(\pi/2)(U - U_{\mathrm{sq}})} + \frac{\sin \left[(\pi/2) \left(U + U_{\mathrm{sq}} \right) \right]}{(\pi/2)(U + U_{\mathrm{sq}})} \right] \tag{15.3}$$

$$d = \frac{\pi}{4} \left[\frac{\sin \left[(\pi/2) \left(U - U_{\mathrm{sq}} \right) \right]}{(\pi/2)(U - U_{\mathrm{sq}})} - \frac{\sin \left[(\pi/2) \left(U + U_{\mathrm{sq}} \right) \right]}{(\pi/2)(U + U_{\mathrm{sq}})} \right] \tag{15.4}$$

式中

$$U_{\mathrm{sq}} = \frac{2L \sin \theta_{\mathrm{sq}}}{\lambda} \tag{15.5}$$

θ_{sq} 为每个波束从交叉点开始的倾斜角。

U_{sq} 选以下值:

$$U_{\mathrm{sq}} = 1 \tag{15.6}$$

式 (15.3) 和式 (15.4) 可以简化为

$$s = \frac{\cos(\pi U/2)}{1 - U^2} \tag{15.7}$$

$$d = \frac{U \cos(\pi U/2)}{1 - U^2} \tag{15.8}$$

它们的比为

$$\frac{d}{s} = U \tag{15.9}$$

这意味着, 根据式 (15.2) 中 U 的定义, 归一化的差信号与 $\sin \theta$ 成比例, 如果关注的角度不大于几度, 那么就可以忽略 $\sin d$ 和 d 的区别, 归一化的差信号几乎正好和偏轴角成正比例。

15.1.4 方向图特性和照度函数

单脉冲比率与 $\sin \theta$ 的关系曲线为一条直线, 如图 15.1 所示。尽管数学比值仍由式 (15.9) 得出, 但是信号强度几乎为 0 或者非常低, 所以在零值附近使用点划线表示 (这也出现在和差方向图相同角度处)。因此, 在那些角度中的任一个角度附近对目标的测量都会受噪声的支配。

零值出现在 $U = \pm 3, \pm 5, \pm 7, \cdots$。和方向图第一个和第二个旁瓣的峰值分别出现在 $U = 3.8$ 和 $U = 5.9$ 处, 大小分别为 $-23.0\,\mathrm{dB}$ 和 $-30.7\,\mathrm{dB}$。

差方向图的第一个和第二个旁瓣的峰值分别出现在 $U = 3.9$ 和 $U = 5.9$ 处, 大小分别为 $-11.3\,\mathrm{dB}$ 和 $-15.3\,\mathrm{dB}$。由于两个方向图的第一旁瓣的峰值都在 $U = 3.85$ 处, 且 $d/s = U$ 由式 (15.9) 得到, 所以差方向图第一旁瓣必须比和方向图第一旁瓣高 $20\lg 3.85 = 11.7\,\mathrm{dB}$, 这与上述数值一致。差方向图的高旁瓣是由不连续性造成的, 即照度从阵列末端的峰值突然变化到刚刚超出末端的 0 值。

单程半功率点之间的和方向图波束宽度为

$$\theta_{\mathrm{bw}} \approx \sin\theta_{\mathrm{bw}} = 1.19\lambda/L \tag{15.10}$$

半功率点位于 $U = \pm 1.19$ 处。

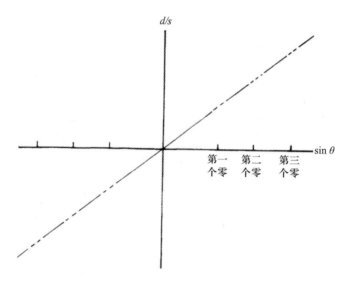

图 15.1 单脉冲比率正比于角度正弦值

和方向图照度函数是产生两个斜视波束的两项之和。方程 (省略了归一化系数) 为

$$i_s(x_n) = \exp(\mathrm{j}\pi U_{\mathrm{sq}} x_n) + \exp(-\mathrm{j}\pi U_{\mathrm{sq}} x_n) \tag{15.11}$$

代入式 (15.6), 可简化为

$$i_s(x_n) = 2\cos(\pi x_n) \tag{15.12}$$

在这些方程式中, $i_s(x_n)$ 是用矢量 (复数) 电压表示的和方向图照度函数, $x_n = x/L$ 是沿着阵列从中心开始测量的归一化距离, $-1/2 \leqslant x_n \leqslant 1/2$。

这个照度具有半周期余弦电压锥度, 在末端逐渐减小为 0。差照度函数为

$$i_d = 2\mathrm{j}\sin(\pi x_\mathrm{n}) \tag{15.13}$$

这是一个半周期正弦函数, 末端有正负峰值。一维和方向图效率的计算公式如下:

$$效率 = \frac{\left[\displaystyle\int_{-1/2}^{1/2} i_s(x_\mathrm{n})\,\mathrm{d}x_\mathrm{n}\right]^2}{\displaystyle\int_{-1/2}^{1/2} [i_s(x_\mathrm{n})]^2\,\mathrm{d}x_\mathrm{n}} = \frac{\left[\displaystyle\int_{-1/2}^{1/2} \cos(\pi x_\mathrm{n})\,\mathrm{d}x_\mathrm{n}\right]^2}{\displaystyle\int_{-1/2}^{1/2} \cos^2(\pi x_\mathrm{n})\,\mathrm{d}x_\mathrm{n}} = \frac{8}{\pi^2} \tag{15.14}$$

利用式 (15.2) 和式 (15.10) 计算单脉冲比率, 将式 (15.9) 用波束宽度进行归一化:

$$\frac{d}{s} = U = \frac{2L\sin\theta}{\lambda} = 2.38\frac{\theta}{\theta_\mathrm{bw}} \tag{15.15}$$

这就意味着单脉冲斜率为

$$k_\mathrm{m} = 2.38\ \mathrm{V}/(\mathrm{V}\cdot\text{波束宽}) \tag{15.16}$$

这比典型斜率值 1.6 V (V· 波束宽) 要高得多, 更高的斜率意味着更高的灵敏度和更小的热噪声误差。尽管如此, 如果用绝对角度单位来表示斜率, 例如 V (V·(°)), 那么相比于典型斜率值的增量并不大; 当用 V (V· 波束宽) 表示斜率时, 增量会比实际值更大, 因为即使每个斜视波束保持宽度不变, 更大的斜视角会使和波束变得更宽。而且, 第 6 章已经指出, 热噪声误差反比于由差斜率与和电压增益的乘积所构成的性能指标。

当斜视角增大时, 和增益减小。由图 6.3 中标记在中部的两个偏斜角和图 6.6 中更低的曲线, 比较其纵坐标, 发现线性单脉冲的热噪声误差比最小值大 4%。因此, 噪声误差的影响很小。这些特殊方向图的主要缺点旁瓣较高。

15.1.5 不确定点的方向图计算

如果将这些方向图应用于系统性能的计算模型, 那么根据式 (15.7) 可直接计算出和方向图。然而, 当 $U = \pm 1$ 时, 分子和分母都是 0, 商为不确定值。应用洛必达法则 (l'Hospital's rule, 对分子和分母求导) 在那两个对称点可以得到 $s = \pi/4$。除 $U = \pm 1$ 处的不确定点以外, 如果 U 离那些点太近以至于分子和分母被抑制或被过度四舍五入, 则会得到错误的结果。

在 $U = \pm 1$ 附近将 s 的分子和分母进行一阶幂级数展开, 可以避免这个问题。于是:

$$\cos\frac{\pi U}{2} = \cos\left[\frac{\pi}{2}(1 + \Delta U)\right] = -\sin\left(\frac{\pi}{2}\Delta U\right) \approx -\frac{\pi}{2}\Delta U \qquad (15.17)$$

和

$$1 - U^2 = 1 - (1 + \Delta U)^2 = -\Delta U(2 + \Delta U) \qquad (15.18)$$

式中

$$\Delta U = |U| - 1 \qquad (15.19)$$

式 (15.17) 和式 (15.18) 的比为

$$s \approx \frac{\pi/4}{1 + \Delta U/2} \approx \frac{\pi}{4}\left(1 - \frac{\Delta U}{2}\right) \qquad (15.20)$$

将式 (15.19) 代入式 (15.20), 得

$$s \approx \frac{\pi}{8}(3 - |U|) \qquad (15.21)$$

计算方法是, 当 $|U|$ 与 1 的差小于一定增量时, 用式 (15.21) 代替式 (15.7)。通过确定计算机开始输出错误结果时的点来选择那个增量。近似非常精密。如果式 (15.20) 执行到 U 的二次幂, 那么圆括号中的附加项为 $+(\Delta U/2)^2$。因此, 举例来说, 如果 $|U| - 1 = 0.02$, 使用式 (15.21) 近似所带来的误差仅为 0.01%。

15.1.6　具有恒定单脉冲斜率的其他方向图对

以上讨论的方向图对并不仅仅是比率和角度正弦值成正比的仅有的方向图对。对于和差方向图具有这种性质的斜视波束的孔径照度函数族, Rhodes 推导出了方程式。这里改变了某些符号, 将那个等式 (Rhodes 书中 95 页的 6.4) 重新表示为

$$|i_{sq}(x_n)| = (\cos \pi x_n)^Z \qquad (15.22)$$

式中: $|i_{sq}(x_n)|$ 为每个偏斜波束照度函数的幅度; $|x_n|$ 为到孔径中心的距离, 用孔径长度归一化; $-1/2 \leqslant x_n \leqslant 1/2$。
指数 Z 可以是任意的非负值, 并不限于整数。所需斜视角独立于 Z; 其正弦值等于 $\lambda/2L$。

在该点, 引入单脉冲斜率 k_U 的测量会更加方便, 其定义为

$$k_U = \frac{d/s}{U} \qquad (15.23)$$

根据式 (15.2), U 正比于 $\sin\theta$。由 Rhodes 推导的关系, 可以发现:

$$k_U = \frac{1}{Z+1} \qquad (15.24)$$

由于 Z 不能为负, 所以 k_U 的最大可能值为 1。k_U 和 6.4 节所定义的单脉冲斜率标准测量值 k_m (V/V/和方向图波束宽) 的关系是:

$$\frac{k_m}{k_U} = \frac{2\theta_{bw}}{\lambda/L} \qquad (15.25)$$

式中: θ_{bw} 为用弧度表示的半功率和方向图波束宽度。

对于早期的方向图对, $Z = 0$, 这意味着每个斜视波束的均匀照度。如果 Z 增大, 那么照度幅度的锥度变强, 旁瓣减小, 但同时降低了效率、角分辨率和单脉冲灵敏度。为了阐明这种趋势, 表 15.1 比较了 $Z = 0$ 和 $Z = 1$ 时的特性。数值计算可参考文献 [3, 表 A.2, 第 251 页]。

由 Rhodes 推出的方向图系列可以通过叠加来进一步扩展。考虑多个和差方向图对, 每对方向图比率具有恒定 (但不同) 的斜率:

$$\frac{d_1}{s_1} = k_{U1}U$$
$$\frac{d_2}{s_2} = k_{U2}U \qquad (15.26)$$

通过 n 对方向图的线性叠加, 可以形成一个合成的差方向图:

$$d = C_1 \left[a_1 d_1 + a_2 (k_{U1}/k_{U2}) d_2 + \cdots + a_n (k_{U1}/k_{U2}) d_n \right] \qquad (15.27)$$

式中, 系数 $C_1, a_1, a_2, \cdots, a_n$ 可以任意设置, 合成的和方向图为

$$s = C_2 \left[a_1 s_1 + a_2 s_2 + \cdots + a_n s_n \right] \qquad (15.28)$$

需要系数 C_1 和 C_2 将 d 和 s 的总功率调整为正确值。然后,

$$\frac{d}{s} = \frac{C_1}{C_2} \frac{a_1 k_{U1} s_1 U + a_2 k_{U1} s_2 U + \cdots + a_n k_{U1} s_n U}{a_1 s_1 + a_2 s_2 + \cdots + a_n s_n} = \frac{C_1}{C_2} k_{U1} U \qquad (15.29)$$

这样, 合成方向图也产生了恒定的单脉冲斜率。

表 15.1 方向图特性比较

特性	$Z = 0$	$Z = 1$
倾斜波束的照度函数	均匀	余弦
和照度函数	余弦	余弦的平方
差照度函数	半周期正弦	全周期正弦
和方向图波束宽度 (弧度)	$1.19\lambda/L$	$1.14\lambda/L$
和方向图效率	0.81	0.66
和方向图第一旁瓣	$-23.0\ \mathrm{dB}$	$-31.5\ \mathrm{dB}$
斜率 k_U	1.0	0.5
斜率 k_m	2.38	1.44

如果有人对每个斜视波束感兴趣, 那么 Rhodes 的公式是有用的, 现在介绍一种产生相同斜率方向图的不同方法。该法更加普通, 并且用和差的照度函数表示, 这样比用斜视波束的照度函数更加直接。该法可应用于比相和比幅单脉冲, 尤其适用于阵列天线。

分别用 $i_s(x_\mathrm{n})$ 和 $i_d(x_\mathrm{n})$ 表示和差孔径照度函数, 用 $s(U)$ 和 $d(U)$ 表示相应的方向图。忽略归一化系数, 方向图是相应照度函数的傅里叶变换。令和照度函数产生期望的和方向图。利用傅里叶变换的著名特性, $i_s(x_\mathrm{n})$ 关于 x_n 导数的变换是 $i_s(x_\mathrm{n})$ 本身变换的 U 倍。因此, 为了得到正比于 U 倍和方向图的差方向图, 差照度函数必须正比于和照度函数的导数。和照度函数必须在孔径边缘处为零, 否则, 每个边缘处的导数会形成冲激脉冲。

将这种方法应用于阵列天线时, 只要能够得到合适的和差照度函数, 采用比幅还是比相无关紧要。正如第 5 章所述, 唯一的区别是, 比幅中, d 和 s 电压的相对相位为 $0°$ (或 $180°$), 而它们照度函数的相对相位为 $90°$, 比相中则正好相反。因此, 唯一可能需要的修正是在具有 $90°$ 相位关系的相关等式中插入虚数因子 j。

15.1.7　扩展至电控阵列

在电控阵列中, 可以使 d/s 正比于正弦空间中目标指向偏离单脉冲轴线的大小 —— 也就是正比于与目标角度正弦值和射束轴角度正弦值之差,角度均为从法线到阵列孔径平面测量。

分析与非控制的方向图一样, 除了所有的 U 被 $U - U_{st}$ 代替。U_{st} 的定义为

$$U_{st} = \frac{2L \sin \theta_{st}}{\lambda} \tag{15.30}$$

式中: θ_{st} 为从法线到阵列测量的波束控制角; U 不是由式 (15.2) 定义的, 而是:

$$U = \frac{2L \sin(\theta_{st} + \theta)}{\lambda} \tag{15.31}$$

由于 θ 已经被定义为从单脉冲轴线测得的目标角度, 式 (15.5) 不再使用它, 但是跟式 (15.6) 一样, U_{sq} 仍等于 1。换句话说, 当波束受控时, 斜视角在正弦空间中是常数, 但在角度空间不是。如前所述, 这些关系分别应用于每一个角坐标。

将式 (15.23) 修正为

$$\frac{d}{s} = k_U(U - U_{st}) \tag{15.32}$$

所以, 在正弦空间中, 比率正比于目标方向与单脉冲轴线之间的位移。利用式 (15.30) ~ 式 (15.32), 比率可以表示成以下函数:

$$\frac{d}{s} = k_U \frac{2L}{\lambda} [\sin(\theta_{st} + \theta) - \sin \theta_{st}] \tag{15.33}$$

对于较小的 d, 等式可以化简为

$$\frac{d}{s} \approx k_U \frac{2L}{\lambda} \theta \cos \theta_{st} \tag{15.34}$$

这意味着, 单脉冲比率仍近似正比于目标的偏轴角, 但控制角余弦值降低了灵敏度。

15.2 对角差信号

4.4.3 节和图 4.15、图 4.17 指出, 除了和、横向差与俯仰差以外, 四喇叭天线能够得到第四个输出。那就是对角线上喇叭对的信号和的差, 称为 "对角差信号"。也可称之为二倍差、二阶差或者四极信号。这个输出是比较器附带的输出, 一般会在虚拟负载终止。如果这些列差信号没有被图 7.7(b) 所示的虚拟负载终止掉而是组合起来, 那么可以得到图 7.7 所示的阵列天线类型的相应输出。

很少有技术文献提及对角差信号。一篇论文 [4] 暗示它可能包含关于角度范围和分布目标外形的有用信息, 但没有给出定量分析和详细的方法。这里, 我们研究对角差的性质来看检验器是否有助于以下目的:

(1) 改善单个目标的角度估计。

(2) 确定不可分辨目标的角位置。

尽管基于定性的推理而不是定量的分析, 研究结果仍能充分证明对角差对这些目的有很少或者没有通用的实际价值, 即使这个结论并没有否定对角差可能会存在特殊的有价值应用。推理按照文献 [5](文章中称为四极信号) 的思路展开。对于图 4.15 和图 4.17 所示的四喇叭结构, 其 4 个输出为

$$s = \frac{1}{2}(A + B + C + D) \tag{15.35}$$

$$d_{\text{tr}} = \frac{1}{2}[(C + D) - (A + B)] \tag{15.36}$$

$$d_{\text{el}} = \frac{1}{2}[(A + C) - (B + D)] \tag{15.37}$$

$$q = \frac{1}{2}[(A + D) - (B + C)] \tag{15.38}$$

式中: s 为和电压; $d_{\text{tr}}, d_{\text{el}}$ 为横向和俯仰差电压; q 为对角差电压; A, B, C, D 是 4 个喇叭的电压。引入因子 1/2 的原因在第 4 章中已经解释过了。

图 15.2 所示为对角差方向图典型形状的三维仿真视图, 对角线上的一对圆形凸起是正的, 另一对是负的。由对称性, 沿着横轴和俯仰轴, q 是 0。在原点处 (视轴方向上) 有一个鞍点。如果使用 q 信号, 那么它必须有自己的接收机, 并且由于角度测量必须独立于信号强度, 所以需要除以和信号以得到 q/s。图 15.3 所示方向图以归一化形式 q/s 表示。曲线是常量 q/s 等高线的近似形状。同时给出了 d_{tr}/s 和 d_{el}/s 的等高线作为对照; 这里绘制的矩形栅格是理想化的, 实际上它可能是 "桶状" 或者 "钉帽状" 的, 因为横向输出也并不完全独立于俯仰输出, 反之亦然。

在没有误差的情况下, 单目标的角位置完全由 d_{tr}/s 和 d_{el}/s 的测量值确定, 所以 q/s 是多余的。然而, 由于测量误差的存在, 所以会有这样的问题, 即基于全部这 3 个测量的解决方案能否减小噪声所引起的角误差。注意到, 因为 q 沿着这些轴都是常数 (0), 所以原点处 q/s 关于横向和俯仰向的偏导数都为 0。微分学中已经证明: 如果给定点两个正交方向上的两个坐标连续函数的偏导数都为 0, 那么在那个点上的所有方向上的偏导数也都是 0。这意味着 q/s 在目标相对于视轴的偏移量很小时, 灵敏度很小

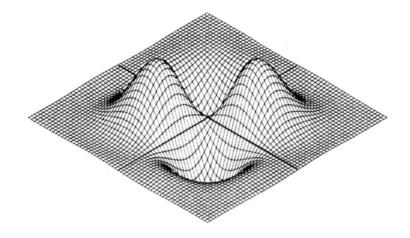

图 15.2 对角差方向图

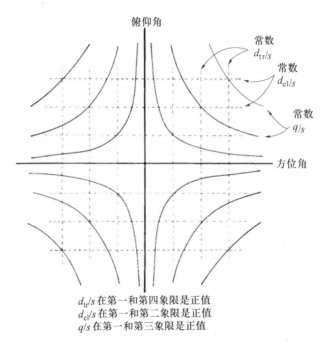

d_{tr}/s 在第一和第四象限是正值
d_{el}/s 在第一和第二象限是正值
q/s 在第一和第三象限是正值

图 15.3 常量 $d_{tr}/s, d_{el}/s$ 和 q/s 的等高线图

或几乎没有灵敏度, 因此, 跟踪接近视轴的目标时, 它几乎没有用处。假如目标只是偏离了横轴而没有偏离俯仰轴, 那么 q/s 的横向灵敏度为零。在这种情况下, 俯仰灵敏度 (q/s 相对于俯仰的斜率) 不为 0, 但是低于 d_{el}/s

灵敏度。因此,对角差所带来的性能改善很小,并且由于噪声的影响,反而可能会降低估计性能。相应的论据也适用于目标在横向轴上而偏离俯仰轴的情形。通过测量多个脉冲而非单个脉冲的 d_{tr}/s 和 d_{el}/s,可以更加有效地提高测量精度。

对于两个不可分辨目标的情形, q/s 并不是多余的。有 6 个未知量: 每个目标的两个角度分量加上目标对的幅度比与相对相位。如第 9 章所述,通常仅需要角度信息,但最终结果是不可分的。 d_{tr}/s、 d_θ/s 和 q/s 的实部与虚部的测量提供了 6 个未知量的 6 个方程。这样,看起来求解方程就能获得两个目标的角度位置。然而,低灵敏度使它没有实际的用途。举一个例子,考虑两个不可分辨目标,它们的俯仰角均为 0,但方位角不同。无论是对每个目标还是对两个目标, q 值均为 0。因此,在这个例子中, q/s 测量值对于方位角的确定没有帮助。其他的例子是两个目标的方位角均为 0 而俯仰角不同,以及一个目标仅仅在方位上偏离轴而另一个仅仅在俯仰上偏离轴。尽管这些是特殊的例子,但足以说明 q/s 低灵敏度的一般情况。

因而,如果增加了对角差信号所需的接收通道和单脉冲处理器,在复杂度和耗费方面,并没有显示出对角差信号所具有的足够好处,至少这里的研究不能体现出这一点。

15.3 角度和正弦空间的单位

雷达系统标校和数据分析中使用了数种角度单位和正弦空间单位。在单脉冲系统和非单脉冲系统中,这些单位一般是一样的,除单脉冲角精度外,好的单位使用得更加频繁。一些单位为人们所熟知,其他的是专业的和相对不熟悉的。

跟其他领域一样,雷达应用中最常用的单位是 "度" (圆周的 1/360)。然而,"分" (度的 1/60) 和秒 (分的 1/60) 在雷达应用中却很罕见。度的分数形式常用十进制形式表示。1/8 度写为 0.125° 而不是 7′30″。

"弧度" 的定义为长度等于半径的弧所对的圆心角。弧度本身并不应用于实际雷达角度测量中 (参考下面的毫弧度)。

毫弧度, 单位弧度的 1/1000, 广泛应用于单脉冲雷达中, 尤其是用分数度所表示的小角度。整个圆周的毫弧度数量为 2000π 或者大概是 6283。在国际单位制 [6,7] 中弧度的标准缩写为 rad; 当与前缀 milli- 结合起来就变成了 mrad, 这就是毫弧度的规定缩写。经常会见到缩写 mr, 但是它并不标准。有时也会听到或看到缩写 mil; 除这些非标准外, 它会和下一段所定义的炮密位相混淆。然而, mil 是流行的口头缩写, 因为 mrad 不易正确发音。

炮密位是 milliradian 一个简便的 "全" 译, 在一些美国的试验靶场中使用。根据定义, 一个圆周中有 6400 (并不是精确地 6283) 炮密位。因为差别小于 2%, 所以密位和毫弧度可能在小角度时作为近似值交替使用; 一般而言, 它们应该严加区分。

百分度是直角的 1/100 或者圆周的 1/400。这个单位并不应用于雷达测量中, 但是可能会在欧洲国家的地理应用中遇到。纬度的一个百分度是 100 km (非常接近) 的地面距离。

一个最近引入的单位是 millisine[8,p172]。这个单位是正弦空间中而不是角度空间中的一个测量单位 (参照 2.8,7.2 和 7.3 节), 非常显然, 它特别适用于平面阵列天线。从指定方向测量的角度的 millisine 的数量是该角度正弦值的 1000 倍。例如, 30° 对应于 500 millisines。具有同一参考方向、角度分别为 θ_1 和 θ_2 的两条直线的间隔角的 millisine 值为 $1000(\sin\theta_1 - \sin\theta_2)$, 而不是 $1000\sin(\theta_1 - \theta_2)$。在平面阵列中, 参考方向通常被理解为舷侧 (垂直于阵列面)。术语 millisine 并不标准, 不能根据名字将其解释为正弦的 1/1000, 但是它在详细分析电控阵列的性能时比较方便。当用传统角度单位表示阵列天线的波束宽度、角分辨率和角精度时, 它们是波束控制角的函数。当以舷侧为基准使用 millisine 时, 这些量值和波束控制方向无关, 因而可以表示的更加简洁。对于接近参考方向的指向, millisine 的数值近似等于密位的数值。有时也会用到等价术语 millicosine, 仅有的差别是: millicosine 指的是阵列直角坐标所测量角度 (角度 α 和 β) 的余弦值, millisine 指的是以舷侧为参考方向的相对主平面的测量余角 (角度 α' 和 β') 的正弦值。

15.4 与 RHODES 术语和分类的比较

在 1959 年出版的《单脉冲导论》[1] 中, D. R. Rhodes 提出了不同类型单脉冲的分类方案, 并且与之相关的一套统一的原理。这些原理仍是正确的, 它们对单脉冲理论基础的研究相当深入。

然而, 由于 1959 年以来单脉冲函数、应用和设计的发展和变化, 所以现在有必要修订和扩展 Rhodes 的分类系统, 并且强调除公共理论基础外, 不同类型单脉冲各自的实用特性。Rhodes 的一些数学术语已经被工程术语所替代, 后者更加直接地将单脉冲雷达的功能和物理组成视为一体。Rhodes 的小册子中没有被提及的或仅仅简要介绍的话题已经得到了介绍和扩展。通过一步步地推导, 还原了 Rhodes 的部分数学理论。

为使已经读过 Rhodes 的书或着将要查阅它的读者受益, 这一节简单比较了这两种分类系统, 并且 "翻译" 了一些术语。

Rhodes 对单脉冲雷达系统的分类主要依赖两个标准: "角度测向" 和 "角度检测"。在这两个主函数之间有一个媒介称为: "比率转换"。

角度测向包含两种类型: 幅度测向和相位测向。这依赖于天线的类型, 它们符合本书第 5 章中比幅和比相的类型。Rhodes 的解说和措辞都是基于反射和透射天线, 但是可以使用相似的方法将其扩展到电控阵列天线, 如本书第 5 章和第 7 章所述。

Rhodes 的很多理论推导都是用独立合成波束①的方向图和照度函数的形式, 也就是具有相同相位中心的斜视波束或者有偏移相位中心的平行波束, 本书主要是强调了和 (或参考) 差方向图。这仅仅是观点的问题, 因为仅仅一个简单的转换 (数学上或者物理上) 就可以将合成波束转换成它们的和差波束, 反之亦然。实际上, 尽管如此, 设计者和用户一般对和差方向图更感兴趣; 它们在可测量性和产生接收机可用的电压上具有实际的物理意义。

那一对合成波束方向图用 "角度测向比" 来描述, 一般为复数, Rhodes 用符号 $r(u)$ 来表示, u 被定义为 $\pi(d/s)\sin\theta$, d 为孔径尺寸。对于包含无源元件的部分雷达, 这个比值仅在数学上存在。直到稍后的阶段, 它才可能具有物理形式。

如果比率转换函数存在, 那么它将合成方向图的一对电压转换成一对具有不同比率的差电压对, 但仍只存在于数学推理上。例如, 一对合成波束的输出电压可能被转换成它们的和差电压, 或者幅度测向转换为相位测向, 反之亦然。Rhodes 描述的转换由混合接头或者其他无源器件完成。本书术语中, 形成和差 (或者是二坐标雷达的和与两个差) 的设备被称为比较器 (4.4.3 节), 并且从幅度测向 (比幅类) 转换到相位测向 (比相类), 或者反向转换, 通过一个被称为 "视在" 转换 (5.7 节) 的 3 dB 定向耦合器, 因为这里的分类被认为是天线方向图的一个内在属性而不管后来的转换。在 Rhodes 的术语里, 两个斜视方向图 (在幅度测向) 或者两个平行方向图 (在相位测向) 的比率是 "乘性" 比, 用 r_m 表示, 差与和的比是 "加性" 比,

---

①术语 "组成波束" 没有在 Rhodes 的著作中使用, 在这里的 2.3 节定义了。

用 r_a 表示。乘性比在轴线上为单位 1, 并且在相同的正负角度上互为相反数。在幅度测向中, 因为相位相同, 乘性比是两个幅度的比 (带符号)。在相位测向中, 幅度相同, 比为 $\exp(j\varphi)$, φ 是两个合成电压的相位差。加性比在轴上为 0 并且角度函数具有奇对称性。

被 Rhodes 称为角度检测器的电路类型和本书第 8 章中所述的单脉冲处理器相符合。这些包含有源元件的电路作用于比率为 r_m 或 r_a (如果有比率转换, 在其后进行) 的一对电压, 并产生 "角度输出", 这是比率的功能, 并且可以进行角度校准。

Rhodes 提出 3 类角度检测器, 用罗马数字的 Ⅰ、Ⅱ、Ⅲ 标示。当和差电压可作为输入时, 应用第 Ⅰ 类。Rhodes 著作中图 3.8 第一部分和图 3.9 是类型 Ⅰ 的例子, 它和本书中 8.8 节和 8.9 节中描述的点积检测器相同。8.4 节 ~ 8.7 节所给出的其他例子也属于 Rhodes 的第 Ⅰ 类 (尽管它们的运用不同于 Rhodes 的例子)。

Rhodes 的第 Ⅱ 类角度检测器可处理相位相同而幅度不同的输入电压。Rhodes 在图 3.8 中的例子使用了对数放大检测器, 并将它们输出的差作为角度输出, 这和本书 8.12 节描述的处理器相同。

Rhodes 的第 Ⅲ 类角度检测器可处理相位不同而幅度相同的电压, 它基本上由相位检测器组成, 可以认为 8.13 节所描述的一些处理器属于这种类型。

因此, Rhodes 的 6 种单脉冲形式可表示为类型 ⅠA、ⅡA、ⅢA 和 ⅠP、ⅡP、ⅢP, 字母 A 和 P 分别代表幅度检测和相位检测。例如类型 ⅢA 表示天线方向图为幅度检测 (比幅) 类型, 但是方向图输出转换为 (通过比率转换器, 例如 3 dB 耦合器) 一对幅度相同但相位不同的电压; 接下来类型 Ⅱ 角度检测器会处理这些电压。更加典型的例子是 ⅠA 或者 ⅠP, 因为在大多数情况下, 波束输出无论是从比幅还是从比相天线而来, 都会被转换为它们的和差, 接下来数种单脉冲处理器的任意一种会处理和与差。

并不是所有的现代单脉冲雷达都完全符合 Rhodes 的类型, 尤其是关于角度检测器 (单脉冲处理器)。实际上, 根据 Rhodes 的定义, 一些雷达并不能算作真正的单脉冲, 因为它们并不满足他的理论假设 (他称它们为 "伪单脉冲"[①])。本书中单脉冲的定义已经放宽到包含使用同步接收波束来检测到达角的任意系统。而且, Rhodes 的分类对于分辨运用相同功能 (因

---

① "伪单脉冲" 也被应用于比较的信号不是真正的同步信号的系统, 而是由一个短到不会影响目标幅度起伏的时间间隔分开的信号。

为那并不是它的目的) 的不同技术来说过于宽泛。鉴于这些原因, 本书第 8 章分别描述了各种单脉冲处理器而没有参考 Rhodes 的分类。

参考文献

[1] D. R. Rhodes, *Introduction to Monopulse*, New York: McGraw-Hill, 1959. Reprint, Dedham, MA: Artech House, 1982. See pp. 92–96 and 102, 105.

[2] J. L. Butler, "Digital, Matrix, and Intermediate-Frequency Scanning," Vol. III, Chapter 3 of *Microwave Scanning Antennas*, R. C. Hansen, (ed.), New York: Academic Press, 1966.

[3] D. K. Barton and H. R. Ward, *Handbook of Radar Measurement*, Englewood Cliffs, NJ: Prentice-Hall, 1969. Reprint, Dedham, MA: Artech House, 1984.

[4] D. B. Anderson and D. R. Wells, "A Note on the Spatial Information Available From Monopulse Radar," *Proc. 5th National Convention on Military Electronics*, IRE-PGMIL. June 1961, pp. 268–278. Reprinted in *Radars*, Vol. 1, *Monopulse Radar*, D. K. Barton, (ed.), Dedham, MA: Artech House, 1974.

[5] S. M. Sherman, "Complex Indicated Angles in Monopulse Radar," Ph. D. Dissertation, University of Pennsylvania, 1965 (see pp. 20–24 and 51–53).

[6] *Metric Editorial Guide*, 3rd ed., Washington, D.C.: American National Metric Council, January 1978.

[7] *American National Standard Metric Practice*, ANSI/IEEE Std 268-1982, New York: The Institute of Electrical and Electronics Engineers, 1982.

[8] P. J. Kahrilas, *Electronic Scanning Radar Systems (ESRS) Design Handbook*, Dedham, MA: Artech House, 1976.

符号表

A	方位角
A	泰勒旁瓣参数
A, B	进入比较器的信号电压
$A(f)$	起伏频谱
$\dot{A}, \ddot{A}, \dddot{A}$	速度、加速度和加加速度的方位分量
$\boldsymbol{A}, \boldsymbol{B}$	矢量电压
a	正弦波的幅度
a_1, a_2	比较器输入、输出的幅度误差
a_e, a_o	偶、奇照度函数
a_m	调制电压
B	起伏频谱的噪声带宽
B_n	角闪烁频谱的噪声带宽
C	两点辐射源的幅度常数
C_1, C_2	合成差和方向图的常数
c	噪声相关系数
c	光速
D	天线直径
d	关注坐标系下的差通道电压
d'	噪声污染的差通道电压
d_1, d_2	比较器输入、输出的误差响应
d_1, d_2	斜视波束对的差方向图
d_a, d_b	双目标的差通道电压
d_c	交叉极化差通道响应

d_{cp}	干扰机的交叉极化差通道响应
d_{el}	方位差通道电压
d_I, d_Q	差信号的同相、正交分量
d_{tr}	横向差通道电压
E	俯仰角
E_0	射束轴的俯仰角
E_1, E_2	两点辐射源的场强
E_{a}	垂直于孔径的俯仰角
e, e_{c}	预期交叉极化分量的场强
e_{cp}	干扰机的交叉极化场强
F_A, F_B	用于合成对称波束比率的方向图
f	抛物天线反射器的焦距
$f(u)$	天线的电压方向图
f_{r}	脉冲重复频率
G_0	均匀照射天线的增益
$G_{\mathrm{j}}, G_{\mathrm{jr}}, G_{\mathrm{jt}}$	干扰机天线增益, 接收, 发射
$G_{\mathrm{mlj}}, G_{\mathrm{slj}}$	干扰机天线主瓣和旁瓣增益
G_{rep}	转发机全增益
G_{n}	单脉冲零深
$g(x)$	孔径 x 坐标中的照度函数
g_0	均匀照度函数
g_d	差照度函数
g_{do}	最优差照度函数
h	孔径高度
h_{a}	天线相位中心高度
h_{t}	目标高度
$I(t), Q(t)$	调制电压的同相、正交分量
I, I_d	和与差通道干扰功率
$i_d(x_{\mathrm{n}}), i_s(x_{\mathrm{n}})$	差与和方向图照度函数
$i_{sq}(x_{\mathrm{n}})$	斜视波束的照度函数
$J_{\mathrm{b}}, J_{\mathrm{d}}$	收发分置的、直接的干扰功率
j	-1 的平方根
K	相对差斜率
K, K'	对数放大器的尺度参数

$K(\theta)$	稳定目标的误差方差
K_0	最优相对差斜率
K_v, K_a, K_3	速度、加速度、加加速度中的误差系数
K_r	差斜率比率
K_θ	波束宽度常数 $= (w/\lambda)\theta_3$
k	波数 $= 2\pi/\lambda$
k_d	射束轴差斜率
k_m	归一化单脉冲斜率
k'_m	比较器误差的单脉冲斜率
$\overline{k_m}$	目标角度的平均单脉冲斜率
k_U	用角度 U 归一化的单脉冲斜率
L	目标交叉距离扩展
L	阵列长度
L_{pol}	转发干扰机天线的极化损失
$m(t)$	复调制电压
$N(f)$	角闪烁频谱
N_c	相关噪声功率
N_d	差通道噪声功率
N_{du}	差通道不相关噪声功率
N_s	和通道噪声功率
N_{su}	和通道不相关噪声功率
n	平均脉冲个数
n_c	相关噪声分量
n_d, n_s	加性相位噪声电压
n_{du}, n_{su}	不相关噪声分量
n_i	频率捷变杂波采样数
$\bar{n}$	泰勒锥形参数
p	双目标和通道电压比率
$p(S)$	信号功率的概率密度函数
$p(S, K)$	信号功率 pdf, 卡方、$2K$ 自由度
q	斜差方向图
R	距离
R_1, R_2	至双辐射源的距离
R_2	干扰机至箔条的距离

R_{ab}	目标 a 到目标 b 的距离
R_c	过交叉点的交叉距离
R_p	双目标的测量功率比
r	双目标的功率比
r	镜面反射多径分量
r_σ	有效干扰与目标 RCS 的比率
S	和通道信号功率
$\bar{S}$	起伏目标的平均信号功率
s	和通道电压
s'	噪声污染的和通道电压
s_0	轴上和通道电压
s_1, s_2	斜视波束对的和方向图
s_a, s_b	双目标的和信号
s_I, s_Q	和信号的同相和正交分量
t	时间
t_c	杂波相关时间
t_o	伺服环路的平均时间
U	阵列归一化角度
U_{sq}	归一化斜视角
U_{st}	归一化控制角
u	归一化角
u, v, w	正弦空间角度
v_1, v_2	斜视波束电压
v_1, v_2, v_3, v_4	混合接头的输出电压
v_A, v_B	合成对称比率的两方向图电压
v_{ci}, v_{cq}	相关噪声的同相和正交分量
v_{du}, v_{su}	归一化不相关噪声分量
$v_{dui}, v_{sui}, v_{suq}$	归一化差和通道噪声
v_r	调制电压
v_s	归一化和通道噪声
v_t	目标速度
W	信号带宽
$W(\varepsilon)$	角闪烁误差的概率密度函数
w	孔径宽度

w	双目标的矢量伏特比
x	水平坐标
x	复数的实部
x', y'	点积检测器的 I 和 Q 输出
x_c	复角度圆中心坐标
x_n	越过阵列的归一化距离
$Y_a(f)$	开环 AGC 响应
$Y_c(f)$	闭环伺服响应
$Y_s(f)$	起伏误差因子
y	复数的虚部
Z	斜视波束照度中的函数指数
z	复数
z_n	泰勒方向图中的零点位置
α, α'	偏离正 x 轴的角度及其余角
α_{ar}	偏离 x 坐标的目标横向角
α'_{sq}	正弦空间中的波束斜视角
α', α'_{st}	正弦空间中的波束控制角
β, β'	偏离正 y 轴的角度及其余角
β_n	伺服环路带宽
β_{n0}	伺服环路带宽的设计值
β'_{st}	正弦空间中的波束控制角
γ, γ'	偏离正 z 轴的角度及其余角
Δ	差通道
Δf	多径的多普勒差
Δ_f	捷变带宽
ΔR	路径差
Δ_u, Δ_v	正弦空间坐标系中的偏轴角
Δu	阵列波束的偏轴角
Δv	俯仰阵列波束的偏轴角
$\Delta \theta$	双目标的角度间隔
Δ_θ	偏轴误差角
δ	d 相对于 s 的相位
δ_d, δ_s	d 和 s 相对于随机参考的相位角
ε	角闪烁

ε_0	交叉眼干扰的角误差
$\varepsilon_{az}, \varepsilon_{tr}$	方位和横向误差
ε_{cp}	单脉冲比率中的交叉极化误差
$\varepsilon_{d/s}$	单脉冲比率误差
ε_{lag}	动态延迟误差
ε_x	交叉眼干扰的交叉距离误差
ε_θ	角度测量误差
$\varepsilon_{\theta 0}$	校准中的零值校正
$\varepsilon_{\theta c}$	角度测量中的杂波偏移误差
$\varepsilon_{\theta r}$	接收机误差的视轴漂移
η_a	孔径效率
θ	方位角
θ	偏离射束轴的角度
θ'	以波束宽度为单位的测量角度
θ_a, θ_b	双目标的偏轴角
θ_{bw}	半功率波束宽度
θ_i	指示角
$\overline{\theta_i}$	指示角均值
θ_{in}	目标对的归一化指示角
θ_{mid}	双目标间的角度中点
θ_{sq}	波束斜视角
θ_t	指示角
λ	波长
λ_g	波导中的波长
μ	矢量电压间的角度
μ	目标散射点分布参数
ρ	复指示角平面中的圆半径
ρ	和差通道间的相关系数
ρ_0, ρ_s	菲涅耳反射系数, 镜面散射因子
Σ	和通道
σ, σ_c	预期和交叉极化目标 RCS
σ_a, σ_b	双目标雷达散射截面积
σ_b	箔条二次散射 RCS
$\sigma_{d/s}$	单脉冲比率标准偏差

σ_e	转发干扰的有效 RCS
σ_g	交叉距离角闪烁均方根
σ_h	平面高度偏差的均方根
σ_{IF}	调谐误差均方根
σ_s	起伏电压均方根
σ_θ	角误差标准偏差
$\sigma_{\theta a}, \sigma_{\theta b}$	轴上和偏轴误差分量
$\sigma_{\theta c1}$	单个脉冲杂波误差
$\sigma_{\theta ca1}, \sigma_{\theta can}$	轴上单个和 n 个脉冲杂波误差
$\sigma_{\theta cb1}, \sigma_{\theta cbn}$	偏轴单个和 n 个脉冲杂波误差
$\sigma_{\theta g}$	角闪烁误差均方根
$\sigma_{\theta IF}$	中频调谐视轴误差均方根
$\sigma_{\theta r}$	接收机相位和幅度漂移误差均方根
$\sigma_{\theta s}$	角度起伏闪烁误差均方根
τ	脉冲宽度 (实际的或压缩的)
ϕ	正弦波相位
ϕ	双目标和通道电压的相对相位
ϕ_0	$s \pm \mathrm{j}d$ 的相位角
ϕ_1, ϕ_2	比较器输入输出的相位误差
ϕ_1, ϕ_2	s 和 $s + \mathrm{j}d$ 间或 s 和 $s - \mathrm{j}d$ 相位角
ϕ_{ar}	正弦波相位
ϕ_m	调制电压相位
ϕ_p, ϕ_s	路径长度、反射系数相位角
ϕ_{st}	控制相位函数
ψ_1, ψ_2	方向耦合器输入的相位角
ω	正弦波的弧度频率
$\omega_1, \omega_2, \omega_3$	伺服开环响应的断点
ω_a	40 dB/oct 响应斜率与轴线交点
$\omega_{az}, \dot{\omega}_{az}$	方位角速率和加速度

关于作者

Samuel M. Sherman, 宾夕法尼亚大学工程物理学博士。第二次世界大战期间, 曾经是美国陆军上尉, 从事雷达设计与发展工作。战后, 任宾夕法尼亚大学助理研究员, 后为宾夕法尼亚 Warminster 海空发展中心控制装备科主管。

他对单脉冲雷达发展所作出的主要贡献是在其任 RCA (美国无线电公司) 系统工程的领头人和高级研究员时完成的。在 RCA 工作的早些时候, 他曾与 David K. Barton 一起共事。

从 RCA 退休后, 他于 1984 年完成了第 1 版《单脉冲测向原理与技术》的撰写。当时, 他在乔治·华盛顿大学的继续工程教育课程中担任雷达顾问和讲师。他发表了许多期刊论文, 并获得了多项专利。

在 2010 下半年, Samuel M. Sherman 博士致力于本书第 2 版的相关工作, 他不断修订材料和检查新材料并直至 2011 年 2 月份。2011 年 2 月 25 日, 他在医院中标记出最后一处修订, 于 28 日去世, 终年 96 岁。因此, 本书记载了他在雷达科学和技术上最后的贡献。

David K. Barton, 雷达系统顾问, 工作和生活于美国新罕布什尔州的汉诺威市。1944 年至 1949 年间, 就读于美国哈佛大学, 期间有两年到美国白沙试验场服兵役。1949 年获得物理学学位后, 他返回白沙试验场任民用工程师。1953 年, Barton 先生调任到位于新泽西州蒙默思堡的陆军通信兵实验室, 在这里他发起了第一台单脉冲雷达 AN/FPS-16 的建设工作。1955 年他加入生产雷达装备的 RCA, 从事雷达测试和评估工作。1958 年, 鉴于

他在工程方面的杰出贡献, RCA 授予其第一个 David W. Sarnoff 奖章。1960 年, Barton 先生改善了 AN/FPS-16 雷达的性能, 并为弹道导弹早期预警系统建造了 AN/FPS-49 雷达, 这部雷达在英国和阿拉斯加运行了 40 年, 近期刚刚被替换掉。

　　1963 年至 1984 年间, 他任雷声公司 (曼彻斯特贝德福德韦兰) 的科学顾问, 在此期间他为美国空军的着陆系统设计了 AN/TPS-19 雷达概念, 且对一系列其他雷达和制导导弹研究工程做出了贡献。1984 年, 他参与了 ANRO 工程, 并从事雷达和导弹系统的研究直到 2004 年退休。

　　巴顿先生在 1972 年被选为 IEEE 会士, 并于 1997 年进入美国国家工程院。2002 年他获得了 IEEE 颁发的雷达技术与应用 Dennis J.Picard 奖章。他曾是美国空军科学咨询部、美国国防情报局和陆军研究实验室中的一员。从 1975 年开始, 任 Artech 出版社雷达系列书籍的编辑, 此书大概是其中的第 160 册。

内容简介

本书系统地介绍了单脉冲技术的基本理论、先进算法和工程应用,并探讨了单脉冲各种形式的分类与实现,分析了其能力与适用性。

本书共 15 章。第 1 章为绪论部分,对单脉冲的工作原理、技术发展及其技术优缺点进行了论述;第 2 章对本书中的术语、定义和符号进行了详细阐述;第 3 章对单脉冲技术中复比的概念进行了简单介绍;第 4 章对单脉冲应用中的部分元器件进行了介绍;第 5 章主要对比幅和比相测角方法进行了比较说明;第 6 章介绍了比幅单脉冲天线的最优馈源;第 7 章详细介绍了阵列天线中的单脉冲应用;第 8 章对单脉冲信号处理中不同的处理器进行了详细论述;第 9 章论述了单脉冲雷达对不可分辨目标的响应;第 10 章对影响单脉冲测角误差的各种因素进行了详细论述;第 11 章详细论述了多径效应对单脉冲的影响;第 12 章介绍了单脉冲应用中的干扰与抗干扰技术;第 13 章介绍了单脉冲在跟踪雷达中的应用;第 14 章介绍了单脉冲在非跟踪雷达中的应用;第 15 章对一些问题进行了补充说明。

本书内容全面,论述简明,由浅入深,注重理论与实际应用的联系,可供从事电子和雷达工程的科技人员阅读,也可作为高等院校雷达工程专业的教材。